普通高等院校计算机类专业系列教材

离散数学及应用

主　编　单显明　潘　月
副主编　陈彦宏　刘　巍
　　　　王龙丰　那崇正

北京理工大学出版社
BEIJING INSTITUTE OF TECHNOLOGY PRESS

内容简介

本书对计算机类专业本科生最需要学习的离散数学基础知识进行了系统介绍，力求概念清晰，注重实际应用. 全书共分7章，内容包括命题逻辑、谓词逻辑、集合论、关系、图、树和代数结构，并含有较多的与计算机类专业有关的例题、习题和实验题.

本书在内容的组织上，力求在培养学生抽象思维和逻辑推理能力的同时，注重展现离散数学在计算机类专业和信息科学中的应用. 本书叙述简洁、深入浅出、注重实践和应用，主要面向普通高等院校计算机类专业的本科学生，也可以作为非计算机类专业学生的选修教材和计算机应用技术人员的自学参考书.

版权专有　侵权必究

图书在版编目（CIP）数据

离散数学及应用／单显明，潘月主编. --北京：北京理工大学出版社，2022.1（2022.12重印）

ISBN 978-7-5763-0855-6

Ⅰ.①离…　Ⅱ.①单…②潘…　Ⅲ.①离散数学　Ⅳ.①O158

中国版本图书馆CIP数据核字（2022）第006835号

出版发行／北京理工大学出版社有限责任公司
社　址／北京市海淀区中关村南大街5号
邮　编／100081
电　话／（010）68914775（总编室）
（010）82562903（教材售后服务热线）
（010）68944723（其他图书服务热线）
网　址／http：//www. bitpress. com. cn
经　销／全国各地新华书店
印　刷／涿州市新华印刷有限公司
开　本／787毫米×1092毫米　1/16
印　张／13.5
字　数／317千字
版　次／2022年1月第1版　2022年12月第2次印刷
定　价／42.00元

责任编辑／李　薇
文案编辑／李　硕
责任校对／刘亚男
责任印制／李志强

图书出现印装质量问题，请拨打售后服务热线，本社负责调换

前　言

离散数学是现代数学的一个重要分支，是计算机科学中基础理论的核心课程．离散数学是以研究离散量的结构和相互关系为主要目标，其研究对象是有限个或可数个元素，因此它充分描述了计算机科学离散性的特点．计算机类专业中的程序设计、数据结构与算法、编译原理、操作系统、数据库原理、算法设计与分析和计算机网络等理论课程都是以离散数学为基础的．

学习离散数学，可以使学生获得离散数学建模、离散数学理论、计算机求解方法的一般知识，还可以培养和提高学生的抽象思维能力和严密的推理能力．离散数学是为非数学专业学生开设的一门专业基础课程，通过数学知识的应用才能体现该课程的价值，为了使学生取得较好的学习效果，本书侧重在应用方面进行详细介绍．

全书共分为 7 章，分别是命题逻辑、谓词逻辑、集合论、关系、图、树和代数结构．本书层次结构清晰，针对每个概念都给出了较多的例题分析，这对学生理解一些抽象的概念具有很好的帮助；另外，本书在详细介绍各章理论知识后，还分析了相关知识的应用．本书叙述简洁、深入浅出、注重实践和应用，主要面向普通高等院校计算机类专业的本科学生，也可以作为非计算机类专业学生的选修教材和计算机应用技术人员的自学参考书．

本书由沈阳工学院的单显明、潘月担任主编，由沈阳工学院的陈彦宏、刘巍、王龙丰和那崇正担任副主编．具体编写分工如下：单显明负责编写第 1、3 章；潘月负责编写第 4 章、各章习题及习题解答；陈彦宏负责编写第 7 章；刘巍负责编写第 5 章；王龙丰负责编写第 2 章；那崇正负责编写第 6 章；全书由单显明负责统稿．

本书提供了丰富的教学资源，如教学课件、教学大纲、教案、课后题答案等，欢迎各位老师索取．尽管我们尽了最大努力，但书中难免会有不妥之处，欢迎各界专家和读者朋友们来信给予宝贵意见，我们将不胜感激．您在阅读本书时，如发现任何问题或有不认同之处可以通过电子邮件与我们取得联系，邮箱为 409332208@ qq. com.

编　者

目　录

第 1 章　命题逻辑 …… 001

1.1　基本概念 …… 001

1.1.1　命题及分类 …… 001

1.1.2　逻辑联结词 …… 002

1.2　命题公式及真值表 …… 007

1.2.1　命题公式的定义 …… 007

1.2.2　命题的符号化 …… 008

1.2.3　命题公式的真值表 …… 010

1.2.4　命题公式的类型 …… 011

1.3　命题公式的等价演算 …… 013

1.3.1　命题公式的等价式 …… 013

1.3.2　命题公式的等价演算 …… 015

1.3.3　等价演算的应用 …… 016

1.4　命题公式的范式及应用 …… 018

1.4.1　析取范式与合取范式 …… 018

1.4.2　主析取范式与主合取范式 …… 019

1.4.3　主范式的应用 …… 025

1.5　基于命题的推理 …… 028

1.5.1　推理的定义 …… 028

1.5.2　直接证明法 …… 028

1.5.3　间接证明法 …… 031

1.6　本章习题 …… 033

第 2 章　谓词逻辑 …… 039

2.1　基本概念 …… 039

2.1.1　谓词逻辑三要素 …… 039

2.1.2　多元谓词命题符号化 …… 042

2.2　谓词公式及类型 …… 043

2.2.1　谓词公式 …… 043

2.2.2　谓词公式的类型 …… 044

2.3 谓词公式的等价演算 ······ 046
2.4 谓词公式的前束范式 ······ 048
2.5 谓词公式的推理 ······ 049
2.6 本章习题 ······ 052

第3章 集合论 ······ 058

3.1 基本概念 ······ 058
3.1.1 集合与元素 ······ 058
3.1.2 集合间的关系 ······ 059
3.1.3 幂集 ······ 060
3.2 集合的运算 ······ 061
3.2.1 集合的交与并 ······ 061
3.2.2 集合的差与补 ······ 063
3.2.3 集合的对称差 ······ 066
3.3 序偶与笛卡尔积 ······ 067
3.3.1 序偶 ······ 067
3.3.2 笛卡尔积 ······ 068
3.4 本章习题 ······ 070

第4章 关系 ······ 076

4.1 基本概念 ······ 076
4.1.1 关系的定义 ······ 076
4.1.2 几种特殊的关系 ······ 078
4.1.3 关系的表示 ······ 079
4.2 关系的性质及其判定方法 ······ 080
4.2.1 关系的性质 ······ 080
4.2.2 关系性质的判定 ······ 082
4.3 复合关系和逆关系 ······ 083
4.3.1 复合关系 ······ 083
4.3.2 矩阵表示及图形表示 ······ 086
4.3.3 逆关系 ······ 087
4.4 关系的闭包运算 ······ 089
4.5 等价关系与相容关系 ······ 094
4.5.1 集合的划分和覆盖 ······ 094
4.5.2 等价关系与等价类 ······ 095
4.5.3 相容关系 ······ 100
4.6 偏序关系 ······ 103
4.6.1 定义 ······ 103
4.6.2 哈斯图 ······ 104
4.6.3 偏序集中特殊位置的元素 ······ 105

4.6.4　两种特殊的偏序集 …… 108
4.7　本章习题 …… 109
第5章　图 …… 116
5.1　基本概念 …… 116
5.1.1　图的定义及相关概念 …… 116
5.1.2　节点的度 …… 118
5.1.3　完全图和补图 …… 120
5.1.4　子图与图的同构 …… 121
5.2　图的连通性 …… 122
5.2.1　哥尼斯堡七桥问题 …… 122
5.2.2　通路和回路 …… 123
5.2.3　图的连通性 …… 125
5.2.4　无向图的连通度 …… 125
5.3　图的矩阵表示 …… 127
5.3.1　无向图的关联矩阵 …… 127
5.3.2　有向图的关联矩阵 …… 127
5.3.3　有向图的邻接矩阵 …… 128
5.3.4　有向图的可达矩阵 …… 129
5.4　最短路径与关键路径 …… 130
5.4.1　问题的提出 …… 130
5.4.2　最短路径 …… 130
5.4.3　关键路径 …… 133
5.5　欧拉图与汉密尔顿图 …… 135
5.5.1　欧拉图 …… 135
5.5.2　欧拉图应用 …… 138
5.5.3　汉密尔顿图 …… 139
5.5.4　汉密尔顿图应用 …… 142
5.6　平面图 …… 143
5.6.1　平面图的定义 …… 143
5.6.2　欧拉公式 …… 145
5.6.3　平面图着色 …… 148
5.7　本章习题 …… 151
第6章　树 …… 155
6.1　树与生成树 …… 155
6.1.1　无向树 …… 155
6.1.2　无向图中的生成树与最小生成树 …… 157
6.2　根树及其应用 …… 160
6.2.1　有向树 …… 160

6.2.2 m叉树 …… 161
6.2.3 最优二叉树 …… 164
6.2.4 二叉树在计算机中的应用 …… 165
6.3 本章习题 …… 169

第7章 代数结构 …… 173

7.1 代数运算 …… 173
7.1.1 基本概念 …… 173
7.1.2 二元运算的性质 …… 175
7.1.3 二元运算中的特殊元 …… 175
7.2 代数系统 …… 178
7.3 群 …… 180
7.3.1 基本概念 …… 180
7.3.2 幂运算 …… 182
7.3.3 群的性质 …… 183
7.4 子群与陪集 …… 186
7.4.1 子群 …… 186
7.4.2 陪集 …… 188
7.4.3 正规子群与商群 …… 190
7.4.4 群同态与同构 …… 192
7.5 循环群、置换群 …… 193
7.5.1 循环群 …… 193
7.5.2 置换群 …… 194
7.6 环与域 …… 197
7.6.1 环 …… 197
7.6.2 整环与域 …… 198
7.7 格与布尔代数 …… 200
7.7.1 格 …… 200
7.7.2 几种特殊的格 …… 201
7.7.3 布尔代数 …… 203
7.8 本章习题 …… 203

参考文献 …… 208

第1章

命题逻辑

逻辑学是一门研究思维形式及思维规律的科学，也是研究推理过程的科学，它包括辩证逻辑和形式逻辑. 辩证逻辑是研究反映客观世界辩证发展过程的人类思维的形态的科学. 形式逻辑是研究思维的形式结构和规律的科学，它撇开具体的、个别的思维内容，从形式结构方面研究概念、判断和推理及其正确联系的规律.

数理逻辑是用数学方法研究推理的形式结构和规律的数学学科. 所谓的数学方法也就是用一套有严格定义的符号，建立一套形式语言来研究，因此数理逻辑也称为符号逻辑. 数理逻辑的主要内容包括逻辑演算、证明论、公理集合论、递归论和模型论.

数理逻辑在程序设计、计算机原理和人工智能等课程中得到了广泛应用，它的基础部分是命题逻辑和谓词逻辑. 本章主要讲述命题逻辑，谓词逻辑将在第 2 章进行讨论.

1.1　基本概念

1.1.1　命题及分类

数理逻辑研究的中心问题是推理，推理的前提和结论都是表达判断的陈述句. 所以，推理就必然包含前提和结论，前提和结论都是表达判断的陈述句，因而表达判断的陈述句就成为推理的基本要素. 在数理逻辑中，将能够判断真假的陈述句称为命题. 因此，命题就成为推理的基本单位. 在命题逻辑中，对命题的组成部分不再进一步细分.

【定义 1-1】能够判断真假的陈述句称为命题. 命题的判断结果称为命题的真值，常用 T(True)（或 1）表示真，F(False)（或 0）表示假. 真值为真的命题称为真命题，真值为假的命题称为假命题.

从上述的定义可知，判定一个句子是否为命题要分为两步：一是判定是否为陈述句，二是能否判定真假，二者缺一不可.

【例 1-1】判断下列句子是否为命题.

（1）离散数学是计算机专业的基础课程.

(2) 请勿随地吐痰!

(3) 雪是黑的.

(4) 明天会下雨吗?

(5) $a+b=10$.

(6) 我正在说谎.

(7) $8+6\leqslant13$.

(8) $1+101=110$.

(9) 这朵鲜花真漂亮!

(10) 别的星球上有生物.

解:

在上述 10 个句子中,(2)(9)为祈使句,(4)为疑问句,(5)(6)虽然是陈述句,但(5)没有确定的真值,其真假随 x、y 取值的不同而有改变,(6)是悖论(即由真能推出假,由假也能推出真),因而(2)(4)(5)(6)(9)均不是命题.(1)(3)(7)(8)(10)都是命题,其中(10)虽然现在无法判断真假,但随着科技的进步是可以判定真假的.

需要进一步指出的是,命题的真假只要求它有就可以,而不要求立即给出. 如【例 1-1】的(8)$1+101=110$,它的真假意义通常和上下文有关,当作为二进制的加法时,它是真命题,否则为假命题. 还有的命题的真假不能马上给出,如【例 1-1】的(10),但它确实有真假意义.

根据命题的结构形式,命题分为原子命题和复合命题.

【定义 1-2】不能被分解为更简单的陈述语句的命题称为原子命题. 由两个或两个以上原子命题组合而成的命题称为复合命题.

例如,【例 1-1】中的命题全部为原子命题,而命题"小张和小王都去跑步"是复合命题,是由"小张去跑步"与"小王去跑步"两个原子命题组成的.

【定义 1-3】表示原子命题的符号称为命题标识符.

通常用大写字母 A, B, C, …, P, Q, … 等表示命题,如 P:今天下雪.

命题标识符依据表示命题的情况,分为命题常元和命题变元. 一个表示确定命题的标识符称为命题常元(或命题常项);没有指定具体内容的命题标识符称为命题变元(或命题变项). 命题变元的真值情况不确定,因而命题变元不是命题. 只有给命题变元 P 一具体的命题取代时,P 有了确定的真值,P 才成为命题.

1.1.2 逻辑联结词

在自然语言中,常使用"或""与""如果……,那么……"等连接词,这些在数理逻辑中称为联结词. 联结词是复合命题的重要组成部分,为了便于书写和推理,必须对联结词作出明确规定和符号化. 数理逻辑研究方法的主要特征是将论述或推理中的各种要素都符号化,即构造各种符号语言来代替自然语言,将联结词符号化,消除其二义性,对其进行严格定义. 在命题逻辑中主要包括 8 种基本的联结词,分别为否定联结词、合取联结词、析取联结词、条件联结词、双条件联结词、异或联结词、与非联结词和或非联结词.

1. 否定联结词

【定义 1-4】设 P 为一命题,P 的否定是一个新的命题,记为$\neg P$,读作非 P. 规定若 P

为 T，则$\neg P$为 F；若 P 为 F，则$\neg P$为 T.

$\neg P$的取值情况依赖于 P 的取值情况，其定义可用真值表表示，如表 1-1 所示.

表 1-1　联结词“¬”的定义

P	$\neg P$
1	0
0	1

注意：

真值表是表示逻辑陈述真假性的一种方法，在一个命题的真值表中列出它所包含的所有原子命题的真值的可能值，就可以计算出相对于每种组合的该命题的真值.

在自然语言中，常用“非”“不”“没有”“无”“并非”等来表示否定.

【例 1-2】判断下列命题的真假.

（1）P：深圳是中国的城市，$\neg P$：深圳不是中国的城市.

（2）Q：所有的海洋动物都是哺乳动物，$\neg Q$：不是所有的海洋动物都是哺乳动物.

解：

（1）P 是真命题，$\neg P$ 是假命题.

（2）Q 为假命题，$\neg Q$ 为真命题.

2. 合取联结词

【定义 1-5】设 P、Q 为两个命题，P 和 Q 的合取是一个复合命题，记为 $P \wedge Q$（读作 P 与 Q），称为 P 与 Q 的合取式. 规定 P 与 Q 同时为 T 时，$P \wedge Q$ 为 T，其余情况下，$P \wedge Q$ 均为 F.

合取联结词“∧”的定义可用真值表表示，如表 1-2 所示.

表 1-2　联结词“∧”的定义

P	Q	$P \wedge Q$
0	0	0
0	1	0
1	0	0
1	1	1

显然，$P \wedge \neg P$ 的真值永远是假，称为矛盾式.

在自然语言中，常用“既……又……”“不但……而且……”“虽然……但是……”“一边……一边……”等表示合取.

【例 1-3】将下列语意用联结词表示.

（1）王芳不仅聪明而且用功.

（2）今天很冷且我没上班.

（3）王芳虽然聪明但不用功.

解：

（1）设 P：王芳聪明，Q：王芳用功. 则（1）可表示为 $P \wedge Q$.

(2) 设 P：今天很冷，Q：我没上班. 则 (2) 可表示为 $P \wedge Q$.

(3) 设 P：王芳聪明，Q：王芳用功. 则 (3) 可表示为 $P \wedge \neg Q$.

需要注意的是，在自然语言中，命题 (2) 是没有实际意义的，因为 P 与 Q 两个命题是互不相干的，但在数理逻辑中是允许的，数理逻辑中只关注复合命题的真值情况，并不关心原子命题之间是否存在着内在联系.

3. 析取联结词

【定义 1-6】设 P、Q 为两个命题，P 和 Q 的析取是一个复合命题，记为 $P \vee Q$（读作 P 或 Q），称为 P 与 Q 的析取式. 规定当且仅当 P 与 Q 同时为 F 时，$P \vee Q$ 为 F，否则 $P \vee Q$ 均为 T.

析取联结词“$\vee$”的定义可用真值表表示，如表 1-3 所示.

表 1-3 联结词“$\vee$”的定义

P	Q	$P \vee Q$
0	0	0
0	1	1
1	0	1
1	1	1

显然，$P \vee \neg P$ 的真值永远为真，称为永真式.

析取联结词“$\vee$”与汉语中的“或”二者表达的意义不完全相同，汉语中的“或”可表达“排斥或”，也可以表达“可兼或”，而从析取联结词的定义可看出，“$\vee$”允许 P、Q 同时为真，因而析取联结词“$\vee$”是可兼或.

【例 1-4】将下列语意用联结词表示.

(1) 李佳喜欢跳舞或爱听音乐.

(2) 孙颖只能游泳或跑步.

(3) 周莹今天骑车 20 或 30 km.

解：

(1) 设 P：李佳喜欢跳舞，Q：李佳爱听音乐. 则原命题可表示为 $P \vee Q$，P 和 Q 允许同时为真，是一种可兼或.

(2) 设 P：孙颖游泳，Q：孙颖跑步. 因为孙颖只能选择其中一项运动，这里的“或”表达的是排斥或，所以原命题不能表示为 $P \vee Q$，应表示为$(P \wedge \neg Q) \vee (\neg P \wedge Q)$或$(P \vee Q) \wedge \neg(P \wedge Q)$.

(3) 这个命题是原子命题，因为“或”只表示了骑车的近似距离，该命题用 P 表示.

4. 条件联结词

【定义 1-7】设 P、Q 为两个命题，P 和 Q 的条件命题是一个复合命题，记为 $P \to Q$（读作若 P 则 Q），其中 P 称为条件的前件，Q 称为条件的后件. 规定当且仅当前件 P 为 T，后件 Q 为 F 时，$P \to Q$ 为 F，否则 $P \to Q$ 均为 T.

条件联结词“$\to$”的定义可用真值表表示，如表 1-4 所示.

表 1-4　联结词“→”的定义

P	Q	$P \to Q$
0	0	1
0	1	1
1	0	0
1	1	1

在自然语言中，常出现的语句如“只要 P 就 Q”“因为 P 所以 Q”“P 仅当 Q”“只有 Q 才 P”“除非 Q 才 P”等都可以表示为“$P \to Q$”的形式.

【例 1-5】将下列语意用联结词表示.

(1) 如果 3 乘 5 等于 15，则云是白色的.

(2) 除非云是白色的，3 乘 5 才等于 15.

(3) 3 乘 5 等于 15 仅当云是白色的.

(4) 只有云是白色的，3 乘 5 才等于 15.

(5) 只要 3 乘 5 不等于 15，云就是白色的.

解：

设 P：3 乘 5 等于 15，Q：云是白色的. 则(1)～(4)的命题均可表示为 $P \to Q$. 第 (5) 个命题表示为 $\neg P \to Q$.

5. 双条件联结词

【定义 1-8】设 P、Q 为两个命题，其复合命题 $P \leftrightarrow Q$ 称为双条件命题，$P \leftrightarrow Q$ 读作 P 当且仅当 Q，也称作 P 与 Q 的等价式. 规定当且仅当 P 与 Q 真值相同时，$P \leftrightarrow Q$ 为 T，否则 $P \leftrightarrow Q$ 均为 F.

双条件联结词“↔”的定义可用真值表表示，如表 1-5 所示.

表 1-5　联结词“↔”的定义

P	Q	$P \leftrightarrow Q$
0	0	1
0	1	0
1	0	0
1	1	1

【例 1-6】将下列语意用联结词表示.

(1) 3 乘 5 等于 15 的充分必要条件是 π 是无理数.

(2) π 是无理数当且仅当加拿大位于欧洲.

(3) 当张颖心情愉快时，她就唱歌；反之，当她唱歌时，一定心情愉快.

(4) 若两圆 A、B 的面积相等，则它们的半径相等；反之亦然.

解：

(1) 设 P：3 乘 5 等于 15，Q：π 是无理数. 则原命题可表示为 $P \leftrightarrow Q$.

(2) 设 P：π 是无理数，Q：加拿大位于欧洲. 则原命题可表示为 $P \leftrightarrow Q$.

(3) 设 P：张颖心情愉快，Q：张颖唱歌. 则原命题可表示为 $P\leftrightarrow Q$.

(4) 设 P：两圆 A、B 的面积相等，Q：两圆 A、B 的半径相等. 则原命题可表示为$P\leftrightarrow Q$.

说明：

$P\leftrightarrow Q$ 的逻辑关系为 P 与 Q 互为充分必要条件；$(P\rightarrow Q)\wedge(Q\rightarrow P)$ 与 $P\leftrightarrow Q$ 的逻辑关系完全一致.

6. 异或联结词

【定义 1-9】设 P、Q 为两个命题公式，复合命题"P、Q 之中恰有一个成立"称为 P 与 Q 的异或式或排斥式，记作 $P\oplus Q$. $\oplus$称作异或或排斥联结词（也有书将异或记作$\overline{\vee}$），$P\oplus Q$为真当且仅当 P、Q 中恰有一个为真. 异或联结词"$\oplus$"的定义可用真值表表示，如表 1-6 所示.

表 1-6 联结词"$\oplus$"的定义

P	Q	$P\oplus Q$
0	0	0
0	1	1
1	0	1
1	1	0

自然语言中的"或"可能是"可兼或"，它表示两者可同时为真，用"$\vee$"表示即可；也可能是"不可兼或"，它表示两者不能同时为真，换句话说，两者同时为真是假命题，这就需要异或联结词. 对于自然语言中的"或"用"$\vee$"还是"$\oplus$"需要仔细分析，一般来说，只要不是非常明显的不可兼就使用"$\vee$".

【例 1-7】将下列语意用联结词表示.

(1) 今天晚上我在寝室上自习或去电影院看电影.

(2) 本学期张颖或李明当选为班长.

(3) 明天飞北京的航班是上午 7:00 或 7:30 起飞.

解：

(1) 设 P：今天晚上我在寝室上自习，Q：今天晚上我去电影院看电影. 则原命题可表示为 $P\vee Q$.

(2) 设 P：本学期张颖当选为班长，Q：本学期李明当选为班长. 则原命题可表示为$P\oplus Q$.

(3) 设 P：明天飞北京的航班是上午 7:00 起飞，Q：明天飞北京的航班是上午7:30起飞，则原命题可表示为 $P\oplus Q$.

7. 与非联结词

【定义 1-10】设 P、Q 为两个命题公式，复合命题 $P\uparrow Q$ 称为 P 和 Q 的"与非式". 当且仅当 P 与 Q 的真值都为 T 时，$P\uparrow Q$ 的真值为 F，否则 $P\uparrow Q$ 的真值为 T. 与非联结词"$\uparrow$"的定义可用真值表表示，如表 1-7 所示.

表 1-7　联结词“↑”的定义

P	Q	$P\uparrow Q$
0	0	1
0	1	1
1	0	1
1	1	0

8. 或非联结词

【定义 1-11】设 P、Q 为两个命题公式，复合命题 $P\downarrow Q$ 称为 P 和 Q 的“或非式”. 当且仅当 P 与 Q 的真值都为 F 时，$P\downarrow Q$ 的真值为 T，否则 $P\downarrow Q$ 的真值为 F. 或非联结词“↓”的定义可用真值表表示，如表 1-8 所示.

表 1-8　联结词“↓”的定义

P	Q	$P\downarrow Q$
0	0	1
0	1	0
1	0	0
1	1	0

到目前为止，共介绍了命题逻辑中的 8 种联结词，前 5 种是最常用的联结词，其中¬ 为一元联结词，其余的为二元联结词. 但这些联结词在表达命题时并不是缺一不可的，因为包含某些联结词的公式可以用含有另外一些联结词的公式来表示. 求复杂的复合命题的真值时，需要规定联结词的优先顺序，将括号也考虑在内，本书规定的联结词优先顺序由高到低为 ()、¬ 、∧、∨、→、↔、⊕、↑、↓，对于同一优先级的联结词，先出现者先运算.

1.2　命题公式及真值表

1.2.1　命题公式的定义

上一节介绍了 8 种常用的逻辑联结词，利用这些逻辑联结词可将具体的命题表示成符号化的形式. 对于较为复杂的命题，采用前 5 种逻辑联结词经过各种相互组合以得到其符号化的形式，那么怎样的组合形式才是正确的、符合逻辑的表示形式呢？

【定义 1-12】(1) 单个的命题变元是命题公式.

(2) 如果 A 是命题公式，那么¬A 也是命题公式.

(3) 如果 A、B 是命题公式，那么 $(A\wedge B)$ $(A\vee B)$ $(A\rightarrow B)$ 和 $(A\leftrightarrow B)$ 也是命题公式.

(4) 当且仅当能够有限次地应用 (1) (2) (3) 所得到的包含命题变元、联结词和括号的符号串是命题公式（又称为合式公式，或简称为公式）.

上述定义是以递归的形式给出的，其中（1）称为基础，（2）（3）称为归纳，（4）称为界限.

由定义知，命题公式是没有真假的，仅当一个命题公式中的命题变元被赋以确定的命题时，才得到一个命题. 例如，在公式 $P\to Q$ 中，把命题“雪是白色的”赋给 P，把命题“2+2>4”赋给 Q，则公式 $P\to Q$ 被解释为假命题；但若 P 的赋值不变，而把命题“2+2=4”赋给 Q，则公式 $P\to Q$ 被解释为真命题.

定义中的符号 A、B 不同于具体公式里的 P、Q、R 等符号，它可以用来表示任意的命题公式.

$\neg(P\wedge Q)(P\to(Q\wedge R))((P\to Q)\wedge(Q\to R))$ 等都是命题公式，而 $P\to(\wedge Q)$、$(P\to Q$、$(P\to Q)\to R)$ 等都不是命题公式.

为了减少命题公式中使用括号的数量，规定：（1）逻辑联结词的优先级别由高到低依次为 $\neg$ 、$\wedge$、$\vee$、$\to$、$\leftrightarrow$、$\oplus$、$\uparrow$、$\downarrow$；（2）具有相同级别的联结词，按出现的先后次序进行计算，括号可以省略；（3）命题公式的最外层括号可以省去.

$(P\wedge Q)\to R$ 也可以写成 $P\wedge Q\to R$，$(P\vee Q)\vee R$ 也可写成 $P\vee Q\vee R$，$((P\leftrightarrow Q)\to R)$ 也可写成 $(P\leftrightarrow Q)\to R$，而 $P\to(Q\to R)$ 中的括号不能省去.

【定义 1-13】设 P 是命题公式 Q 的一部分，且 P 也是命题公式，则称 P 为 Q 的子公式.

例如，$P\wedge Q$ 及 R 都是公式 $P\wedge Q\to R$ 的子公式；$\neg P$、$\neg P\vee Q$ 及 $P\to R$ 都是公式 $(\neg P\vee Q)\wedge(P\to R)$ 的子公式.

1.2.2 命题的符号化

有了命题公式的概念之后，就可以把自然语言中的一些命题翻译成命题逻辑中的符号化形式. 把一个文字描述的命题相应地写成由命题标识符、逻辑联结词和圆括号表示的命题形式称为命题的符号化或翻译.

命题符号化的一般步骤如下：

（1）明确给定命题的含义；

（2）找出命题中的各原子命题，分别符号化；

（3）使用合适的逻辑联结词，将原子命题分别连接起来，组成复合命题的符号化形式.

把命题符号化，是不管具体内容而突出思维形式的一种方法. 在命题符号化时，要正确地分析和理解自然语言命题，不能仅凭文字的字面意思进行翻译.

【例 1-8】将“张三或李四都可以做这件事”这个命题符号化.

解：

设 P：张三可以做这件事，Q：李四可以做这件事.

则命题符号化为：$P\wedge Q$，而不是 $P\vee Q$.

【例 1-9】将下列命题符号化.

（1）只有你走，我才留下.

（2）仅当天不下雨且我有时间，我才上街.

（3）你将失败，除非你努力.

（4）A 中没有元素，A 就是空集.

（5）张三与李四是表兄弟.

解：

(1) 这个命题的意义也可以理解为：如果我留下了，那么你一定走了.

设 P：你走，Q：我留下. 则命题符号化为：$Q\to P$.

与原命题类似的命题如：仅当你走我才留下，我留下仅当你走，当我留下你得走.

注意：

在一般的命题表述中，“仅当”是必要条件，译成条件命题时其后的命题是后件，而“当”是充分条件，译成条件命题时其后的命题是前件.

(2) 设 P：天下雨，Q：我有时间，R：我上街. 则命题符号化为：$R\to(\neg P\wedge Q)$.

(3) 这个命题的意义可以理解为：如果你不努力，那么你将失败.

设 P：你努力，Q：你失败. 则命题符号化为：$\neg P\to Q$.

含有“除非”的命题，“非……”是充分条件，译成条件命题时，“非……”是条件的前件.

(4) 设 P：A 中有元素，Q：A 是空集. 则命题符号化为：$\neg P\leftrightarrow Q$.

(5) 此命题是一个原子命题，“……与……是表兄弟”表示两个对象之间的关系. “张三是表兄弟”及“李四是表兄弟”都不是命题. 所以，上述命题只能符号化为 P 的形式，即 P：张三与李四是表兄弟.

【例 1-10】将下列命题符号化.

(1) 如果明天早上下雨或下雪，则我不去学校.

(2) 如果明天早上不下雨且不下雪，则我去学校.

(3) 如果明天早上不是雨夹雪，则我去学校.

(4) 当且仅当明天早上不下雨且不下雪时，我才去学校.

解：

设 P：明天早上下雨，Q：明天早上下雪，R：我去学校.

(1) 符号化为：$(P\vee Q)\to\neg R$.

(2) 符号化为：$(\neg P\wedge\neg Q)\to R$.

(3) 符号化为：$\neg(P\wedge Q)\to R$.

(4) 符号化为：$\neg P\wedge\neg Q\leftrightarrow R$.

【例 1-11】将下列命题符号化.

(1) 如果小王和小张都不去，则小李去.

(2) 如果小王和小张不都去，则小李去.

解：

设 P：小王去，Q：小张去，R：小李去.

(1) 符号化为：$(\neg P\wedge\neg Q)\to R$.

(2) 符号化为：$\neg(P\wedge Q)\to R$ 或 $(\neg P\vee\neg Q)\to R$.

【例 1-12】将下列命题符号化.

(1) 说离散数学无用且枯燥无味是不对的.

(2) 若天不下雨，我就上街；否则在家.

解：

(1) 设 P：离散数学是有用的，Q：离散数学是枯燥无味的. 则命题符号化为：$\neg(\neg P\wedge Q)$.

(2) 设 P：天下雨，Q：我上街，R：我在家. 则命题符号化为：$(\neg P\to Q)\wedge(P\to R)$.

通过上述的例题可以看出，要正确地将自然语言中的联结词翻译成恰当的逻辑联结词，必须正确地理解各原子命题之间的关系.

1.2.3 命题公式的真值表

【定义 1-14】设 $P_1, P_2, \cdots, P_n$ 是出现在命题公式 A 中的全部命题变元，给 $P_1, P_2, \cdots, P_n$ 各指定一个真值，称为对公式 A 的一个赋值（又称为解释或真值指派）.

若指定的一组值使公式 A 的真值为 1，则这组值称为公式 A 的成真赋值.

若指定的一组值使公式 A 的真值为 0，则这组值称为公式 A 的成假赋值.

例如，对公式 $(P \to Q) \wedge R$，赋值 011（即令 $P=0$，$Q=1$，$R=1$），则可得到公式的真值为 1；若赋值 000，则公式真值为 0. 因此，011 为公式的一个成真赋值；000 为公式的一个成假赋值. 除了上述的两种赋值外，公式的赋值还有 000，001，…等. 一般的结论是在含有 n 个命题变元的命题公式中，共有 2^n 种赋值.

【定义 1-15】将命题公式 A 在所有赋值下的取值情况列成表，称为公式 A 的真值表.

构造真值表的基本步骤如下：

（1）找出公式中所有的命题变元 $P_1, P_2, \cdots, P_n$，按二进制从小到大的顺序列出 2^n 种赋值；

（2）当公式较为复杂时，按照运算的顺序列出各个子公式的真值；

（3）计算整个命题公式的真值.

【例 1-13】写出下列公式的真值表，并求其成真赋值和成假赋值.

（1）$\neg P \vee Q$.

（2）$\neg(P \to Q) \wedge Q$.

（3）$\neg(P \wedge Q) \leftrightarrow (\neg P \vee \neg Q)$.

解：

（1）真值表如表 1-9 所示.

表 1-9 $\neg P \vee Q$ 的真值表

P	Q	$\neg P$	$\neg P \vee Q$
0	0	1	1
0	1	1	1
1	0	0	0
1	1	0	1

由以上真值表可见，成真赋值为 00、01、11，成假赋值为 10.

（2）真值表如表 1-10 所示.

表 1-10 $\neg(P \to Q) \wedge Q$ 的真值表

P	Q	$P \to Q$	$\neg(P \to Q)$	$\neg(P \to Q) \wedge Q$
0	0	1	0	0
0	1	1	0	0
1	0	0	1	0
1	1	1	0	0

由以上真值表可见，无成真赋值，成假赋值为00、01、10、11.

(3) 真值表如表1-11所示.

表1-11 $\neg(P\wedge Q)\leftrightarrow(\neg P\vee\neg Q)$的真值表

P	Q	$P\wedge Q$	$\neg(P\wedge Q)$	$\neg P\vee\neg Q$	$\neg(P\wedge Q)\leftrightarrow(\neg P\vee\neg Q)$
0	0	0	1	1	1
0	1	0	1	1	1
1	0	0	1	1	1
1	1	1	0	0	1

由以上真值表可见，成真赋值为00、01、10、11，无成假赋值.

1.2.4 命题公式的类型

从上面命题公式的真值表结果可以看出，有的命题公式无论对命题变元作何种赋值，其对应的真值恒为T或恒为F，如例1-13的（2）恒为F，例1-13的（3）恒为T；而有的公式对应的真值则是有T有F，如例1-13的（1）.

根据命题公式在不同赋值下的真值情况，可以对命题公式进行分类.

【定义1-16】设A为一个命题公式，对公式A所有可能的赋值如下：

(1) 若A的真值永远为T，则称公式A为重言式或永真式；

(2) 若A的真值永远为F，则称公式A为矛盾式或永假式；

(3) 若至少存在一种赋值使得A的真值为T，则称公式A为可满足式.

由以上定义可知，根据命题公式的真值情况，可以将命题公式分为两大类，即矛盾式和可满足式. 重言式一定是可满足式，但反之不成立.

判定命题公式类型的常用方法有两种，分别是真值表法和等值演算法，两种方法各有其优缺点.

如采用真值表法判定，则判定原则如下：

若真值表的最后一列全为1，则公式为重言式；若最后一列全为0，则公式为矛盾式；若最后一列至少有一个1，则公式为可满足式. 在例1-13中，（1）为可满足式，（2）为矛盾式，（3）为重言式. 用真值表法判断公式的类型较简单，但当变元较多时，则计算量较大.

如采用等值演算法判定命题公式，首先需要掌握什么是$A\rightarrow B$的重言式.

【定义1-17】设A、B为两个命题公式，若$A\rightarrow B$为重言式，则称"A蕴含B"，记作$A\Rightarrow B$.

注意：

"$\Rightarrow$"不是逻辑联结词，因而$A\Rightarrow B$不是公式. $A\Rightarrow B$是用来表示由条件A能够推导出结论B，或称为B可以由A逻辑推出.

蕴含关系具有如下的性质：

(1) 自反性：对任意的公式P，有$P\Rightarrow P$.

(2) 反对称性：对任意的公式P、Q，若$P\Rightarrow Q$且$Q\Rightarrow P$，则有$P\Leftrightarrow Q$.

(3) 传递性：对任意的公式P、Q、R，若$P\Rightarrow Q$、$Q\Rightarrow R$，则有$P\Rightarrow R$.

由于$A\rightarrow B$不具有对称性，即$A\rightarrow B$与$B\rightarrow A$不等价，因此，对于$A\rightarrow B$而言，$B\rightarrow A$称为

它的逆换式，$\neg A\to\neg B$ 称为它的反换式，$\neg B\to\neg A$ 称为它的逆反式. 在上述的 4 个公式中，$A\to B\Leftrightarrow\neg B\to\neg A$，$B\to A\Leftrightarrow\neg A\to\neg B$.

【定义 1-18】 $A\Leftrightarrow B$ 的充分必要条件是 $A\Rightarrow B$ 且 $B\Rightarrow A$.

证明：若 $A\Leftrightarrow B$，则 $A\leftrightarrow B$ 为重言式，而 $A\leftrightarrow B\Leftrightarrow(A\to B)\wedge(B\to A)$，故 $A\to B$ 且 $B\to A$ 均为重言式，即 $A\Rightarrow B$ 且 $B\Rightarrow A$.

反之，若 $A\Rightarrow B$ 且 $B\Rightarrow A$，则 $A\to B$ 且 $B\to A$ 均为重言式，于是$(A\to B)\wedge(B\to A)$为重言式，即 $A\leftrightarrow B$ 为重言式，故 $A\Leftrightarrow B$.

由定义 1-17 可知，如果要证明 $A\Rightarrow B$，只需证明 $A\to B$ 为重言式即可，以下分别介绍采用真值表法、等值演算法和分析法证明 $A\Rightarrow B$.

1) 真值表法

【例 1-14】 证明 $A\wedge B\Rightarrow A$.

证明：采用真值表法只需证明 $A\wedge B\to A$ 为重言式即可，其真值表如表 1-12 所示.

表 1-12 $A\wedge B\to A$ 的真值表

A	B	$A\wedge B$	$A\wedge B\to A$
0	0	0	1
0	1	0	1
1	0	0	1
1	1	1	1

由以上真值表最后一列可见，$A\wedge B\to A$ 恒为 1，即 $A\wedge B\to A$ 为重言式.

2) 等值演算法

【例 1-15】 证明 $P\wedge(P\to Q)\Rightarrow Q$.

分析：只需证明 $P\wedge(P\to Q)\to Q$ 为重言式即可.

证明：

$$
\begin{aligned}
P\wedge(P\to Q)\to Q &\Leftrightarrow\neg(P\wedge(\neg P\vee Q))\vee Q\\
&\Leftrightarrow\neg P\vee\neg(\neg P\vee Q)\vee Q\\
&\Leftrightarrow(\neg P\vee Q)\vee\neg(\neg P\vee Q)\\
&\Leftrightarrow 1
\end{aligned}
$$

即 $P\wedge(P\to Q)\Rightarrow Q$.

3) 分析法

分析法包括两种形式：假定前件 A 为真，推出后件 B 为真，则 $A\Rightarrow B$；假定后件 B 为假，推出前件 A 为假，则 $A\Rightarrow B$.

(1) 若 A 为真，则 B 可能为真也可能为假，但由假设推出 B 为真，所以否定了 A 为真、B 为假的可能，只能是 A 为真、B 也为真. 所以，$A\to B$ 为重言式，即 $A\Rightarrow B$.

(2) 若后件 B 为假，则前件 A 可能为真也可能为假. 若 A 为真，B 为假，则 $A\to B$ 为假；若 A 为假，B 为假，则 $A\to B$ 为真. 而由假设推知 A 为假，因此否定了 A 为真，B 为假的可能. 所以，$A\to B$ 为重言式，即 $A\Rightarrow B$.

【例 1-16】 证明下列公式的蕴含关系：

(1) $\neg Q\wedge(P\vee Q)\Rightarrow P$；

(2) $P\wedge(P\to Q)\Rightarrow Q$.

证明：

(1) 假设前件$\neg Q \wedge (P \vee Q)$为真，则$\neg Q$为真，$P \vee Q$为真；由此有Q为假，P为真. 因此，$\neg Q \wedge (P \vee Q) \Rightarrow P$.

(2) 假设后件Q为假，

若P为真，则$P \rightarrow Q$为假，有$P \wedge (P \rightarrow Q)$为假；

若P为假，则$P \rightarrow Q$为真，有$P \wedge (P \rightarrow Q)$为假.

综上，若后件Q为假，则无论P为真还是假，前件$P \wedge (P \rightarrow Q)$均为假，因此$P \wedge (P \rightarrow Q) \Rightarrow Q$.

【例 1-17】分析下列论证的有效性.

条件：香烟有利于健康；

如果香烟有利于健康，那么医生就会把香烟作为药品开给病人.

结论：医生把香烟作为药品开给病人.

解：

设P：香烟有利于健康，Q：医生把香烟作为药品开给病人.

上述推理符号化为：$P \wedge (P \rightarrow Q) \Rightarrow Q$.

其证明同例 1-16 中的 (2)，因此上述论证是有效的.

1.3 命题公式的等价演算

1.3.1 命题公式的等价式

【定义 1-19】给定两个命题公式A、B，设$P_1, P_2, \cdots, P_n$是出现在命题公式A、B中的全部命题变元，若给$P_1, P_2, \cdots, P_n$任一组赋值，公式A和B的真值都对应相同，则称公式A与B等价或逻辑相等，记作$A \Leftrightarrow B$.

注意：

“$\Leftrightarrow$”不是逻辑联结词，因而“$A \Leftrightarrow B$”不是命题公式，只是表示两个命题公式之间的一种等价关系，即若$A \Leftrightarrow B$，则A和B没有本质上的区别，最多只是A和B具有不同的形式而已.

显然，“$\Leftrightarrow$”作为两个命题公式的一种关系，具有如下性质.

(1) 自反性：$A \Leftrightarrow A$.

(2) 对称性：若$A \Leftrightarrow B$，则$B \Leftrightarrow A$.

(3) 传递性：若$A \Leftrightarrow B$，$B \Leftrightarrow C$，则$A \Leftrightarrow C$.

给定n个命题变元，根据公式的形成规则，可以形成许多个形式各异的公式，但是有很多形式不同的公式具有相同的真值表. 因此，引入公式等价的概念，其目的就是将复杂的公式简化. 证明公式等价的方法有真值表法和等值演算法.

由公式等价的定义可知，利用真值表可以判断任何两个公式是否等价.

【例 1-18】证明$P \leftrightarrow Q \Leftrightarrow (P \rightarrow Q) \wedge (Q \rightarrow P)$.

证明：

命题公式$P \leftrightarrow Q$与$(P \rightarrow Q) \wedge (Q \rightarrow P)$的真值表如表 1-13 所示.

表 1-13　$P\leftrightarrow Q$ 与 $(P\to Q)\wedge(Q\to P)$ 的真值表

P	Q	$P\to Q$	$Q\to P$	$(P\to Q)\wedge(Q\to P)$	$P\leftrightarrow Q$
0	0	1	1	1	1
0	1	1	0	0	0
1	0	0	1	0	0
1	1	1	1	1	1

由表 1-13 可知，在任意赋值下 $P\leftrightarrow Q$ 与 $(P\to Q)\wedge(Q\to P)$ 两者的真值均对应相同，因此 $P\leftrightarrow Q\Leftrightarrow(P\to Q)\wedge(Q\to P)$.

【例 1-19】判断公式 $P\to Q$ 与 $\neg P\to\neg Q$ 是否等价.

解：

公式 $P\to Q$ 与 $\neg P\to\neg Q$ 的真值表如表 1-14 所示.

表 1-14　$P\to Q$ 与 $\neg P\to\neg Q$ 的真值表

P	Q	$P\to Q$	$\neg P\to\neg Q$
0	0	1	1
0	1	1	0
1	0	0	1
1	1	1	1

由表 1-14 可知，真值表中的最后两列值不完全相同，因此公式 $P\to Q$ 与 $\neg P\to\neg Q$ 不等价.

从理论上来讲，利用真值表法可以判断任何两个命题公式是否等价，但是真值表法并不是一个非常好的方法，因为当公式中命题变元较多时，其计算量较大. 例如，当公式中有 4 个变元时，需要列出 $2^4=16$ 种赋值情况，计算较为繁杂. 因此，通常采用其他的证明方法. 这种证明方法是先用真值表法验证出一些等价公式，再用这些等价公式来推导出新的等价公式，以此作为判断两个公式是否等价的基础.

下面给出 12 组常用的等价公式，它们是命题逻辑进一步推理的基础，掌握并熟练运用这些公式是进行命题逻辑等价演算的关键.

(1) 双重否定律　$\neg\neg A\Leftrightarrow A$

(2) 幂等律　$A\vee A\Leftrightarrow A$

$A\wedge A\Leftrightarrow A$

(3) 交换律　$A\wedge B\Leftrightarrow B\wedge A$

$A\vee B\Leftrightarrow B\vee A$

$A\leftrightarrow B\Leftrightarrow B\leftrightarrow A$

(4) 分配律　$A\vee(B\wedge C)\Leftrightarrow(A\vee B)\wedge(A\vee C)$

$A\wedge(B\vee C)\Leftrightarrow(A\wedge B)\vee(A\wedge C)$

(5) 结合律	$(A \vee B) \vee C \Leftrightarrow A \vee (B \vee C)$
	$(A \wedge B) \wedge C \Leftrightarrow A \wedge (B \wedge C)$
	$(A \leftrightarrow B) \leftrightarrow C \Leftrightarrow A \leftrightarrow (B \leftrightarrow C)$
(6) 德·摩根律	$\neg(A \vee B) \Leftrightarrow \neg A \wedge \neg B$
	$\neg(A \wedge B) \Leftrightarrow \neg A \vee \neg B$
(7) 吸收律	$A \vee (A \wedge B) \Leftrightarrow A$
	$A \wedge (A \vee B) \Leftrightarrow A$
(8) 同一律	$A \vee \mathrm{F} \Leftrightarrow A$，$A \wedge \mathrm{T} \Leftrightarrow A$
(9) 零律	$A \vee \mathrm{T} \Leftrightarrow \mathrm{T}$，$A \wedge \mathrm{F} \Leftrightarrow \mathrm{F}$
(10) 否定律	$A \vee \neg A \Leftrightarrow \mathrm{T}$，$A \wedge \neg A \Leftrightarrow \mathrm{F}$
(11) 条件等价式	$A \to B \Leftrightarrow \neg A \vee B \Leftrightarrow \neg B \to \neg A$
(12) 双条件等价式	$A \leftrightarrow B \Leftrightarrow (A \to B) \wedge (B \to A) \Leftrightarrow \neg A \leftrightarrow \neg B$

1.3.2　命题公式的等价演算

【定理 1-1】在一个重言式 A 中，任何一个原子命题变元 R 出现的每一处用另一个公式代入，所得的公式 B 仍为重言式（代入规则）.

证明：

因为重言式对于任何指派，其真值都是 1，与每个命题变元指派的真假无关，所以，用一个命题公式代入原子命题变元 R 出现的每一处，所得到的命题公式的真值仍为 1.

例如，$R \vee \neg R$ 是重言式，将原子命题变元 R 用 $P \to Q$ 代入后得到的式子 $(P \to Q) \vee \neg(P \to Q)$ 仍为重言式.

【定理 1-2】设 X 是命题公式 A 的一个子公式，若 $X \Leftrightarrow Y$，如果将公式 A 中的 X 用 Y 来置换，则所得到的公式 B 与公式 A 等价，即 $A \Leftrightarrow B$（置换规则）.

证明：

因为 $X \Leftrightarrow Y$，所以在相应变元的任一种指派情况下，X 与 Y 的真值相同，故以 Y 取代 X 后，公式 B 与公式 A 在相应的指派情况下真值也必相同，因此 $A \Leftrightarrow B$.

例如，$P \to Q \Leftrightarrow \neg P \vee Q$，利用 $R \wedge S$ 置换 P，则 $(R \wedge S) \to Q \Leftrightarrow \neg(R \wedge S) \vee Q$.

从定理 1-2 可以看出，代入规则是对原子命题变元而言，而置换规则可对命题公式进行；代入必须处处代入，替换可以部分或全部替换；代入规则可以用来扩大重言式的个数，替换规则可以用来增加等价式的个数.

有了上述的 12 组等价公式及代入规则和置换规则后，就可以推演出更多的等价式. 由已知等价式推出另外一些等价式的过程称为等值演算.

【例 1-20】证明下列公式等价：

(1) $(P \wedge Q) \to R \Leftrightarrow P \to (Q \to R)$；

(2) $(P \wedge \neg Q) \vee (\neg P \wedge Q) \Leftrightarrow (P \vee Q) \wedge \neg(P \wedge Q)$.

(1) 证明：

$$\begin{aligned}(P \wedge Q) \to R &\Leftrightarrow \neg(P \wedge Q) \vee R \\ &\Leftrightarrow \neg P \vee \neg Q \vee R \\ &\Leftrightarrow \neg P \vee (\neg Q \vee R) \\ &\Leftrightarrow \neg P \vee (Q \to R) \\ &\Leftrightarrow P \to (Q \to R)\end{aligned}$$

（2）证明：

$$(P\wedge\neg Q)\vee(\neg P\wedge Q)\Leftrightarrow((P\wedge\neg Q)\vee\neg P)\wedge((P\wedge\neg Q)\vee Q)$$
$$\Leftrightarrow(P\vee\neg P)\wedge(\neg Q\vee\neg P)\wedge(P\vee Q)\wedge(\neg Q\vee Q)$$
$$\Leftrightarrow 1\wedge(\neg Q\vee\neg P)\wedge(P\vee Q)\wedge 1$$
$$\Leftrightarrow(P\vee Q)\wedge(\neg P\vee\neg Q)$$
$$\Leftrightarrow(P\vee Q)\wedge\neg(P\wedge Q)$$

1.3.3 等价演算的应用

【例 1-21】某件事情是甲、乙、丙、丁 4 人中某一个人干的. 询问 4 人后回答如下：（1）甲说是丙干的；（2）乙说我没干；（3）丙说甲讲的不符合事实；（4）丁说是甲干的. 若其中 3 人说的是真话，一人说的是假话，问是谁干的?

解：

设 A：这件事是甲干的，B：这件事是乙干的，C：这件事是丙干的，D：这件事是丁干的.

4 个人所说的命题分别用 P、Q、R、S 表示，则（1）（2）（3）（4）分别符号化为：

$P\Leftrightarrow\neg A\wedge\neg B\wedge C\wedge\neg D$

$Q\Leftrightarrow\neg B$

$R\Leftrightarrow\neg C$

$S\Leftrightarrow A\wedge\neg B\wedge\neg C\wedge\neg D$

则 3 人说真话，一人说假话的命题 K 符号化为：

$K\Leftrightarrow(\neg P\wedge Q\wedge R\wedge S)\vee(P\wedge\neg Q\wedge R\wedge S)\vee(P\wedge Q\wedge\neg R\wedge S)\vee(P\wedge Q\wedge R\wedge\neg S)$

其中，$\neg P\wedge Q\wedge R\wedge S\Leftrightarrow(A\vee B\vee\neg C\vee D)\wedge\neg B\wedge\neg C\wedge A\wedge\neg D$

$$\Leftrightarrow(A\wedge\neg B\wedge\neg C\neg D)\vee(B\wedge\neg B\wedge\neg C\wedge A\wedge\neg D)\vee$$
$$(\neg C\wedge\neg B\wedge\neg C\wedge A\wedge\neg D)\vee(D\wedge\neg B\wedge\neg C\wedge A\wedge\neg D)$$
$$\Leftrightarrow A\wedge\neg B\wedge\neg C\wedge\neg D$$

同理，$P\wedge\neg Q\wedge R\wedge S\Leftrightarrow P\wedge Q\wedge\neg R\wedge S\Leftrightarrow P\wedge Q\wedge R\wedge\neg S\Leftrightarrow 0$

所以，当 K 为真时，$A\wedge\neg B\wedge\neg C\wedge\neg D$ 为真，即这件事是甲干的.

本题也可以从题干直接找出相互矛盾的两个命题作为解题的突破口. 甲、丙两人所说的话是相互矛盾的，必有一人说真话，一人说假话，而 4 个人中只有一人说假话，因此乙、丁两人必说真话，由此可断定这件事是甲干的.

【例 1-22】A、B、C、D 4 人进行百米竞赛，观众甲、乙、丙对比赛的结果进行预测. 甲：C 第一，B 第二；乙：C 第二，D 第三；丙：A 第二，D 第四. 比赛结束后发现甲、乙、丙每个人的预测结果都各对一半. 试问实际名次如何（假如无并列者）?

解：

设 A_i 表示 A 第 i 名，B_i 表示 B 第 i 名，C_i 表示 C 第 i 名，D_i 表示 D 第 i 名，$i=1,2,3,4$.

则由题意有

$$(C_1\wedge\neg B_2)\vee(\neg C_1\wedge B_2)\Leftrightarrow \mathrm{T} \tag{1}$$

$$(C_2\wedge\neg D_3)\vee(\neg C_2\wedge D_3)\Leftrightarrow \mathrm{T} \tag{2}$$

$$(A_2 \wedge \neg D_4) \vee (\neg A_2 \wedge D_4) \Leftrightarrow \mathrm{T} \quad (3)$$

因为真命题的合取仍为真命题，所以

$$(1) \wedge (2) \Leftrightarrow (C_1 \wedge \neg B_2 \wedge C_2 \wedge \neg D_3) \vee (C_1 \wedge \neg B_2 \wedge \neg C_2 \wedge D_3) \vee (\neg C_1 \wedge B_2 \wedge C_2 \wedge \neg D_3) \vee (\neg C_1 \wedge B_2 \wedge \neg C_2 \wedge D_3)$$

$$\Leftrightarrow (C_1 \wedge \neg B_2 \wedge \neg C_2 \wedge D_3) \vee (\neg C_1 \wedge B_2 \wedge \neg C_2 \wedge D_3) \quad (4)$$

$$(3) \wedge (4) \Leftrightarrow (A_2 \wedge \neg D_4 \wedge C_1 \wedge \neg B_2 \wedge \neg C_2 \wedge D_3) \vee (\neg A_2 \wedge D_4 \wedge C_1 \wedge \neg B_2 \wedge \neg C_2 \wedge D_3) \vee (A_2 \wedge \neg D_4 \wedge \neg C_1 \wedge B_2 \wedge \neg C_2 \wedge D_3) \vee (\neg A_2 \wedge D_4 \wedge \neg C_1 \wedge B_2 \wedge \neg C_2 \wedge D_3)$$

$$\Leftrightarrow A_2 \wedge \neg D_4 \wedge C_1 \wedge \neg B_2 \wedge \neg C_2 \wedge D_3 \Leftrightarrow \mathrm{T}$$

因此，A 第二，B 第四，C 第一，D 第三.

【例 1-23】在某次球赛中，3 位球迷甲、乙、丙对某球队的比赛结果进行猜测. 甲说：该球队不会得第一名，是第二名. 乙说：该球队不会得第二名，是第一名. 丙说：该球队不会得第二名，也不会是第三名. 比赛结束后，结果证实甲、乙、丙 3 人中有一人猜的全对，有一人猜对一半，有一人猜的全错. 试分析该球队究竟是第几名.

解：

设 P：该球队获得第一名. Q：该球队获得第二名. R：该球队获得第三名. 则 P、Q、R 中必然有一个真命题，两个假命题.

设甲、乙、丙 3 人所说的命题分别用 A_1、A_2、A_3 表示，则有 $A_1 \Leftrightarrow \neg P \wedge Q$、$A_2 \Leftrightarrow P \wedge \neg Q$、$A_3 \Leftrightarrow \neg Q \wedge \neg R$.

设甲、乙、丙的判断全对分别用 B_1、C_1、D_1 表示，甲、乙、丙的判断对一半分别用 B_2、C_2、D_2 表示，甲、乙、丙的判断全错分别用 B_3、C_3、D_3 表示. 则有

$B_1 \Leftrightarrow \neg P \wedge Q$

$B_2 \Leftrightarrow (\neg P \wedge \neg Q) \vee (P \wedge Q) \Leftrightarrow \neg P \wedge \neg Q$（由于该球队不可能既是第一名又是第二名，所以 $P \wedge Q \Leftrightarrow 0$）

$B_3 \Leftrightarrow P \wedge \neg Q$

$C_1 \Leftrightarrow P \wedge \neg Q$

$C_2 \Leftrightarrow (P \wedge Q) \vee (\neg P \wedge \neg Q) \Leftrightarrow \neg P \wedge \neg Q$

$C_3 \Leftrightarrow \neg P \wedge Q$

$D_1 \Leftrightarrow \neg Q \wedge \neg R$

$D_2 \Leftrightarrow (\neg Q \wedge R) \vee (Q \wedge \neg R)$

$D_3 \Leftrightarrow Q \wedge R \Leftrightarrow 0$

甲、乙、丙 3 人中有一人全对，有一人猜对一半，有一人全错的命题 K 符号化为：

$K \Leftrightarrow (B_1 \wedge C_2 \wedge D_3) \vee (B_1 \wedge C_3 \wedge D_2) \vee (B_2 \wedge C_1 \wedge D_3) \vee (B_2 \wedge C_3 \wedge D_1) \vee (B_3 \wedge C_1 \wedge D_2) \vee (B_3 \wedge C_2 \wedge D_1)$

其中，$B_1 \wedge C_2 \wedge D_3 \Leftrightarrow (\neg P \wedge Q) \wedge (\neg P \wedge \neg Q) \wedge 0 \Leftrightarrow 0$.

同理，$B_2 \wedge C_1 \wedge D_3 \Leftrightarrow 0$，$B_2 \wedge C_3 \wedge D_1 \Leftrightarrow 0$，

$$B_3 \wedge C_1 \wedge D_2 \Leftrightarrow (P \wedge \neg Q) \wedge ((\neg Q \wedge R) \vee (Q \wedge \neg R))$$

$$\Leftrightarrow (P \wedge \neg Q \wedge R) \vee (P \wedge \neg Q \wedge Q \wedge \neg R)$$

$\Leftrightarrow P \wedge \neg Q \wedge R \Leftrightarrow 0$（由于该球队不可能既是第一名，又是第三名），

$B_3 \wedge C_2 \wedge D_1 \Leftrightarrow 0$.

因此，若 K 为真，只有 $B_1 \wedge C_3 \wedge D_2 \Leftrightarrow \neg P \wedge Q \wedge \neg R$ 为真. 因而 Q 为真命题，P、R 为假命题，即该球队获得第二名. 甲的判断全对，乙的判断全错，丙的判断对一半.

1.4 命题公式的范式及应用

1.4.1 析取范式与合取范式

由有限个简单合取式组成的析取式称为析取范式，由有限个简单析取式组成的合取式称为合取范式，析取范式与合取范式统称为范式.

例如，$(P \wedge Q) \vee (P \wedge \neg Q \wedge R)$、$P \wedge Q$ 等是析取范式，$(P \vee Q) \wedge (P \vee \neg Q \vee R)$、$P \vee Q$ 等是合取范式.

对于单独的一个命题变元 P 或其否定 $\neg P$，既可以看成是析取范式，又可以看成是合取范式；当然，其既可以看成是简单析取式，又可以看成是简单合取式. 至于 $P \vee Q$，若把它看作简单合取式的析取，则它是析取范式；若把它看成是文字的析取，则它是合取范式. 同理，$P \wedge \neg Q$、$P \wedge Q$ 等既是析取范式，又是合取范式.

【定理 1-3】任何一个命题公式都存在着与之等价的析取范式和合取范式（范式存在定理）.

由析取范式和合取范式的定义可知，范式中不存在除了 $\neg$ 、$\wedge$ 、$\vee$ 以外的逻辑联结词.

下面给出求公式范式的步骤：

（1）消去除 $\neg$ 、$\wedge$ 、$\vee$ 以外公式中出现的所有逻辑联结词；

（2）将否定联结词消去或内移到各命题变元之前，如

$$\neg\neg A \rightarrow B \Leftrightarrow A \rightarrow B \Leftrightarrow \neg A \vee B$$

$$\neg(A \vee B) \Leftrightarrow \neg A \wedge \neg B$$

$$\neg(A \wedge B) \Leftrightarrow \neg A \vee \neg B$$

（3）利用分配律、结合律将公式转化为合取范式或析取范式，如

$$P \wedge (Q \vee R) \Leftrightarrow (P \wedge Q) \vee (P \wedge R)$$

$$P \vee (Q \wedge R) \Leftrightarrow (P \vee Q) \wedge (P \vee R)$$

【例 1-24】求 $(P \rightarrow Q) \rightarrow R$ 的析取范式和合取范式.

解：

$(P \rightarrow Q) \rightarrow R \Leftrightarrow (\neg P \vee Q) \rightarrow R \Leftrightarrow \neg(\neg P \vee Q) \vee R \Leftrightarrow (P \wedge \neg Q) \vee R$（析取范式）

$\Leftrightarrow (P \vee R) \wedge (\neg Q \vee R)$（合取范式）

【例 1-25】求 $\neg(P \vee Q) \leftrightarrow (P \wedge Q)$ 的析取范式.

解：

$\neg(P \vee Q) \leftrightarrow (P \wedge Q) \Leftrightarrow (\neg(P \vee Q) \wedge (P \wedge Q)) \vee (\neg\neg(P \vee Q) \wedge (\neg(P \wedge Q))$

$\Leftrightarrow (\neg P \wedge \neg Q \wedge P \wedge Q) \vee ((P \vee Q) \wedge (\neg P \vee \neg Q))$

$\Leftrightarrow (\neg P \wedge \neg Q \wedge P \wedge Q) \vee (P \wedge \neg P) \vee (P \wedge \neg Q) \vee (Q \wedge \neg P) \vee (Q \wedge \neg Q)$

$\Leftrightarrow (P \wedge \neg Q) \vee (\neg P \wedge Q)$

上面所求的最后两个等价的公式都是原公式的析取范式，所以命题公式的析取范式不唯一.

【例 1-26】求$\neg(P \vee Q) \leftrightarrow (P \wedge Q)$的合取范式.

解：

$$\begin{aligned}\neg(P \vee Q) \leftrightarrow (P \wedge Q) &\Leftrightarrow (\neg\neg(P \vee Q) \vee (P \wedge Q)) \wedge (\neg(P \vee Q) \vee \neg(P \wedge Q)) \\ &\Leftrightarrow ((P \vee Q) \vee (P \wedge Q)) \wedge ((\neg P \wedge \neg Q) \vee (\neg P \vee \neg Q)) \\ &\Leftrightarrow (P \vee Q \vee P) \wedge (P \vee Q \vee Q) \wedge (\neg P \vee \neg P \vee \neg Q) \wedge (\neg Q \vee \neg P \vee \neg Q) \\ &\Leftrightarrow (P \vee Q) \wedge (\neg P \vee \neg Q)\end{aligned}$$

上面所求的最后两个等价的公式都是原公式的合取范式，所以命题公式的合取范式不唯一. 利用范式判断命题公式类型的问题称为判定问题.

【定理 1-4】一个析取范式是矛盾式当且仅当它的每个简单合取式都是矛盾式，一个合取范式是重言式当且仅当它的每个简单析取式都是重言式.

【例 1-27】判断下列公式的类型：

(1) $\neg(P \to Q) \wedge Q$；

(2) $P \vee (Q \to R) \vee \neg(P \vee R)$.

解：

(1) $\neg(P \to Q) \wedge Q \Leftrightarrow \neg(\neg P \vee Q) \wedge Q \Leftrightarrow P \wedge \neg Q \wedge Q$

由定理 1-4 可知，$\neg(P \to Q) \wedge Q$ 为矛盾式.

(2) $P \vee (Q \to R) \vee \neg(P \vee R) \Leftrightarrow P \vee \neg Q \vee R \vee (\neg P \wedge \neg R)$

$\Leftrightarrow (P \vee \neg Q \vee R \vee \neg P) \wedge (P \vee \neg Q \vee R \vee \neg R)$

由定理 1-4 可知，$P \vee (Q \to R) \vee \neg(P \vee R)$ 为重言式.

1.4.2 主析取范式与主合取范式

由于一个命题公式的范式不唯一，范式的应用受到了一定的限制. 为了使任意命题公式化为唯一的标准形式，下面引入主范式的概念.

1. 主析取范式

【定义 1-20】在含有 n 个命题变元的简单合取式中，若每个命题变元及其否定不同时出现，而二者之一必出现且仅出现一次，则称该简单合取式为小项.

例如，两个命题变元 P 和 Q 生成的 4 个小项为：$P \wedge Q$，$P \wedge \neg Q$，$\neg P \wedge Q$，$\neg P \wedge \neg Q$. 3 个命题变元 P、Q 和 R 生成的 8 个小项为：$P \wedge Q \wedge R$，$P \wedge Q \wedge \neg R$，$P \wedge \neg Q \wedge R$，$P \wedge \neg Q \wedge \neg R$，$\neg P \wedge Q \wedge R$，$\neg P \wedge Q \wedge \neg R$，$\neg P \wedge \neg Q \wedge R$，$\neg P \wedge \neg Q \wedge \neg R$.

一般来说，n 个命题变元共有 2^n 个小项.

小项的二进制编码为：命题变元按字母顺序排列，命题变元与 1 对应，命题变元的否定与 0 对应，则得到小项的二进制编码，记为 m_i，其下标 i 是由二进制编码转化的十进制数. n 个命题变元形成的 2^n 个小项，分别记为：m_0，m_1，…，m_{2^n-1}.

表 1-15 列出了两个命题变元 P 和 Q 生成的 4 个小项的真值表.

表 1-15 P 和 Q 生成的 4 个小项的真值表

m（二进制）		m_{00}	m_{01}	m_{10}	m_{11}
P	Q	$\neg P\wedge\neg Q$	$\neg P\wedge Q$	$P\wedge\neg Q$	$P\wedge Q$
0	0	1	0	0	0
0	1	0	1	0	0
1	0	0	0	1	0
1	1	0	0	0	1
m（十进制）		m_0	m_1	m_2	m_3

从这个真值表中可以看到，没有两个小项是等价的，且每个小项都只对应着 P 和 Q 的一组真值指派使得该小项的真值为 1. 这个结论可以推广到 3 个及 3 个以上变元的情况.

由真值表可得到小项具有如下性质：

(1) 各小项的真值表都不相同；

(2) 每个小项当其真值指派与对应的二进制编码相同时，其真值为真，在其余 2^n-1 种指派情况下，其真值均为假；

(3) 任意两个小项的合取式是矛盾式，如

$$m_{00}\wedge m_{10}=(\neg P\wedge\neg Q)\wedge(P\wedge\neg Q)\Leftrightarrow\neg P\wedge\neg Q\wedge P\wedge\neg Q\Leftrightarrow 0$$

(4) 全体小项的析取式为重言式.

【定义 1-21】由若干个不同的小项组成的析取式称为主析取范式，与公式 A 等价的主析取范式称为 A 的主析取范式.

【定理 1-5】任意含 n 个命题变元的非矛盾式命题公式都存在着与之等价的主析取范式，并且其主析取范式是唯一的.

证明：

设 A' 是公式 A 的析取范式，即 $A\Leftrightarrow A'$. 若 A' 的某个简单合取式 A_i 中不含有命题变元 P 及其否定 $\neg P$，将 A_i 展成 $A_i\Leftrightarrow A_i\wedge T\Leftrightarrow A_i\wedge(P\vee\neg P)\Leftrightarrow(A_i\wedge P)\vee(A_i\wedge\neg P)$，继续这个过程，直到所有的简单合取式成为小项，然后消去重复的项及矛盾式，得到公式 A 的主析取范式.

以下证明唯一性.

若公式 A 有两个与之等价的主析取范式 B 和 C，则 $B\Leftrightarrow C$. 由于 B 和 C 是 A 的不同的主析取范式，不妨设小项 m_i 只出现在 B 中而不在 C 中，于是 i 的二进制表示为 B 的成真赋值、C 的成假赋值，这与 $B\Leftrightarrow C$ 矛盾，因此公式 A 的主析取范式是唯一的.

一个命题公式的主析取范式可通过两种方法求得，一是由公式的真值表得出，即真值表法；二是由基本等价公式推出，即等值演算法.

1) 真值表法

【定理 1-6】在真值表中，命题公式 A 的真值为真的赋值所对应的小项的析取式即为命题公式 A 的主析取范式.

证明：

设命题公式 A 的真值为真的赋值所对应的小项为 $m_1, m_2, \cdots, m_k$. 令 $B=m_1\vee m_2\vee\cdots\vee m_k$.以下证明 $A\Leftrightarrow B$，即证明 A 与 B 在相应指派下具有相同的真值.

首先，对 A 为真的某一指派，其对应的小项为 m_i，则因为 m_i 为 T，而 $m_1,m_2,\cdots,m_{i-1},m_{i+1},\cdots,m_k$ 均为 F，所以 $B=m_1\vee m_2\vee\cdots\vee m_k$ 为真.

其次，对 A 为假的某一指派，则其赋值所对应的小项一定不是 $m_1,m_2,\cdots,m_k$ 中的某一项，即 $m_1,m_2,\cdots,m_k$ 均为假，所以 $B=m_1\vee m_2\vee\cdots\vee m_k$ 为假.

综合以上，即证明 $A\Leftrightarrow B$.

利用真值表法求主析取范式的基本步骤为：

(1) 列出公式的真值表；

(2) 将真值表最后一列中的 1 的赋值所对应的小项写出；

(3) 将这些小项进行析取.

【例 1-28】 利用真值表法求 $\neg(P\wedge Q)$ 的主析取范式.

解：

$\neg(P\wedge Q)$ 的真值表如表 1-16 所示.

表 1-16 $\neg(P\wedge Q)$ 的真值表

P	Q	$\neg(P\wedge Q)$
0	0	1
0	1	1
1	0	1
1	1	0

从表 1-16 中可以看出，该公式在其真值表的 00 行、01 行、10 行处取真值 1，所以 $\neg(P\wedge Q)\Leftrightarrow m_0\vee m_1\vee m_2\Leftrightarrow(\neg P\wedge\neg Q)\vee(\neg P\wedge Q)\vee(P\wedge\neg Q)$.

【例 1-29】 用真值表法求 $(P\wedge Q)\vee R$ 的主析取范式.

解：

$(P\wedge Q)\vee R$ 的真值表如表 1-17 所示.

表 1-17 $(P\wedge Q)\vee R$ 的真值表

P	Q	R	$P\wedge Q$	$(P\wedge Q)\vee R$
0	0	0	0	0
0	0	1	0	1
0	1	0	0	0
0	1	1	0	1
1	0	0	0	0
1	0	1	0	1
1	1	0	1	1
1	1	1	1	1

从表 1-17 中可以看出，该公式在其真值表的 001 行、011 行、101 行、110 行和 111 行处取真值 1，所以 $(P\wedge Q)\vee R\Leftrightarrow m_1\vee m_3\vee m_5\vee m_6\vee m_7\Leftrightarrow(\neg P\wedge\neg Q\wedge R)\vee(\neg P\wedge Q\wedge R)\vee$

$(P\wedge\neg Q\wedge R)\vee(P\wedge Q\wedge\neg R)\vee(P\wedge Q\wedge R)$

【例 1-30】 公式 A 的真值表如表 1-18 所示，求公式 A 的主析取范式.

表 1-18　公式 A 的真值表

P	Q	R	A
0	0	0	1
0	0	1	0
0	1	0	0
0	1	1	0
1	0	0	1
1	0	1	0
1	1	0	0
1	1	1	1

解：

由真值表可看出公式 A 有 3 组成真赋值，分别出现在 000 行、100 行和 111 行，所以公式 A 的主析取范式为

$$A\Leftrightarrow(\neg P\wedge\neg Q\wedge\neg R)\vee(P\wedge\neg Q\wedge\neg R)\vee(P\wedge Q\wedge R)$$

2）等值演算法

除了用真值表法来求一个命题公式的主析取范式外，还可以利用等值演算法来推导. 具体的求解步骤如下：

(1) 求公式 A 的析取范式 A'；

(2) 除去 A'中所有永假的析取项；

(3) 若 A'的某个简单合取式 B 中不含有某个命题变元 P，也不含$\neg P$，则将 B 展成

$$B\Leftrightarrow B\wedge 1\Leftrightarrow B\wedge(P\vee\neg P)\Leftrightarrow(B\wedge P)\vee(B\wedge\neg P)$$

(4) 将重复出现的命题变元、矛盾式及重复出现的小项都消去；

(5) 将小项按顺序排列.

【例 1-31】 求$(P\to Q)\wedge Q$ 的主析取范式.

解：

$$\begin{aligned}(P\to Q)\wedge Q&\Leftrightarrow(\neg P\vee Q)\wedge Q\Leftrightarrow(\neg P\wedge Q)\vee Q\\&\Leftrightarrow(\neg P\wedge Q)\vee((P\vee\neg P)\wedge Q)\\&\Leftrightarrow(\neg P\wedge Q)\vee((P\wedge Q)\vee(\neg P\wedge Q))\\&\Leftrightarrow(\neg P\wedge Q)\vee(P\wedge Q)\end{aligned}$$

【例 1-32】 求 $(P\to Q)\leftrightarrow R$ 的主析取范式.

解：

$$\begin{aligned}(P\to Q)\leftrightarrow R&\Leftrightarrow(\neg P\vee Q)\leftrightarrow R\\&\Leftrightarrow((\neg P\vee Q)\to R)\wedge(R\to(\neg P\vee Q))\\&\Leftrightarrow(\neg(\neg P\vee Q)\vee R)\wedge(\neg R\vee\neg P\vee Q)\\&\Leftrightarrow((P\wedge\neg Q)\vee R)\wedge(\neg P\vee Q\vee\neg R)\end{aligned}$$

$\Leftrightarrow((P\wedge\neg Q)\wedge(\neg P\vee Q\vee\neg R))\vee(R\wedge(\neg P\vee Q\vee\neg R))$
$\Leftrightarrow(P\wedge\neg Q\wedge\neg P)\vee(P\wedge\neg Q\wedge Q)\vee(P\wedge\neg Q\wedge\neg R)\vee(R\wedge\neg P)\vee(R\wedge Q)\vee(R\wedge\neg R)$
$\Leftrightarrow(P\wedge\neg Q\wedge\neg R)\vee(\neg P\wedge R)\vee(Q\wedge R)$
$\Leftrightarrow(P\wedge\neg Q\wedge\neg R)\vee(\neg P\wedge(Q\vee\neg Q)\wedge R)\vee((P\vee\neg P)\wedge Q\wedge R)$
$\Leftrightarrow(P\wedge\neg Q\wedge\neg R)\vee(\neg P\wedge Q\wedge R)\vee(\neg P\wedge\neg Q\wedge R)\vee(P\wedge Q\wedge R)\vee(\neg P\wedge Q\wedge R)$
$\Leftrightarrow(\neg P\wedge\neg Q\wedge R)\vee(\neg P\wedge Q\wedge R)\vee(P\wedge\neg Q\wedge\neg R)\vee(P\wedge Q\wedge R)$

2. 主合取范式

【定义 1-22】在含有 n 个命题变元的简单析取式中，若每个命题变元及其否定形式不同时出现，但二者之一必出现且仅出现一次，则称该简单析取式为大项.

例如，两个命题变元 P 和 Q 生成的 4 个大项为：$P\vee Q$，$P\vee\neg Q$，$\neg P\vee Q$，$\neg P\vee\neg Q$. 3 个命题变元 P、Q 和 R 生成的 8 个大项为：$P\vee Q\vee R$，$P\vee Q\vee\neg R$，$P\vee\neg Q\vee R$，$P\vee\neg Q\vee\neg R$，$\neg P\vee Q\vee R$，$\neg P\vee Q\vee\neg R$，$\neg P\vee\neg Q\vee R$，$\neg P\vee\neg Q\vee\neg R$.

一般说来，n 个命题变元共有 2^n 个大项.

大项的二进制编码为：命题变元按字母顺序排列，命题变元与 0 对应，命题变元的否定与 1 对应，则得到大项的二进制编码，记为 M_i，其下标 i 是由二进制编码转化的十进制数. n 个命题变元形成的 2^n 个大项，分别记为：$M_0,M_1,\cdots,M_{2^n-1}$.

表 1-19 列出了两个命题变元 P 和 Q 生成的 4 个大项的真值表.

表 1-19 P 和 Q 生成的 4 个大项的真值表

M（二进制）		M_{00}	M_{01}	M_{10}	M_{11}
P	Q	$P\vee Q$	$P\vee\neg Q$	$\neg P\vee Q$	$\neg P\vee\neg Q$
0	0	0	1	1	1
0	1	1	0	1	1
1	0	1	1	0	1
1	1	1	1	1	0
M（十进制）		M_0	M_1	M_2	M_3

从这个真值表中可以看到，没有两个大项是等价的，且每个大项都只对应着 P 和 Q 的一组真值指派使得该大项的真值为 0.

这个结论可以推广到 3 个及 3 个以上变元的情况.

由真值表可得到大项具有如下性质：

(1) 各大项的真值表都不相同；

(2) 每个大项当其真值指派与对应的二进制编码相同时，其真值为假，在其余 2^n-1 种指派情况下，其真值均为真；

(3) 任意两个不同大项的析取式是重言式，如

$$M_{00}\wedge M_{10}=(P\vee Q)\vee(\neg P\vee Q)\Leftrightarrow P\vee\neg P\vee Q\Leftrightarrow 1$$

(4) 全体大项的合取式必为矛盾式.

【定义 1-23】由若干个不同的大项组成的合取式称为主合取范式，与公式 A 等价的主合取范式称为 A 的主合取范式.

【定理 1-7】 任意含 n 个命题变元的非重言式命题公式都存在着与之等价的主合取范式，并且其主合取范式是唯一的.

与主析取范式的求解方法相类似，主合取范式同样可通过真值表法或等值演算法求得.

1）真值表法

【定理 1-8】 在真值表中，命题公式 A 的真值为假的赋值所对应的大项的合取即为命题公式 A 的主合取范式.

证明方法与定理 1-6 的证明方法相类似.

利用真值表法求主合取范式的基本步骤如下：

(1) 列出公式的真值表；

(2) 将真值表最后一列中的 0 的赋值所对应的大项写出；

(3) 将这些大项进行合取.

【例 1-33】 求$(P\to Q)\wedge Q$ 的主合取范式.

解：

$(P\to Q)\wedge Q$ 的真值表如表 1-20 所示.

表 1-20 $(P\to Q)\wedge Q$ 的真值表

P	Q	$P\to Q$	$(P\to Q)\wedge Q$
0	0	1	0
0	1	1	1
1	0	0	0
1	1	1	1

从上表可以看出，公式$(P\to Q)\wedge Q$ 在 00 行、10 行处取真值 0，所以$(P\to Q)\wedge Q\Leftrightarrow(P\vee Q)\wedge(\neg P\vee Q)\Leftrightarrow M_0\wedge M_2$.

2）等值演算法

具体的求解步骤如下：

(1) 求公式 A 的合取范式 A'；

(2) 除去 A'中所有永真的合取项；

(3) 若 A'的某个简单析取式 B 中不含有某个命题变元 P，也不含$\neg P$，则将 B 展成

$$B\Leftrightarrow B\vee 0\Leftrightarrow B\vee(P\wedge\neg P)\Leftrightarrow(B\vee P)\wedge(B\vee\neg P)$$

(4) 将重复出现的命题变元、重言式及重复出现的大项都消去；

(5) 将大项按顺序排列.

【例 1-34】 求$(P\wedge Q)\vee(\neg P\wedge R)$的主合取范式.

解：

$$\begin{aligned}(P\wedge Q)\vee(\neg P\wedge R)&\Leftrightarrow((P\wedge Q)\vee\neg P)\wedge((P\wedge Q)\vee R)\\&\Leftrightarrow(P\vee\neg P)\wedge(Q\vee\neg P)\wedge(P\vee R)\wedge(Q\vee R)\\&\Leftrightarrow(\neg P\vee Q)\wedge(P\vee R)\wedge(Q\vee R)\\&\Leftrightarrow((\neg P\vee Q)\vee(R\wedge\neg R))\wedge(P\vee(Q\wedge\neg Q)\vee R)\wedge((P\wedge\neg P)\vee Q\vee R)\\&\Leftrightarrow(\neg P\vee Q\vee R)\wedge(\neg P\vee Q\vee\neg R)\wedge(P\vee Q\vee R)\wedge(P\vee\neg Q\vee R)\wedge\\&\quad(P\vee Q\vee R)\wedge(\neg P\vee Q\vee R)\end{aligned}$$

$$\Leftrightarrow(\neg P\vee Q\vee R)\wedge(\neg P\vee Q\vee\neg R)\wedge(P\vee Q\vee R)\wedge(P\vee\neg Q\vee R)$$
$$\Leftrightarrow M_0\wedge M_2\wedge M_4\wedge M_5$$

3. 主析取范式和主合取范式的关系

设 Z 为命题公式 A 的主析取范式中所有小项的下标集合，R 为命题公式 A 的主合取范式中所有大项的下标集合，则有

$$R=\{0,1,2,\cdots,2^n-1\}-Z$$

或

$$Z=\{0,1,2,\cdots,2^n-1\}-R$$

故已知命题公式 A 的主析取范式，可求得其主合取范式；反之亦然.

事实上，注意到小项 m_i 与大项 M_i 满足 $\neg m_i\Leftrightarrow M_i$，$\neg M_i\Leftrightarrow m_i$. 例如，$m_5:P\wedge\neg Q\wedge R$，$M_5:\neg P\vee Q\vee\neg R$.

在含有 n 个命题变元的命题公式 A 中，如果 A 的主析取范式中含有 k 个小项 $m_{j_1},m_{j_2},\cdots,m_{j_k}$，则 $\neg A$ 的主析取范式中必含 2^n-k 个小项 $m_{i_1},m_{i_2},\cdots,m_{i_{2^n-k}}$，且

$$\{0,1,2,\cdots,2^n-1\}-\{j_1,j_2,\cdots,j_k\}=\{i_1,i_2,\cdots,i_{2^n-k}\}$$

所以

$$\neg A\Leftrightarrow m_{i_1}\vee m_{i_2}\vee\cdots\vee m_{i_{2^n-k}}$$
$$A\Leftrightarrow\neg(m_{i_1}\vee m_{i_2}\vee\cdots\vee m_{i_{2^n-k}})$$
$$\Leftrightarrow\neg m_{i_1}\wedge\neg m_{i_2}\wedge\cdots\wedge\neg m_{i_{2^n-k}}$$
$$\Leftrightarrow M_{i_1}\wedge M_{i_2}\wedge\cdots\wedge M_{i_{2^n-k}}$$

则 A 的主合取范式中含有 2^n-k 个大项，且 A 的主合取范式为 $M_{i_1}\wedge M_{i_2}\wedge\cdots\wedge M_{i_{2^n-k}}$. 因此，根据公式的主析（合）取范式可以写出相应的主合（析）取范式.

如例 1-34 中的主合取范式 $M_0\wedge M_2\wedge M_4\wedge M_5$ 已求出，则主析取范式为 $m_1\vee m_3\vee m_6\vee m_7$，然后写出相应的小项即可.

【例 1-35】求 $\neg(P\wedge Q)\leftrightarrow\neg(\neg P\rightarrow R)$ 的主析取范式与主合取范式.

解：

$$\neg(P\wedge Q)\leftrightarrow\neg(\neg P\rightarrow R)\Leftrightarrow(\neg(P\wedge Q)\rightarrow\neg(\neg P\rightarrow R))\wedge(\neg(\neg P\rightarrow R)\rightarrow\neg(P\wedge Q))$$
$$\Leftrightarrow((P\wedge Q)\vee\neg(\neg P\rightarrow R))\wedge((\neg P\rightarrow R)\vee\neg(P\wedge Q))$$
$$\Leftrightarrow((P\wedge Q)\vee(\neg P\wedge\neg R))\wedge((P\vee R)\vee(\neg P\vee\neg Q))$$
$$\Leftrightarrow(P\vee\neg R)\wedge(\neg P\vee Q)\wedge(Q\vee\neg R)$$
$$\Leftrightarrow(P\vee Q\vee\neg R)\wedge(P\vee\neg Q\vee\neg R)\wedge(\neg P\vee Q\vee R)\wedge(\neg P\vee Q\vee\neg R)\wedge(P\vee Q\vee\neg R)\wedge(\neg P\vee Q\vee\neg R)$$
$$\Leftrightarrow M_1\wedge M_3\wedge M_4\wedge M_5$$
$$\Leftrightarrow m_0\vee m_2\vee m_6\vee m_7$$
$$\Leftrightarrow(\neg P\wedge\neg Q\wedge\neg R)\vee(\neg P\wedge Q\wedge\neg R)\vee(P\wedge Q\wedge\neg R)\vee(P\wedge Q\wedge R)$$

1.4.3 主范式的应用

1. 命题公式等价性的判定

由于每个命题公式都存在着与之等价的唯一的主析取范式和主合取范式，因此，如果两

个命题公式等价，则相应的主范式也对应相同.

【例 1-36】判断$(P\to Q)\land(P\to R)$与$P\to(Q\land R)$是否等价.

解：

因为

$$\begin{aligned}(P\to Q)\land(P\to R)&\Leftrightarrow(\neg P\lor Q)\land(\neg P\lor R)\\&\Leftrightarrow(\neg P\lor Q\lor(R\land\neg R))\land(\neg P\lor(Q\land\neg Q)\lor R)\\&\Leftrightarrow(\neg P\lor Q\lor R)\land(\neg P\lor Q\lor\neg R)\land(\neg P\lor Q\lor R)\land(\neg P\lor\neg Q\lor R)\\&\Leftrightarrow M_4\land M_5\land M_6\end{aligned}$$

$$\begin{aligned}P\to(Q\land R)&\Leftrightarrow\neg P\lor(Q\land R)\\&\Leftrightarrow(\neg P\lor Q)\land(\neg P\lor R)\\&\Leftrightarrow M_4\land M_5\land M_6\end{aligned}$$

所以$(P\to Q)\land(P\to R)\Leftrightarrow P\to(Q\land R)$.

2. 命题公式类型的判定

【定理 1-9】设A是含n个命题变元的命题公式，则有：

(1) A为重言式当且仅当A的主析取范式中含有全部2^n个小项；

(2) A为矛盾式当且仅当A的主合取范式中含有全部2^n个大项；

(3) 若A的主析取范式中至少含有一个小项，则A是可满足式.

【例 1-37】判断下列命题公式的类型：

(1) $((P\to Q)\land P)\to Q$;

(2) $(P\to Q)\land Q$.

解：

$$\begin{aligned}(1)\ ((P\to Q)\land P)\to Q&\Leftrightarrow((\neg P\lor Q)\land P)\to Q\\&\Leftrightarrow\neg((\neg P\lor Q)\land P)\lor Q\\&\Leftrightarrow(P\land\neg Q)\lor\neg P\lor Q\\&\Leftrightarrow(P\land\neg Q)\lor(\neg P\land(Q\lor\neg Q))\lor((P\lor\neg P)\land Q)\\&\Leftrightarrow(P\land\neg Q)\lor(\neg P\land Q)\lor(\neg P\land\neg Q)\lor(P\land Q)\lor(\neg P\land Q)\\&\Leftrightarrow m_0\lor m_1\lor m_2\lor m_3\end{aligned}$$

因此，命题公式（1）为重言式.

$$\begin{aligned}(2)\ (P\to Q)\land Q&\Leftrightarrow(\neg P\lor Q)\land Q\Leftrightarrow(\neg P\land Q)\lor Q\\&\Leftrightarrow(\neg P\land Q)\lor((\neg P\lor P)\land Q)\\&\Leftrightarrow(\neg P\land Q)\lor(\neg P\land Q)\lor(P\land Q)\\&\Leftrightarrow(\neg P\land Q)\lor(P\land Q)\\&\Leftrightarrow m_1\lor m_3\end{aligned}$$

因此，命题公式（2）为可满足式.

3. 实际问题求解

【例 1-38】张三说李四在说谎，李四说王五在说谎，王五说张三、李四都在说谎. 请问3人中到底谁在说谎？

解：

设 P：张三说真话（即没有说谎），Q：李四说真话，R：王五说真话. 则张三说李四在说谎可符号化为：$P\leftrightarrow\neg Q$. 类似地，其余两句话可符号化为：$Q\leftrightarrow\neg R$，$R\leftrightarrow(\neg P\wedge\neg Q)$.

上述已知条件可表示为

$$G\Leftrightarrow(P\leftrightarrow\neg Q)\wedge(Q\leftrightarrow\neg R)\wedge(R\leftrightarrow(\neg P\wedge\neg Q))$$

公式 G 的真值表如表 1-21 所示.

表 1-21 公式 G 的真值表

P	Q	R	G
0	0	0	0
0	0	1	0
0	1	0	1
0	1	1	0
1	0	0	0
1	0	1	0
1	1	0	0
1	1	1	0

则公式 G 的主析取范式为$\neg P\wedge Q\wedge\neg R$，即张三在说谎，李四说真话，王五说谎话.

【例 1-39】某单位要从 4 位职工甲、乙、丙、丁中挑选两位职工去外地旅游，由于工作需要，选派时要考虑下列要求：

(1) 甲、乙两人中去且仅去 1 人；

(2) 乙和丁不能都去；

(3) 若丙去，则丁必须去；

(4) 若丁不去，则甲也不去.

问该单位派谁去符合要求？

解：

设 P：派甲去旅游，Q：派乙去旅游，R：派丙去旅游，S：派丁去旅游. 则由已知条件可得命题公式为

$$G\Leftrightarrow((P\wedge\neg Q)\vee(\neg P\wedge Q))\wedge(\neg Q\vee\neg S)\wedge(R\to S)\wedge(\neg S\to\neg P)$$

公式 G 化成主析取范式为

$$G\Leftrightarrow(P\wedge\neg Q\wedge R\wedge S)\vee(P\wedge\neg Q\wedge\neg R\wedge S)\vee(\neg P\wedge Q\wedge\neg R\wedge\neg S)$$

故选派方案有：

(1) 派甲、丙、丁去旅游；

(2) 派甲、丁去旅游；

(3) 派乙去旅游.

由于单位要派两位职工去旅游，因此只有方案 (2) 满足要求，即派甲、丁去旅游.

1.5 基于命题的推理

1.5.1 推理的定义

推理是由一个或几个命题推出另一个命题的思维形式. 从结构上来说，推理由前提、结论和规则 3 个部分组成. 前提与结论有蕴含关系的推理，或者结论是从前提中必然推出的推理称为必然性推理，如演绎推理；前提和结论没有蕴含关系的推理，或者前提与结论之间并没有必然联系而仅仅是一种或然性联系的推理称为或然性推理，如简单枚举归纳推理. 推理："金能导电，银能导电，铜能导电. 金、银、铜都是金属，所以金属都能导电" 这种从偶然现象概括出一般规律的推理就是一种简单枚举归纳推理. 命题逻辑中的推理是演绎推理.

在实际应用的推理中，常常把本门学科的一些定律、定理和条件作为假设前提，尽管这些前提在数理逻辑中并非永真，但在推理过程中，却总是假设这些命题为真，并使用一些公认的规则，得到另外的命题，形成结论，这种过程就是论证.

【定义 1-24】设 A 和 B 是两个命题公式，当且仅当 $A \to B$ 为重言式，即 $A \Rightarrow B$，称 B 是 A 的有效结论，或 B 可由 A 逻辑推出.

这个定义可以推广到有 n 个前提的情况.

设 $H_1, H_2, \cdots, H_n$，B 是命题公式，当且仅当 $H_1 \wedge H_2 \wedge \cdots \wedge H_n \Rightarrow B$，称 B 是一组前提 H_1，$H_2, \cdots, H_n$ 的有效结论.

注意：

在形式逻辑中，并不关心结论 B 是否真实，而只在乎由给定的前提 $H_1, H_2, \cdots, H_n$ 能否推出结论 B 来，只注意推理的形式是否正确. 因此，有效结论并不一定是正确的，只有正确的前提经过正确的推理得到的逻辑结论才是正确的.

可以用前面介绍的真值表法或证明蕴含关系的方法来论证结论的有效性. 论证的方法千变万化，但基本上归纳起来只有 3 种方法，即真值表法、直接证明法和间接证明法. 真值表法在上述章节已经详细分析过，以下将分析直接证明法和间接证明法的原理及应用.

1.5.2 直接证明法

直接证明法就是由一组命题，利用一些公认的推理规则，根据已知的等价式或蕴含式，推演出有效结论，即形式演绎法. 直接证明法必须遵循下列推理规则.

P 规则：前提条件在推导过程中的任何时候都可以引入使用.

T 规则：在推导过程中，所证明的结论、已知的等价或蕴含公式都可以作为后续证明的前提，命题公式中的任何子公式都可以用与之等价的命题公式置换.

常用的蕴含公式和等价公式分别如表 1-22 和表 1-23 所示.

表 1-22　常用的蕴含公式

I_1	$P\wedge Q\Rightarrow P$
I_2	$P\wedge Q\Rightarrow Q$
I_3	$P\Rightarrow P\vee Q$
I_4	$Q\Rightarrow P\vee Q$
I_5	$\neg P\Rightarrow P\rightarrow Q$
I_6	$Q\Rightarrow P\rightarrow Q$
I_7	$\neg(P\rightarrow Q)\Rightarrow P$
I_8	$\neg(P\rightarrow Q)\Rightarrow\neg Q$
I_9	$P,\ Q\Rightarrow P\wedge Q$
I_{10}	$\neg P,\ P\vee Q\Rightarrow Q$
I_{11}	$P,\ P\rightarrow Q\Rightarrow Q$
I_{12}	$\neg Q,\ P\rightarrow Q\Rightarrow\neg P$
I_{13}	$P\rightarrow Q,\ Q\rightarrow R\Rightarrow P\rightarrow R$
I_{14}	$P\vee Q,\ P\rightarrow R,\ Q\rightarrow R\Rightarrow R$
I_{15}	$A\rightarrow B\Rightarrow(A\vee C)\rightarrow(B\vee C)$
I_{16}	$A\rightarrow B\Rightarrow(A\wedge C)\rightarrow(B\wedge C)$

表 1-23　常用的等价公式

E_1	$\neg\neg P\Leftrightarrow P$
E_2	$P\wedge Q\Leftrightarrow Q\wedge P$
E_3	$P\vee Q\Leftrightarrow Q\vee P$
E_4	$(P\wedge Q)\wedge R\Leftrightarrow P\wedge(Q\wedge R)$
E_5	$(P\vee Q)\vee R\Leftrightarrow P\vee(Q\vee R)$
E_6	$P\wedge(Q\vee R)\Leftrightarrow(P\wedge Q)\vee(P\wedge R)$
E_7	$P\vee(Q\wedge R)\Leftrightarrow(P\vee Q)\wedge(P\vee R)$
E_8	$\neg(P\wedge Q)\Leftrightarrow\neg P\vee\neg Q$
E_9	$\neg(P\vee Q)\Leftrightarrow\neg P\wedge\neg Q$
E_{10}	$P\vee P\Leftrightarrow P$
E_{11}	$P\wedge P\Leftrightarrow P$
E_{12}	$R\vee(P\wedge\neg P)\Leftrightarrow R$
E_{13}	$R\wedge(P\vee\neg P)\Leftrightarrow R$
E_{14}	$R\vee(P\vee\neg P)\Leftrightarrow T$
E_{15}	$R\wedge(P\wedge\neg P)\Leftrightarrow F$
E_{16}	$P\rightarrow Q\Leftrightarrow\neg P\vee Q$
E_{17}	$\neg(P\rightarrow Q)\Leftrightarrow P\wedge\neg Q$
E_{18}	$P\rightarrow Q\Leftrightarrow\neg Q\rightarrow\neg P$
E_{19}	$P\rightarrow(Q\rightarrow R)\Leftrightarrow(P\wedge Q)\rightarrow R$
E_{20}	$P\leftrightarrow Q\Leftrightarrow(P\rightarrow Q)\wedge(Q\rightarrow P)$
E_{21}	$P\leftrightarrow Q\Leftrightarrow(P\wedge Q)\vee(\neg P\wedge\neg Q)$
E_{22}	$\neg(P\leftrightarrow Q)\Leftrightarrow P\leftrightarrow\neg Q$

【例 1-40】证明$(P\vee Q)\wedge(Q\rightarrow R)\wedge(P\rightarrow S)\wedge\neg S\Rightarrow R$.

证明：

① $P\rightarrow S$　　P

② $\neg P\vee S$　　T①E

③ $\neg S$　　P

④ $\neg P$　　T②③I

⑤ $P\vee Q$　　P

⑥ Q　　T④⑤I

⑦ $Q\rightarrow R$　　P

⑧ R　　T⑥⑦I

【例 1-41】证明$(W\vee R)\rightarrow V,\ V\rightarrow C\vee S,\ S\rightarrow U,\ \neg C\wedge\neg U\Rightarrow\neg W$.

证明：

① $\neg C\wedge\neg U$　　P

② $\neg U$　　T①I

③ $S\rightarrow U$　　P

④ $\neg S$　　T②③I

⑤ $\neg C$　　T①I

⑥ $\neg C \wedge \neg S$　　　　T④⑤I

⑦ $\neg(C \vee S)$　　　　T⑥E

⑧ $(W \vee R) \rightarrow V$　　　　P

⑨ $V \rightarrow C \vee S$　　　　P

⑩ $(W \vee R) \rightarrow (C \vee S)$　　　　T⑧⑨I

⑪ $\neg(W \vee R)$　　　　T⑦⑩

⑫ $\neg W \wedge \neg R$　　　　T⑪E

⑬ $\neg W$　　　　T⑫I

【例 1-42】符号化下述命题并证明结论的有效性.

前提：若 a 是实数，则它不是有理数就是无理数. 若 a 不能表示成分数，则它不是有理数. a 是实数且不能表示成分数.

结论：a 是无理数.

证明：

设 P：a 是实数，Q：a 是有理数，R：a 是无理数，S：a 能表示成分数. 则本题即证：$P \rightarrow (Q \vee R)$，$\neg S \rightarrow \neg Q$，$P \wedge \neg S \Rightarrow R$. 推理如下：

① $P \wedge \neg S$　　　　P

② P　　　　T①I

③ $P \rightarrow (Q \vee R)$　　　　P

④ $Q \vee R$　　　　T②③I

⑤ $\neg S$　　　　P

⑥ $\neg S \rightarrow \neg Q$　　　　P

⑦ $\neg Q$　　　　T⑤⑥I

⑧ R　　　　T④⑦I

【例 1-43】已知张三或李四的彩票中奖，如果张三中奖，你是会知道的；如果李四中奖，王五也中奖了；现在你不知道张三中奖. 试用逻辑推理来确定谁中奖了？并写出推理过程.

解：

设 P：张三中奖，Q：李四中奖，R：王五中奖，S：你知道张三中奖. 由题设得已知条件：$P \vee Q$，$P \rightarrow S$，$Q \rightarrow R$，$\neg S$. 推理如下：

① $\neg S$　　　　P

② $P \rightarrow S$　　　　P

③ $\neg P \vee S$　　　　T②E

④ $\neg P$　　　　T①③I

⑤ $P \vee Q$　　　　P

⑥ Q　　　　T④⑤I

⑦ $Q \rightarrow R$　　　　P

⑧ R　　　　T⑥⑦I

⑨ $Q \wedge R$　　　　T⑥⑧I

即李四和王五都中奖了.

1.5.3　间接证明法

间接证明法主要有两种，一种为附加前提证明法，还有一种是常用的反证法.

1. 附加前提证明法

由公式的等价性知 $C_1 \wedge C_2 \wedge \cdots \wedge C_n \rightarrow (A \rightarrow B) \Leftrightarrow C_1 \wedge C_2 \wedge \cdots \wedge C_n \wedge A \rightarrow B$，所以要证明 $C_1 \wedge C_2 \wedge \cdots \wedge C_n \Rightarrow A \rightarrow B$，只需证明 $C_1 \wedge C_2 \wedge \cdots \wedge C_n \wedge A \Rightarrow B$ 即可，这种方法称为附加前提证明法，也称为 CP 规则.

【例 1-44】证明由 $P \rightarrow (Q \rightarrow S)$，$\neg R \vee P$，$Q$ 能有效推出 $R \rightarrow S$.

证明：

① R	P（附加前提）
② $\neg R \vee P$	P
③ P	T①②I
④ $P \rightarrow (Q \rightarrow S)$	P
⑤ $Q \rightarrow S$	T③④I
⑥ Q	P
⑦ S	T⑤⑥I
⑧ $R \rightarrow S$	CP

【例 1-45】“如果春暖花开，燕子就会飞回北方；如果燕子飞回北方，则冰雪融化. 所以，如果冰雪没有融化，则没有春暖花开.” 证明这些语句构成一个正确的推理.

证明：

设 P：春暖花开，Q：燕子飞回北方，R：冰雪融化. 则上述论断转化成要证明 $P \rightarrow Q$，$Q \rightarrow R \Rightarrow \neg R \rightarrow \neg P$.

① $\neg R$	P（附加前提）
② $Q \rightarrow R$	P
③ $\neg Q$	T①②I
④ $P \rightarrow Q$	P
⑤ $\neg P$	T③④I
⑥ $\neg R \rightarrow \neg P$	CP

【例 1-46】“如果 A 努力工作，B 或 C 将生活愉快；如果 B 生活愉快，那么 A 将不努力工作；如果 D 愉快，C 将不愉快. 所以，如果 A 努力工作，D 将不愉快.” 问这些语句是否构成一个正确的推理？

解：

设 P：A 努力工作，Q：B 将生活愉快，R：C 将生活愉快，S：D 将愉快.

前提：$P \rightarrow (Q \vee R)$，$Q \rightarrow \neg P$，$S \rightarrow \neg R$；

结论：$P \rightarrow \neg S$.

① P	P（附加前提）
② $Q \rightarrow \neg P$	P

③ $\neg Q$ T①②I

④ $P \to (Q \vee R)$ P

⑤ $Q \vee R$ T①④I

⑥ R T③⑤I

⑦ $S \to \neg R$ P

⑧ $\neg S$ T⑥⑦I

⑨ $P \to \neg S$ CP

因此，上述推理是正确的.

2. 反证法

反证法也称归谬法，是经常使用的一种间接证明方法，是将结论的否定形式作为附加前提与给定的前提条件一起推证来导出矛盾. 它的基本原理是：$A \Rightarrow B$ 当且仅当 $A \wedge \neg B$ 为矛盾式.

这是因为 $A \Rightarrow B$ 当且仅当 $A \to B$ 为重言式，即 $\neg A \vee B$ 永真，当且仅当 $\neg(\neg A \vee B) \Leftrightarrow A \wedge \neg B$ 永假.

【例 1-47】 证明 $R \to \neg Q$，$R \vee S$，$S \to \neg Q$，$P \to Q \Rightarrow \neg P$.

证明：

① P P（附加前提）

② $P \to Q$ P

③ Q T①②I

④ $S \to \neg Q$ P

⑤ $\neg S$ T③④I

⑥ $R \vee S$ P

⑦ R T⑤⑥I

⑧ $R \to \neg Q$ P

⑨ $\neg Q$ T⑦⑧I

⑩ $Q \wedge \neg Q$（矛盾式） T③⑨I

由⑩得出了矛盾，根据反证法说明原推理正确.

【例 1-48】 证明 $P \vee Q$，$P \to R$，$Q \to S \Rightarrow R \vee S$.

证明：

① $\neg(R \vee S)$ P（附加前提）

② $\neg R \wedge \neg S$ T①E

③ $\neg R$ T②I

④ $P \to R$ P

⑤ $\neg P$ T③④I

⑥ $P \vee Q$ P

⑦ Q T⑤⑥I

⑧ $Q \to S$ P

⑨ S T⑦⑧I

⑩ $\neg S$ $\quad T$②I

⑪ $S\wedge\neg S$（矛盾式） $\quad T$⑨⑩I

由⑪得出了矛盾，根据反证法说明原推理正确.

1.6 本章习题

一、选择题

1. 设命题公式$\neg P\rightarrow(Q\wedge R)$，则使公式取值为1的$P$、$Q$、$R$的赋值分别是（　　）.

A. 0、1、0　　B. 1、0、0　　C. 0、0、1　　D. 0、0、0

2. 设P：小王爱打球，Q：小王爱跑步. 则小王爱打球或跑步符号化为（　　）.

A. $P\vee Q$　　B. $P\wedge Q$　　C. $P\rightarrow Q$　　D. $Q\rightarrow P$

3. 下列命题公式为永真蕴含式的是（　　）.

A. $Q\rightarrow(P\wedge Q)$　　B. $P\rightarrow(P\wedge Q)$　　C. $(P\wedge Q)\rightarrow P$　　D. $(P\vee Q)\rightarrow Q$

4. 下列为命题公式$P\wedge(Q\vee\neg R)$成假指派的是（　　）.

A. 100　　B. 101　　C. 110　　D. 111

5. 下列表达式正确的是（　　）.

A. $P\Rightarrow P\wedge Q$　　B. $P\vee Q\Rightarrow P$

C. $\neg Q\Rightarrow\neg(P\rightarrow Q)$　　D. $\neg(P\rightarrow Q)\Rightarrow\neg Q$

二、填空题

1. 设P：张三聪明，Q：张三用功. 则"张三聪明但不用功"符号化为________.

2. 设P：张三可以做这件事，Q：李四可以做这件事. 则"张三或李四都可以做这件事"符号化为________.

3. 设P：离散数学是有用的，Q：离散数学是枯燥无味的. 则"说离散数学无用且枯燥无味是不对的"符号化为________.

4. 设P：我将去市里，Q：我有时间. 则"我将去市里，仅当我有时间"符号化为________.

5. 设P和Q是两个命题，当P为1，Q为0的时候，$P\rightarrow Q$的值为________.

三、判断题

1. 设A为命题公式，若A的值永为T，则称公式A为重言式.（　　）

2. $(A\vee B)\vee C\Leftrightarrow A\vee(B\vee C)$是命题公式的吸收律.（　　）

3. $\neg(A\vee B)\Leftrightarrow\neg A\wedge\neg B$是命题公式的德·摩根律.（　　）

4. $(P\wedge Q)\rightarrow P$为永真蕴含式.（　　）

5. 证明命题公式等价的方法有：真值表法、等值演算法、分析法和归纳法.（　　）

四、解答题

1. 下列语句哪些是命题，哪些不是命题？若是命题，指出其真值；若不是命题，给出理由.

（1）今天天气真好啊！

（2）不存在最大的自然数.

(3) 把门关上!

(4) 你喜欢学习离散数学吗?

(5) 火星上有生命.

(6) $x+y<10$.

(7) 如果母鸡是飞鸟，那么煮熟的鸭子就会跑.

(8) 明天我去看樱花.

(9) $1+5\geqslant6$.

(10) 克里特人说“所有克里特人都说谎”.

(11) 雪是黑色的当且仅当太阳从西边升起.

(12) 你若盛开，蝴蝶自来.

2. 将下列命题符号化.

(1) 张三身体好，学习不怎么好.

(2) 李四边散步边听音乐.

(3) 王五不努力，考试就会不及格.

(4) 他不是我的老师.

(5) 春天来了，百花齐放.

(6) 银行利率一降低，股价就会随之上扬.

(7) 他虽然很努力，但考试还是没及格.

(8) 他明天去北京或去深圳.

(9) 占据空间的有质量的叫作物质，而物质是不断变化的.

(10) 若明天天晴，我就去郊游，否则就去体育馆打羽毛球或乒乓球.

3. 若假设 A 表示命题“你的高考成绩超过 450 分”，B 表示命题“你收到了大学录取通知书”. 试用 A、B 和联结词表示如下命题.

(1) 你的高考成绩没有超过 450 分，你也没收到大学录取通知书.

(2) 你的高考成绩超过了 450 分，但你没收到大学录取通知书.

(3) 你的高考成绩若超过 450 分，你将收到大学录取通知书.

(4) 你的高考成绩若没超过 450 分，就不会收到大学录取通知书.

(5) 你的高考成绩若超过 450 分足以收到大学录取通知书.

(6) 你收到大学录取通知书，但你的高考成绩没超过 450 分.

(7) 只要你收到大学录取通知书，你的高考成绩一定超过了 450 分.

(8) 你的高考成绩超过了 450 分，你也收到了大学录取通知书.

4. 确定下列命题的真假.

(1) 若 $1+2=3$，则 $2+2=4$.

(2) $1+2=3$ 当且仅当 $4+3=5$.

(3) 没有最大的实数.

(4) 中国人民是勤奋的.

(5) 北京是中国的首都.

(6) 如果我学习了离散数学，则学习计算机科学专业的其他课程是比较容易的.

5. 设 A 表示命题“天下雨”，B 表示命题“我将去打篮球”，C 表示命题“我有时间”. 试用自然语言写出下列命题.

(1) $B\leftrightarrow(\neg A\wedge C)$.　(2) $(\neg A\wedge C)\rightarrow B$.　(3) $\neg A\wedge B$.　(4) $A\rightarrow\neg B$.

6. 判断下列各式是否是命题公式，为什么？

(1) $(P\rightarrow Q)\ \neg R$.

(2) $(P\rightarrow Q)\vee(\ \wedge R)$.

(3) $(((P\wedge Q)\rightarrow(Q\vee R))\rightarrow(S\wedge \mathrm{T}))$.

(4) $(P\rightarrow Q)\vee R$.

(5) $((P\rightarrow Q)\wedge(R\rightarrow S)\wedge \mathrm{T}$.

(6) $(P\vee QR)\rightarrow S$.

7. 构造下列各命题的真值表，并指出下述命题中哪些是重言式，哪些是矛盾式？

(1) $P\rightarrow(Q\vee R)$.

(2) $(P\rightarrow Q)\leftrightarrow(\neg P\vee Q)$.

(3) $(P\vee Q)\wedge\neg(P\vee Q)$.

(4) $(P\vee Q)\rightarrow(Q\vee P)$.

(5) $P\vee(P\wedge Q)$.

(6) $(P\rightarrow Q)\wedge(Q\rightarrow P)$.

(7) $P\vee(\neg P\wedge Q)\rightarrow Q$.

(8) $(P\vee(P\wedge Q))\leftrightarrow\neg P$.

8. 写出下列各式的真值，其中 P、Q、R、S 的真值如表 1-24 所示.

表 1-24　真值表

P	Q	R	S
T	F	T	F

(1) $P\rightarrow(P\vee Q)$.

(2) $(P\leftrightarrow Q)\rightarrow(R\leftrightarrow S)$.

(3) $(P\leftrightarrow Q)\wedge(\neg R\vee S)$.

(4) $(P\wedge R)\rightarrow(Q\vee S)$.

(5) $((\neg S\leftrightarrow P)\rightarrow Q)\wedge R$.

(6) $(((\neg P\rightarrow Q)\wedge Q)\leftrightarrow R)\vee(\neg S\wedge P)$.

9. 试用真值表证明下列命题.

(1) 德 · 摩根律.

(2) 分配律.

(3) $(P\leftrightarrow Q)\Leftrightarrow(P\rightarrow Q)\wedge(Q\rightarrow P)$.

(4) $(P\wedge(P\rightarrow Q))\rightarrow Q\Leftrightarrow \mathrm{T}$.

(5) $(P\vee Q)\wedge(\neg P\vee Q)\wedge(P\vee\neg Q)\wedge(\neg P\vee\neg Q)\Leftrightarrow \mathrm{F}$.

10. 证明下列各等价式.

(1) $(P\wedge(P\rightarrow Q))\rightarrow Q\Leftrightarrow \mathrm{T}$.

(2) $(P\rightarrow R)\wedge(Q\rightarrow R)\Leftrightarrow(P\vee Q)\rightarrow R$.

(3) $P\rightarrow(Q\rightarrow R)\Leftrightarrow Q\rightarrow(P\rightarrow R)$.

(4) $(P\wedge Q)\vee(P\wedge\neg Q)\Leftrightarrow P$.

(5) $\neg(P\leftrightarrow Q)\Leftrightarrow(\neg P\wedge Q)\vee(P\wedge\neg Q)$.

(6) $((P\wedge Q\wedge R)\rightarrow S)\wedge(R\rightarrow(P\vee Q\vee S))\Leftrightarrow(R\wedge(P\leftrightarrow Q))\rightarrow S$.

(7) $((P\wedge Q)\rightarrow R)\wedge(Q\rightarrow(S\vee R))\Leftrightarrow(Q\wedge(S\rightarrow P))\rightarrow R$.

(8) $P\rightarrow(Q\rightarrow P)\Leftrightarrow\neg P\rightarrow(P\rightarrow\neg Q)$.

11. 化简下列命题公式.

(1) $((P\rightarrow Q)\leftrightarrow(\neg Q\rightarrow\neg P))\wedge R$.

(2) $P\vee(\neg P\vee(Q\wedge\neg Q))$.

(3) $(P\wedge Q\wedge R)\vee(\neg P\wedge Q\wedge R)$.

(4) $P\wedge(P\vee Q)$.

(5) $(P\vee(Q\wedge R))\leftrightarrow((P\vee Q)\wedge(P\vee R))$.

(6) $\neg((\neg P\wedge Q)\vee(\neg P\wedge\neg Q))\vee(P\wedge Q)$.

12. 设 P、Q、R 为任意的 3 个命题公式，试问下面的结论是否正确?

(1) 若 $P\vee R\Leftrightarrow Q\vee R$，则 $P\Leftrightarrow Q$.

(2) 若 $P\wedge R\Leftrightarrow Q\wedge R$，则 $P\Leftrightarrow Q$.

(3) 若$\neg P\Leftrightarrow\neg Q$，则 $P\Leftrightarrow Q$.

(4) 若 $P\rightarrow R\Leftrightarrow Q\rightarrow R$，则 $P\Leftrightarrow Q$.

(5) 若 $P\leftrightarrow R\Leftrightarrow Q\leftrightarrow R$，则 $P\Leftrightarrow Q$.

13. 证明下列各式为重言式.

(1) $(P\wedge(P\rightarrow Q))\rightarrow Q$.

(2) $\neg P\rightarrow(P\rightarrow Q)$.

(3) $((P\wedge Q)\rightarrow(R\vee S))\vee\neg((P\wedge Q)\rightarrow(R\vee S))$.

(4) $((P\rightarrow Q)\wedge(Q\rightarrow R))\rightarrow(P\rightarrow R)$.

(5) $\neg P\vee(P\wedge(P\vee Q))$.

14. 逻辑推证以下各式.

(1) $P\rightarrow Q\Rightarrow P\rightarrow(P\wedge Q)$.

(2) $P\Rightarrow\neg P\rightarrow Q$.

(3) $(P\rightarrow(Q\wedge\neg R))\wedge(Q\rightarrow(P\wedge R))\Rightarrow P\rightarrow R$.

(4) $(\neg P\rightarrow(Q\vee R))\wedge(S\vee W)\wedge((S\vee W)\rightarrow\neg P)\Rightarrow Q\vee R$.

(5) $((P\wedge Q)\rightarrow R)\wedge\neg S\wedge(R\rightarrow S)\Rightarrow P\rightarrow\neg Q$.

15. 设 A 表示命题“雪是白的”，B 表示“太阳从西边升起”. 若雪是白的则太阳从西边升起表示为 $A\rightarrow B$，试用自然语言写出其逆换式、反换式和逆反式.

16. 写出与下列命题等价的逆反式.

(1) 你若努力，你就会成功.

(2) 你不努力，你就会失败.

(3) 若 2+2=4，则地球是圆的.

(4) 如果我有时间，那么我就去看电影.

17. 请用真值表法和分析法证明下列蕴含式.

(1) $P\wedge Q\Rightarrow P$.

(2) $\neg Q\wedge(P\rightarrow Q)\Rightarrow\neg P$.

(3) $(P\rightarrow Q)\wedge(Q\rightarrow R)\Rightarrow P\rightarrow R$.

(4) $P \Rightarrow Q \vee R \vee \neg R$.

(5) $P \wedge Q \wedge \neg P \Rightarrow R$.

18. 写出下列各命题公式的对偶式，其中的 T 和 F 分别表示逻辑真值和假值.

(1) $\neg(P \vee Q) \wedge (R \vee S) \wedge \mathrm{T}$.

(2) $P \vee Q \wedge R$.

(3) $\mathrm{F} \wedge (P \vee Q) \wedge R$.

(4) $\neg P \vee (Q \wedge (R \vee S))$.

(5) $((\neg P \vee \neg Q) \wedge R) \vee S \wedge \mathrm{T}$.

(6) $P \uparrow (Q \wedge \neg(R \downarrow P))$.

19. 证明$\neg(P \uparrow Q) \Leftrightarrow \neg P \downarrow \neg Q$, $\neg(P \downarrow Q) \Leftrightarrow \neg P \uparrow \neg Q$.

20. 求下列命题公式的析取范式和合取范式.

(1) $\neg P \rightarrow \neg(P \rightarrow Q)$.

(2) $(P \rightarrow (Q \wedge R)) \vee P$.

(3) $P \wedge (Q \rightarrow R)$.

(4) $P \rightarrow ((Q \wedge R) \rightarrow S)$.

(5) $(P \rightarrow Q) \rightarrow R$.

21. A、B、C、D 4 个人中要派 2 人出差，按下述 3 个条件有几种派法？如何派？

(1) 若 A 去则 C 和 D 中要去 1 人.

(2) B 和 C 不能同时都去.

(3) C 去则 D 要留下.

22. 3 个人估计比赛结果，张三说“A 第一，B 第二”；李四说“C 第二，D 第四”；王五说“A 第二，D 第四”. 结果 3 人估计得都不全对，但都对了 1 个，问 A、B、C、D 的名次.

23. 用推理规则证明下列各式.

(1) $P \vee Q$, $P \rightarrow R$, $Q \rightarrow S \Rightarrow S \vee R$.

(2) $P \rightarrow Q$, $R \rightarrow S$, $Q \rightarrow W$, $S \rightarrow X$, $\neg(W \wedge X) \Rightarrow \neg P \vee \neg R$.

(3) $P \rightarrow (Q \rightarrow R)$, $S \rightarrow Q \Rightarrow P \rightarrow (S \rightarrow R)$.

(4) $\neg(P \rightarrow Q) \rightarrow \neg(R \vee S)$, $(Q \rightarrow P) \vee \neg R, R \Rightarrow P \leftrightarrow Q$.

(5) $S \rightarrow \neg Q$, $S \vee R$, $\neg R$, $\neg P \leftrightarrow Q \Rightarrow P$.

24. 符号化下面的语句，并用推理理论证明结论是否有效.

(1) 明天下雪或天晴；如果明天天晴，则我将去打篮球；若我去打篮球，我就不看书. 若我看书，则天在下雪.

(2) 如果马会飞或羊吃草，则母鸡就会是飞鸟；如果母鸡是飞鸟，那么烤熟的鸭子还会跑. 烤熟的鸭子不会跑，所以羊不吃草.

(3) 星期一若不下雨且能买到门票，我就去公园看樱花. 我没去公园看樱花，所以星期一没下雨.

(4) 如果我今天没有课，那么我去自习室自习或去电影院看电影；若自习室没空位，那么我无法到自习室自习. 我今天没课，自习室也没空位，所以我今天去电影院看电影.

(5) 如果张三和李四去看球赛，则王五也去看球赛；丁一不去看球赛或张三去看球赛；李四去看球赛. 所以，丁一看球赛时，王五也去.

五、实验题

1. 命题联结词.

问题：给定两个命题 p、q 的真值，输出 $\neg p$、$p \wedge q$、$p \vee q$、$p \rightarrow q$、$p \leftrightarrow q$ 的真值.

输入：每行有两个空格分开的布尔值 0 或 1 作为测试数据.

输出：一行有 5 个布尔值，分别为 $\neg p$、$p \wedge q$、$p \vee q$、$p \rightarrow q$、$p \leftrightarrow q$ 的真值.

2. 成真解释.

问题：求公式 $(p \vee q) \rightarrow \neg r$ 的所有成真解释.

输入：无.

输出：按照 pqr 解释的字典顺序输出公式的所有成真解释，每个解释占一行.

第 1 章习题答案

第2章

谓词逻辑

命题逻辑以单句为基本处理对象，不再对单句进行分解，然而现实生活中的许多问题，若仅以单句为处理对象，则无法探究命题的内部结构、成分，也无法剖析命题间的内部关系.

一些简单的问题若仅仅采用命题逻辑的相关知识，很难得出正确的结论. 例如，所有学生应以学习为重，张三是个学生，所以，张三应以学习为重. 这个推理显然是个真命题，但却无法用命题逻辑相关知识来判断它的正确性.

原因在于，在命题逻辑中，问题的解决是以单句为基本处理对象，将上面出现的 3 个单句依次符号化为 P、Q、R，于是上述问题的符号化结果为$(P\wedge Q)\rightarrow R$.

然而对上式经过简单分析可以发现，上式不是重言式，所以不能由它来判断上例为真命题. 原因在于命题逻辑求解问题的思路，它不考虑命题单句之间的内在联系和数量关系. 把"所有学生应以学习为重"作为一个简单命题来处理，这也就失去了问题的本质含义. 为了真实地表达上例的内在含义，还需要进一步对单句进行拆分，即拆分出"所有""学生""以学习为重"等内容，这也就是谓词逻辑所研究的内容. 谓词逻辑又称为一阶逻辑，本章将讨论谓词逻辑.

2.1 基本概念

为了更好地描述单句中的内在联系和数量关系，在谓词逻辑中引入个体词、谓词、量词 3 个基本元素，下面讨论这 3 个元素.

2.1.1 谓词逻辑三要素

在谓词逻辑中，需要将原子命题进一步细化. 原子命题至少要有主语和谓语，一般还要有量词. 以著名的"苏格拉底三段论"为例：

凡是人都是要死的；苏格拉底是人；所以苏格拉底是要死的.

设 P：凡是人都是要死的；Q：苏格拉底是人；R：苏格拉底是要死的.

于是苏格拉底三段论可以符号化为

$$(P \wedge Q) \to R$$

显然这是一个正确推理，但是在命题逻辑中，无法进行证明. 导致命题逻辑推理局限性的主要原因是命题逻辑无法区分“凡是”“人”和“要死”等词语. 在谓词逻辑中，需要将原子命题进一步细化. 原子命题至少要有主语和谓语，一般还要有量词. 谓词就是句子中相当于谓语部分的词，如“要死”；而主语的部分成为个体词，如“人”或“苏格拉底”；量词就是句子中表示个体词数量关系的词，如“凡是”. 个体词、谓词和量词统称为谓词逻辑三要素.

1. 个体词

【定义 2-1】可以独立存在的具体或抽象的客体称为个体词.

个体词主要分为个体常项和个体变项.

(1) 个体常项：具体的客体称为个体常项，一般用 $a,b,c,\cdots$ 来表示. 例如，苏格拉底、小王、李强等.

(2) 个体变项：抽象的客体称为个体变项，一般用 $x,y,z,\cdots$ 来表示. 例如，人、大学生等.

(3) 个体域：个体变项的取值范围. 例如，{苏格拉底，小王，李强}，人类，实数集 $\mathbf{R}$ 等.

(4) 全总个体域：将宇宙间的一切事物组成个体域，记作 S.

2. 谓词

【定义 2-2】表示个体词性质或个体词之间相互关系的词称为谓词.

谓词主要分为谓词常项和谓词变项.

(1) 谓词常项：表示具体性质或关系的谓词称为谓词常项，用 $F,G,H,\cdots$ 表示.

(2) 谓词变项：表示抽象的、泛指的性质或关系的谓词称为谓词变项，也用 $F,G,H,\cdots$ 表示.

【例 2-1】在谓词逻辑中将下列命题符号化.

(1) 苏格拉底是人.

(2) 苏格拉底是柏拉图的老师.

(3) 苏格拉底与亚里士多德具有关系 H.

解：

首先完成个体词符号化，a：苏格拉底，b：柏拉图，c：亚里士多德.

然后完成谓词符号化，$F(x)$：x 是人，$G(x,y)$：x 是 y 的老师，$H(x,y)$：x 与 y 具有关系 H.

所以，以上命题符号化如下.

(1) 可符号化为 $F(a)$，为真命题.

(2) 可符号化为 $G(a,b)$，为真命题.

(3) 可符号化为 $H(a,c)$，不是命题.

含个体变项的个数为 n 的谓词称为 n 元谓词. 其中：

当 $n=0$ 时，称为0元谓词，0元谓词变项不是命题，0元谓词常项是命题，如例2-1中的 $F(a)$，$G(a,b)$，$H(a,c)$ 均为0元谓词；

当 $n=1$ 时，称为一元谓词，一元谓词用于描述个体的性质，不是命题，如例2-1中的 $F(x)$ 为一元谓词；

当 $n>1$ 时，称为多元谓词，用于表示个体之间关系，不是命题，如例2-1中的 $G(x,y)$ 和 $H(x,y)$ 均为二元谓词.

一元谓词和多元谓词均不是命题，只有其个体变项被赋值为个体变项，且谓词变项用命题常项来代替时，才能构成命题.

3. 量词

【定义2-3】表示个体词数量关系的词称为量词.

量词主要分为全称量词和存在量词.

1）全称量词 $\forall$

全称量词对应日常语言中的“一切”“所有的”“任意的”等词，以符号 $\forall$ 表示. 如 $\forall xF(x)$ 表示个体域里的所有个体都有性质 F.

2）存在量词 $\exists$

存在量词对应日常语言中的“存在着”“有一个”“至少有一个”等词，用符号 $\exists$ 表示. 如 $\exists xF(x)$ 表示个体域里存在个体有性质 F.

若个体域 S 为有限集，$S=\{a_1,a_2,\cdots,a_n\}$，则有：

(1) $\forall xF(x)\Leftrightarrow F(a_1)\land F(a_2)\land\cdots\land F(a_n)$；

(2) $\exists xF(x)\Leftrightarrow F(a_1)\lor F(a_2)\lor\cdots\lor F(a_n)$，

上式称为量词消去等价式.

在对含有量词的命题进行符号化时，由于不同个体域的符号化形式可能是不同的，命题的真值也有可能不同，因此必须首先明确个体域. 若没有明确，则将默认为全总个体域.

【例2-2】在谓词逻辑中将下列命题符号化：

(1) 凡是人都喝水；

(2) 有的人是人工智能专家.

个体域为：

(a) 人类；

(b) 全总个体域 S.

解：

当个体域为人类时，以上命题符号化如下.

(1) $\forall xF(x)$，其中 $F(x)$：x 都喝水.

(2) $\exists xG(x)$，其中 $G(x)$：x 是人工智能专家.

当个体域为全总个体域 S 时，如图2-1所示，应先把人类从宇宙万事万物中分离出来，符号化如下.

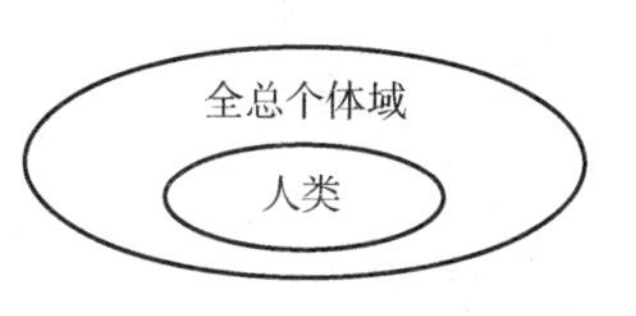

图2-1 人类与全总个体域

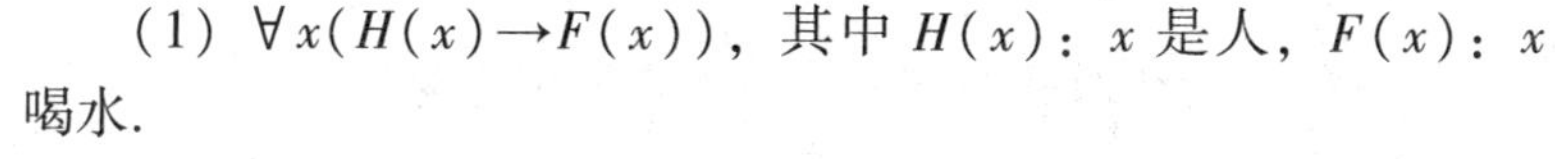

(1) $\forall x(H(x)\to F(x))$，其中 $H(x)$：x 是人，$F(x)$：x 喝水.

(2) $\exists x(H(x)\land G(x))$，其中 $H(x)$：x 是人，$G(x)$：x 是人工智能专家.

例 2-2 中两个命题均为真命题，但反映了不同的个体域，符号化形式不同.

2.1.2 多元谓词命题符号化

【例 2-3】在谓词逻辑中将下列命题符号化.

(1) 有的兔子比乌龟跑得快.

(2) 所有的兔子比乌龟跑得快.

解:

因默认为全总个体域，设 $F(x)$：x 是兔子，$G(y)$：y 是乌龟，$H(x,y)$：x 比 y 跑得快. 所以以上命题符号化如下.

(1) 可符号化为：$\exists x\forall y(F(x)\land G(y)\to H(x,y))$ 或 $\exists x(F(x)\land\forall y(G(y)\to H(x,y))$.

(2) 可符号化为：$\forall x\forall y(F(x)\land G(y)\to H(x,y))$.

注意：当多个量词同时出现时，不能随意颠倒它们的顺序，如例 2-3 中的 (1) 不可以符号化为 $\forall x\exists y(F(x)\land(G(y)\to H(x,y))$ 或 $\forall x(F(x)\land\exists y(G(y)\to H(x,y))$，其表示的命题为所有的兔子比有的乌龟跑得快.

【例 2-4】判断下列命题符号化是否正确，并说明理由.

(1) 有的数是偶数. 设 $F(x)$：x 是偶数. 命题符号化为 $\exists x(F(x))$.

(2) 凡是智能手机都是由华为公司生产的. 设 $F(x)$：x 是智能手机，$G(x)$：x 由华为公司生产的. 命题符号化为 $\forall x(F(x)\land G(x))$.

(3) 有的智能手机是由小米公司生产的. 设 $F(x)$：x 是智能手机，$G(x)$：x 是由小米公司生产的. 命题符号化为 $\exists x(F(x)\to G(x))$.

(4) 设个体域 D 为有理数集 $\mathbf{Q}$，命题为：对于任意的有理数 x，存在有理数 y，使得 x 与 y 的乘积为偶数. 设 $H(x,y)$：x 与 y 的乘积为偶数. 命题符号化为 $\exists x\forall yH(x,y)$.

(5) 设个体域 D 为实数集 $\mathbf{R}$，命题为：对于任意的无理数 x，存在有理数 y，使得 x 比 y 大. 设 $F(x)$：x 是无理数，$G(y)$：y 是有理数，$H(x,y)$：x 比 y 大. 命题符号化为 $\forall x(F(x)\land\exists y(G(y)\to H(x,y)))$.

解:

(1) 不正确.

因命题符号化时，必须首先明确个体域，若没有明确，将默认为全总个体域. 在全总个体域中，命题的符号化为

$$\exists x(F(x)\land G(x))$$

其中，$F(x)$ 中 x 是数，$G(x)$ 中 x 是偶数.

(2) 不正确.

在一元谓词中，一般全称量词 $\forall$ 后面为条件联结词→，所以应符号化为

$$\forall x(F(x)\to G(x))$$

(3) 不正确.

在一元谓词中，一般存在量词 $\exists$ 后面为合取联结词 $\land$，所以应符号化为

$$\exists x(F(x)\land G(x))$$

(4) 不正确.

当多个量词同时出现时，不能随意颠倒它们的顺序，$\exists x\forall yH(x,y)$ 表达的意思为“存

在有理数 x，对于任意的有理数 y，使得 x 与 y 的乘积为偶数”，为假命题，违背了原命题要表达的意思.

命题应符号化为

$$\forall x \exists y H(x,y)$$

(5) 正确.

最后，在谓词逻辑中，对苏格拉底三段论进行符号化.

即凡是人都是要死的；苏格拉底是人；所以苏格拉底是要死的.

设 a：苏格拉底.

$H(x)$：x 是人.

$F(x)$：x 是要死的.

所以，苏格拉底三段论可以符号化为

$$\forall x(H(x) \to F(x)) \land H(a) \to F(a)$$

命题的真值将分别在本章 2. 2 节和 2. 5 节进行验证.

2.2 谓词公式及类型

2.2.1 谓词公式

在 2.1 节介绍谓词逻辑三要素及符号化问题基础上，本节将介绍谓词公式基本概念、公式的解释和类型，为后面的谓词等价和推理提供理论基础.

1. 原子公式

【定义 2-4】若谓词 $F(x_1,x_2,\cdots,x_n)$ 不含命题联结词和量词，则称 $F(x_1,x_2,\cdots,x_n)$ 为原子公式，如例 2-1 中的 $F(x)$，$G(x,y)$，$H(x,y)$，$F(a)$，$G(a,b)$，$H(a,c)$ 等.

2. 谓词公式

【定义 2-5】

(1) 原子公式为谓词公式.

(2) 若 F 为谓词公式，则 $\neg F$ 也是.

(3) 若 F、G 为谓词公式，则 $F \land G$、$F \lor G$、$F \to G$、$F \leftrightarrow G$ 也是.

(4) 若 F 为谓词公式，x 为任意变元，则 $\forall xF$、$\exists xF$ 也是.

只有有限次使用规则 (1) ~ (4) 构成的符号串，才是谓词公式，也称为合式公式，如例 2-1 中的 $F(x)$，$G(x,y)$，$H(x,y)$，$F(a)$，$G(a,b)$ 和 $H(a,c)$；例 2-2 中 $\forall x(H(x) \to F(x))$ 和 $\exists x(H(x) \land G(x))$；例 2-3 中 $\exists x \forall y(F(x) \land G(y) \to H(x,y))$ 和 $\forall x \forall y(F(x) \land G(y) \to H(x,y))$ 均是谓词公式.

3. 自由出现和约束出现及量词辖域

【定义 2-6】对于谓词公式 $\forall xF$ 或 $\exists xF$，称谓词公式 F 中所有变项 x 的出现为约束出现，并称 $\forall x$ 或 $\exists x$ 中的 x 为相应量词（$\forall$ 或 $\exists$）的指导变元，F 为相应量词（$\forall$ 或 $\exists$）的辖域. F 中不是约束出现的其他变项被称为自由出现.

【定义 2-7】若谓词公式 F 中无自由出现的个体变项，则称 F 为封闭的谓词公式，简称为闭式.

【例 2-5】列出下列谓词公式中的指导变元、自由出现和约束出现及量词辖域，并判断其是否为闭式.

(1) $\exists x(F(x)\land\forall y(G(y)\to H(x,y)))$.

(2) $\forall x(F(x,y,z)\land\exists y(G(y)\to H(x,y,z)))\lor L(x,y,z)$.

解：

(1) 第一个量词 $\exists$ 的指导变元为 x，它的辖域为 $F(x)\land\forall y(G(y)\to H(x,y))$，$F(x)\land\forall y(G(y)\to H(x,y))$ 中的两个 x 均为约束出现.

第二个量词 $\forall$ 的指导变元为 y，它的辖域为 $G(y)\to H(x,y)$，$G(y)\to H(x,y)$ 中的两个 y 均为约束出现，x 也为约束出现. 因为整个公式无自由出现的个体变项，所以 $\exists x(F(x)\land\forall y(G(y)\to H(x,y))$ 是闭式.

(2) 第一个量词 $\forall$ 的指导变元为 x，它的辖域为

$$F(x,y,z)\land\exists y(G(y)\to H(x,y,z))$$

第二个量词 $\exists$ 的指导变元为 y，它的辖域为 $G(y)\to H(x,y,z)$. $F(x,y,z)$，$G(y)$ 和 $H(x,y,z)$ 中的两个 x 和后两个 y 均为约束出现，第一个 y 和两个 z 均为自由出现，$L(x,y,z)$ 中的 x、y、z 均为自由出现. 因整个公式中有自由出现的个体变项，所以 $\forall x(F(x,y,z)\land\exists y(G(y)\to H(x,y,z)))\lor L(x,y,z)$ 不是闭式.

4. 换名规则与代入规则

【定义 2-8】

(1) 将某一个指导变元及其相应辖域中该个体变项的所有约束出现用该公式中没有出现的个体变项符号替换，称为换名规则.

(2) 将某一个自由出现的个体变项用该公式中没有出现的个体变项符号代入，称为代入规则.

换名规则与代入规则主要目的是限制同一个公式中个体变项既是约束出现又是自由出现的情况. 显然，换名规则和代入规则分别应用于约束出现的个体变项和自由出现的个体变项.

【例 2-6】试采用换名规则或代入规则使下列谓词公式中不存在既是约束出现又是自由出现的个体变项.

(1) $\exists x(F(x,y)\land\forall y(G(y)\to H(x,y)))$.

(2) $\forall x(F(x,y,z)\land\exists y(G(y)\to H(x,y,z)))\lor L(x,y,z)$.

解：

(1) 个体变项 y 既是约束出现又是自由出现，应用代入规则可改为

$$\exists x(F(x,z)\land\forall y(G(y)\to H(x,y)))$$

(2) 个体变项 x、y 既是约束出现又是自由出现，应用换名规则可改为

$$\forall s(F(s,y,z)\land\exists t(G(t)\to H(s,t,z)))\lor L(x,y,z)$$

2.2.2 谓词公式的类型

与命题公式相比，要讨论谓词公式的真值，首先要指明个体域，然后不仅要对所有个体变项进行赋值，还要对所有的谓词公式及其子式等进行明确的说明.

1. 解释

【定义 2-9】非空个体域 D 上一个谓词公式 A 的一个解释 I 由以下三部分组成：

(1) D 中一些特定元素的集合 $\{a_1, a_2, \cdots, a_i, \cdots\}$；

(2) D 上的特定函数集合 $\{f_i \mid i \geqslant 1\}$，且所有函数的定义域和值域均为 D；

(3) D 上的谓词集合 $\{F_i \mid i \geqslant 1\}$.

【例 2-7】设个体域 $D=\mathbf{N}$ 为自然数集，给定解释 I 如下：

(1) 特定元素为 $a=0$；

(2) D 上的特定函数 $f_1(x,y)=x+y$，$f_2(x,y)=2xy$；

(3) 谓词 $F_1(x)$：x 为偶数，$F_2(x,y)$：$x \geqslant y$.

讨论下列公式在 I 下的真值：

(1) $F_1(f_1(x,a))$；

(2) $\forall x F_1(f_1(x,y))$；

(3) $\exists x F_1(f_1(x,y))$；

(4) $\forall x F_1(f_2(x,y))$；

(5) $\forall x \forall y F_2(f_1(x,y),a)$；

(6) $\forall x \forall y F_2(f_1(x,y),f_2(x,y))$.

解：

(1)"$(x+0)$为偶数."不是一个命题.

(2)"$\forall x(x+y)$为偶数."是一个假命题.

(3)"$\exists x(x+y)$为偶数."是一个真命题.

(4)"$\forall x(2xy)$为偶数."是一个真命题.

(5)"$\forall x \forall y(x+y \geqslant 0)$"是一个真命题.

(6)"$\forall x \forall y\ (x+y \geqslant 2xy)$"是一个假命题.

【定理 2-1】闭式在任何解释下都为命题.

该定理的证明略.

例 2-2 中的（1）和（2）式，例 2-3 中的（1）和（2）式，例 2-5 中的（1）式和例 2-7 中的（2）~(6) 式都是闭式，也都是命题. 例 2-6 中的（1）和（2）式，例 2-7 中的（1）式都不是闭式.

2. 公式的类型

【定义 2-10】设 F 是一个谓词公式.

(1) 若 F 在任何解释下的真值均为真，则称 F 为重言式（又称永真式)；

(2) 若 F 在任何解释下的真值均为假，则称 F 为矛盾式（又称永假式)；

(3) 若 F 在任何解释下的真值，至少存在一个为真，则称 F 为可满足式.

显然，重言式为可满足式. 例如，谓词公式 $\forall xP(x) \rightarrow \exists x \neg P(x)$ 和 $\forall xP(x) \rightarrow \exists xP(x)$ 均为重言式，谓词公式 $\forall xP(x) \land \exists x \neg P(x)$ 为矛盾式；谓词公式 $\forall x(H(x) \rightarrow F(x))$ 为一个非重言式的可满足式.

然而，与命题公式相比，谓词公式组成比较复杂，在 1936 年，丘吉和图灵分别证明了"谓词逻辑的永假或永真问题是不可判定的". 例如，例 2-7 中的（1）式，在某些解释下，谓词公式可能不是命题，也就不能判定它的类型了. 所以，与命题公式中的真值表法和主范式法相比，还没有一个万能的方法判断所有谓词公式的类型. 但就某些特殊的谓词公式，也存在一些如代换实例的方法.

【定义 2-11】设 $F_1, F_2, \cdots, F_n$ 为 n 个谓词公式，$A(p_1, p_2, \cdots, p_n)$ 为含 n 个命题变项的命题公式，用所有的 F_i 替换 p_i，所得的谓词公式 $A(F_1, F_2, \cdots, F_n)$ 为 $A(p_1, p_2, \cdots, p_n)$ 的代换实例.

例如，$H(x) \wedge F(x)$ 和 $\forall xH(x) \rightarrow \exists yF(y)$ 可以分别看成 $p \wedge q$ 和 $s \rightarrow t$ 的代换实例. 于是，有如下结论.

【定理 2-2】命题公式中的重言式的代换实例谓词公式都是重言式，命题公式中的矛盾式的代换实例谓词公式都是矛盾式.

【例 2-8】判断下列谓词公式的类型.

(1) $\forall xP(x) \rightarrow \exists xP(x)$.

(2) $\forall xP(x) \wedge \exists xF(x) \wedge \neg \forall xP(x)$.

(3) $\exists xF(x) \rightarrow (\exists xF(x) \vee \forall yG(y) \vee \forall x \exists yH(x,y))$.

(4) $\forall x(H(x) \rightarrow F(x))$.

解:

(1) 设 I 为任意的解释，若 $\exists xP(x)$ 为假，则 $\forall xF(x)$ 为假. 所以，不能出现前件为真后件为假的情况，即 $\forall xP(x) \rightarrow \exists xP(x)$ 为重言式.

(2) 显然，$\forall xP(x) \wedge \exists xF(x) \wedge \neg \forall xP(x)$ 为矛盾式 $p \wedge q \wedge \neg p$ 的代换实例，所以 $\forall xP(x) \wedge \exists xF(x) \wedge \neg \forall xP(x)$ 为矛盾式.

(3) 显然，$\exists xF(x) \rightarrow (\exists xF(x) \vee \forall yG(y) \vee \forall x \exists yH(x,y))$ 为重言式 $p \rightarrow (p \vee q \vee r)$ 的代换实例，所以 $\exists xF(x) \rightarrow (\exists xF(x) \vee \forall yG(y) \vee \forall x \exists yH(x,y))$ 为重言式.

(4) 若取解释 I_1: 个体域为全总个体域 S，$H(x)$: x 是人，$F(x)$; x 是要死的，则 $\forall x(H(x) \rightarrow F(x))$ 的真值为真.

若取解释 I_2: 个体域为全总个体域 S，$H(x)$; x 是人，$F(x)$: x 是人工智能专家，则 $\forall x(H(x) \rightarrow F(x))$ 的真值为假.

所以，$\forall x(H(x) \rightarrow F(x))$ 为可满足式.

最后，可以验证苏格拉底三段论的正确性.

即凡是人都要死的；苏格拉底是人；所以苏格拉底是要死的.

证明:

设 $F(x)$: x 是人，$G(x)$: x 是要死的，a: 苏格拉底.

对于 $\forall x(F(x) \rightarrow G(x)) \wedge F(a) \rightarrow G(a)$，不妨假设前件为真，即 $\forall x(F(x) \rightarrow G(x))$ 与 $F(a)$ 都为真.

由于 $\forall x(F(x) \rightarrow G(x))$ 为真，故 $F(a) \rightarrow G(a)$ 为真.

由 $F(a)$ 与 $F(a) \rightarrow G(a)$ 为真，根据假言推理得证 $G(a)$ 为真.

所以，不会出现前件 $\forall x(F(x) \rightarrow G(x)) \wedge F(a)$ 为真，而后件 $G(a)$ 为假的情况，故该解释的真值为真.

2.3 谓词公式的等价演算

在讨论谓词公式的类型后，为了介绍和研究谓词逻辑推理，接下来讨论谓词公式的逻辑等价式. 和命题公式的等价式类似，谓词公式的等价式也可以定义.

1. 等价式

【定义 2-12】设 F、G 是任意的两谓词公式，若 $F\leftrightarrow G$ 为重言式，则称 F 与 G 是等价的，记作 $F\Leftrightarrow G$，称“$F\Leftrightarrow G$”为谓词等价式.

由定理 2-2，命题公式中的重言式的代换实例谓词公式都是重言式，因而命题逻辑中所提到的等价式及其代换实例都是谓词逻辑中的等价式.

例如：

(1) 因命题公式 $A\Leftrightarrow A\vee A$，所以 $\exists xF(x)\Leftrightarrow\exists xF(x)\vee\exists xF(x)$；

(2) 因命题公式 $A\rightarrow B\Leftrightarrow\neg A\vee B$，所以 $\forall xF(x)\rightarrow\exists xG(x)\Leftrightarrow\neg\forall xF(x)\vee\exists xG(x)$.

2. 替换规则

【定理 2-3】设谓词公式 F 是谓词公式 $\psi(F)$ 的子公式，若 $F\Leftrightarrow G$，并将 $\psi(F)$ 中的子公式 F 用公式 G 替换，得到公式 $\psi(G)$，则 $\psi(F)\Leftrightarrow\psi(G)$.

类似于命题公式等价演算，由已知的谓词公式等价式可以推演出更多的谓词公式等价式，这个过程称为谓词公式的等价演算.

3. 量词否定等价式

【定理 2-4】设 $F(x)$ 为谓词公式，则

(1) $\neg\forall xF(x)\Leftrightarrow\exists x\neg F(x)$；

(2) $\neg\exists xF(x)\Leftrightarrow\forall x\neg F(x)$.

下面在个体域 $D=\{a_1,a_2,\cdots,a_n\}$ 为有限集的情况下，应用 2.1 节的量词性质和 1.3 节中的德·摩根定律对 (1) 和 (2) 进行证明.

证明：

(1) $\neg\forall xF(x)\Leftrightarrow\neg(F(a_1)\wedge F(a_2)\wedge\cdots\wedge F(a_n))$

$\Leftrightarrow\neg F(a_1)\vee\neg F(a_2)\vee\cdots\vee\neg F(a_n)$

$\Leftrightarrow\exists x\neg F(x)$

(2) $\neg\exists xF(x)\Leftrightarrow\neg(F(a_1)\vee F(a_2)\vee\cdots\vee F(a_n))$

$\Leftrightarrow\neg F(a_1)\wedge\neg F(a_2)\wedge\cdots\wedge\neg F(a_n)$

$\Leftrightarrow\forall x\neg F(x)$

4. 量词辖域扩张或收缩的等价式

【定理 2-5】设谓词公式 $F(x)$ 中 x 都是自由出现，G 中无 x 的出现，则

(1) $\forall x(F(x)\vee G)\Leftrightarrow(\forall x(F(x))\vee G)$；

(2) $\forall x(F(x)\wedge G)\Leftrightarrow(\forall xF(x)\wedge G)$；

(3) $\forall x(F(x)\rightarrow G)\Leftrightarrow\exists x(F(x)\rightarrow G)$；

(4) $\forall x(G\rightarrow F(x))\Leftrightarrow G\rightarrow\forall xF(x)$；

(5) $\exists x(F(x)\vee G)\Leftrightarrow(\exists x(F(x))\vee G)$；

(6) $\exists x(F(x)\wedge G)\Leftrightarrow(\exists x(F(x))\wedge G)$；

(7) $\exists x(F(x)\rightarrow G)\Leftrightarrow\exists xF(x)\rightarrow G$；

(8) $\exists x(G\rightarrow F(x))\Leftrightarrow G\rightarrow\exists xF(x)$.

在个体域 $D=\{a_1,a_2,\cdots,a_n\}$ 为有限集的情况下，等价式（1）（2）（5）和（6）可以仿照上面量词否定等价式的证明进行证明.

下面先证明一下等价式（4），类似地，可以证明等价式（3）（7）和（8）.

证明：

$$\begin{aligned}\forall x(G\rightarrow F(x)) &\Leftrightarrow \forall x(\neg G\vee F(x))\\ &\Leftrightarrow \forall x(F(x)\vee\neg G)\\ &\Leftrightarrow \forall xF(x)\vee\neg G\\ &\Leftrightarrow \neg G\vee\forall xF(x)\\ &\Leftrightarrow G\rightarrow\forall xF(x)\end{aligned}$$

5. 量词分配的等价式

【定理 2-6】设谓词公式 $F(x)$ 和 $G(x)$ 中 x 都是自由出现，则

（1）$\exists x(F(x)\vee G(x))\Leftrightarrow\exists xF(x)\vee\exists xG(x)$；

（2）$\forall x(F(x)\wedge G(x))\Leftrightarrow\forall xF(x)\wedge\forall xG(x)$.

由定理 2-6 可以推得

$$\exists x\forall y(F(x)\wedge(G(y)\rightarrow H(x,y)))\Leftrightarrow\exists x(F(x)\wedge\forall y(G(y)\rightarrow H(x,y))).$$

6. 条件式的等价式

【定理 2-7】设谓词公式 $F(x)$ 和 $G(x)$ 中 x 都是自由出现，则

（1）$\exists x(F(x)\rightarrow G(x))\Leftrightarrow\forall xF(x)\rightarrow\exists xG(x)$；

（2）$\exists xF(x)\rightarrow\forall xG(x)\Leftrightarrow\forall x(F(x)\rightarrow G(x))$.

证明：

（1）
$$\begin{aligned}\exists x(F(x)\rightarrow G(x)) &\Leftrightarrow\exists x(\neg F(x)\vee G(x))\\ &\Leftrightarrow\exists x\neg F(x)\vee\exists xG(x)\\ &\Leftrightarrow\neg\forall xF(x)\vee\exists xG(x)\\ &\Leftrightarrow\forall xF(x)\rightarrow\exists xG(x)\end{aligned}$$

类似地，可以证明等价式（2）.

2.4　谓词公式的前束范式

在命题逻辑中，有时需将命题公式化成与之等价的主范式. 在谓词逻辑中，有时也需将谓词公式化成与之等价的规范形式.

【定义 2-13】设 G 为任意不含量词的谓词公式，$\Delta_1,\Delta_2,\cdots,\Delta_s$ 为量词，则称形式为 $\Delta_1x_1\Delta_2x_2\cdots\Delta_sx_sG$ 的谓词公式为前束范式.

例如，$\forall x(H(x)\rightarrow F(x))$，$\exists x(H(x)\wedge F(x))$，$\exists x\forall y(F(x)\wedge G(y)\rightarrow H(x,y))$ 都是前束范式，而 $\exists x(F(x)\wedge\forall y(G(g)\rightarrow H(x,y)))$ 不是前束范式. 但 $\exists x\forall y(F(x)\wedge G(y)\rightarrow H(x,y))\Leftrightarrow\exists x(F(x)\wedge\forall y(G(y)\rightarrow H(x,y)))$. 类似于命题公式中的范式存在定理，有如下定理.

【定理 2-8】任意一个谓词公式都存在与之等价的前束范式.

求取谓词公式 F 的前束范式的主要方法是结合换名规则和代入规则以及德 · 摩根定律，

反复适当应用定理2-4~定理2-7将所有量词移到公式F的最前端.

【例2-9】求下列谓词公式的前束范式.

(1) $\neg\exists x(M(x)\rightarrow F(x))$.

(2) $\forall xF(x)\rightarrow\neg\exists yG(x,y)$.

(3) $\forall xF(x)\wedge\neg\forall y(G(x,y)\rightarrow H(x,y))$.

解:

(1) $\neg\exists x(M(x)\rightarrow F(x))\Leftrightarrow\forall x\neg(M(x)\leftrightarrow F(x))$

$\Leftrightarrow\forall x\neg(M(x)\rightarrow F(x)\wedge F(x)\rightarrow M(x))$

$\Leftrightarrow\forall x(\neg(M(x)\rightarrow F(x))\vee\neg(F(x)\rightarrow M(x)))$

$\Leftrightarrow\forall x((M(x)\wedge\neg F(x))\vee(F(x)\wedge M(x)))$

最后两步结果都是前束范式，说明前束范式不唯一.

(2) $\forall xF(x)\rightarrow\neg\exists yG(x,y)\Leftrightarrow\forall xF(x)\rightarrow\neg\exists yG(s,y)$

$\Leftrightarrow\exists x(F(x)\rightarrow\neg\exists yG(s,y))$

$\Leftrightarrow\exists x(F(x)\rightarrow\forall y\neg G(s,y))$

$\Leftrightarrow\exists x\forall y(F(x)\rightarrow\neg G(s,y))$

(3) $\forall xF(x)\wedge\neg\forall y(G(x,y)\rightarrow H(x,y))\Leftrightarrow\forall sF(s)\wedge\neg\forall y(G(x,y)\rightarrow H(x,y))$

$\Leftrightarrow\forall sF(s)\wedge\exists y\neg(G(x,y)\rightarrow H(x,y))$

$\Leftrightarrow\forall s(F(s)\wedge\exists y\neg(G(x,y)\rightarrow H(x,y)))$

$\Leftrightarrow\forall s\exists y(F(s)\wedge\neg(G(x,y)\rightarrow H(x,y)))$

2.5 谓词公式的推理

与命题逻辑相似，谓词公式的推理也主要由前提、结论和推理规则3个部分构成. 前提也是由若干已知的谓词公式$F_1,F_2,\cdots,F_s$构成，应用适当的推理规则，推得出结论B的逻辑过程就是谓词公式的推理.

1. 谓词推理基本定义

【定义2-14】设$F_1,F_2,\cdots,F_s$和B是谓词公式，则称$F_1\wedge F_2\wedge\cdots\wedge F_s\rightarrow B$为由前提$F_1,F_2,\cdots,F_s$推出结论$B$的谓词推理形式结构.

【定义2-15】若谓词推理形式结构$F_1\wedge F_2\wedge\cdots\wedge F_s\rightarrow B$为重言式，则称由前提$F_1,F_2,\cdots,F_s$推出结论$B$的推理是正确的（或有效的），并称$B$是正确的结论，记作$F_1\wedge F_2\wedge\cdots\wedge F_s\Rightarrow B$.

2. 谓词演算推理方法

推理方法主要包括直接推理证明法和以附加前提方法与归谬法为主的间接证明方法.

3. 几个重要的谓词推理规则

在推理规则上，由于谓词公式中引入量词、个体词和谓词等，为了进行推理，除了命题逻辑中的重要推理规则仍然作为推理规则应用以外，还需要引入一些重要规则.

下面主要介绍全称量词$\forall$和存在量词$\exists$的指定和推广规则，也称消去和引入规则.

设$F(x)$为一个谓词公式，个体变项x在$F(x)$中自由出现，则有以下规则.

1）US 规则（全称指定规则）

$$\forall xF(x)\Rightarrow F(a)\text{或}$$
$$\forall xF(x)\Rightarrow F(s)$$

其中，a 为个体域中任意的个体常量，s 为 $F(x)$ 中任意自由出现的个体变项.

例如，设个体域 D 为有理数集，若 $F(x)$：x 可以表示成分数，则“$\forall xF(x)$：所有的有理数都可以表示成分数”成立. 所以，若 $a=2.1$ 属于 D，则由全称指定规则有“$F(2.1)$：2.1 可以表示成分数”成立.

2）UG 规则（全称推广规则）

若在个体域 D 中，对于任意的个体 a 属于 D 都有 $F(a)$ 成立，则有

$$F(a)\Rightarrow\forall xF(x)$$

例如，设个体域 D 为人类，$F(x)$：x 要呼吸，则对于任意的个体 a 属于 D，都有 $F(a)$ 成立，所以在此可以有 $\forall xF(x)$ 成立.

3）ES 规则（存在指定规则）

若在个体域 D 中，$F(x)$ 除了个体变项 x 以外，无自由出现的个体变项，a 没在 $F(x)$ 中出现，且存在个体 a 使 $F(a)$ 的真值为真，则

$$\exists xF(x)\Rightarrow F(a)$$

4）EG 规则（存在推广规则）

若在个体域 D 中，对于 $F(x)$，存在个体 a 使 $F(a)$ 的真值为真，且 x 没在 $F(a)$ 中出现，则

$$F(a)\Rightarrow\exists xF(x)$$

例如，设个体域 D 为自然数集，若 $F(x)$：x 为奇数，显然，“$F(3)$：3 为奇数”成立. 所以 $\exists xF(x)$ 成立.

【例 2-10】试应用谓词推理验证“苏格拉底三段论”的正确性.

即凡是人都要死的；苏格拉底是人；所以苏格拉底是要死的.

证明：

首先符号化，设 $F(x)$：x 是人，$G(x)$：x 是要死的，a：苏格拉底.

前提：$\forall x(F(x)\to G(x))$，$F(a)$.

结论：$G(a)$.

推理形式结构：$\forall x(F(x)\to G(x))\land F(a)\to G(a)$.

① $\forall x(F(x)\to G(x))$　　前提引入

② $F(a)\to G(a)$　　① 的 US 规则

③ $F(a)$　　前提引入

④ $G(a)$　　②③ 的假言推理

所以，最后推得结论 $G(a)$，该推理是正确推理，结论为正确结论.

【例 2-11】

(1) 应用谓词推理验证 $\exists x(F(x)\land G(x))\Rightarrow\exists xF(x)\land\exists xG(x)$.

(2) 证明 $\exists xF(x)\land\exists xG(x)\nRightarrow\exists x(F(x)\land G(x))$.

证明：

(1) 由已知题设，令

前提：$\exists x(F(x)\land G(x))$.

结论：$\exists xF(x) \wedge \exists xG(x)$.

推理形式结构：$\exists x(F(x) \to G(x)) \to \exists xF(x) \wedge \exists xG(x)$.

① $\exists x(F(x) \wedge G(x))$	前提引入
② $F(y) \wedge G(y)$	① 的 ES 规则
③ $F(y)$	② 的化简规则
④ $G(y)$	② 的化简规则
⑤ $\exists xF(x)$	③ EG 规则
⑥ $\exists xG(x)$	④ EG 规则
⑦ $\exists xF(x) \wedge \exists xG(x)$	⑤⑥ 的合取规则

所以，最后推得结论$\exists xF(x) \wedge \exists xG(x)$，该推理是正确推理，结论为正确结论.

（2）取一个解释 I：设个体域 $D=\mathbf{N}$，$F(x)$：x 为偶数，$G(x)$：x 为奇数，则$\exists xF(x) \wedge \exists xG(x)$为真，而$\exists x(F(x) \wedge G(x))$为假；于是$\exists xF(x) \wedge \exists xG(x) \to \exists x(F(x) \to G(x))$的真值为假.

所以，$\exists xF(x) \wedge \exists xG(x) \not\Rightarrow \exists x(F(x) \wedge G(x))$.

由例 2-11 可知：$\exists x(F(x) \wedge G(x)) <\neq> \exists xF(x) \wedge \exists xG(x)$. 类似可以证明：

$$\forall x(F(x) \vee G(x)) <\neq> \forall xF(x) \wedge \forall xG(x).$$

【例 2-12】应用谓词推理验证定理 2-6（2）：

$$\forall x(F(x) \wedge G(x)) \Leftrightarrow \forall xF(x) \wedge \forall xG(x)$$

证明：

先验证$\forall x(F(x) \wedge G(x)) \Rightarrow \forall xF(x) \wedge \forall xG(x)$.

前提：$\forall x(F(x) \wedge G(x))$.

结论：$\forall xF(x) \wedge \forall xG(x)$.

推理形式结构：$\forall x(F(x) \wedge G(x)) \to \forall xF(x) \wedge \forall xG(x)$.

① $\forall x(F(x) \wedge G(x))$	前提引入
② $F(y) \wedge G(y)$	① 的 US 规则
③ $F(y)$	② 的化简规则
④ $G(y)$	② 的化简规则
⑤ $\forall xF(x)$	③ UG 规则
⑥ $\forall xG(x)$	④ UG 规则
⑦ $\forall xF(x) \wedge \forall xG(x)$	⑤⑥ 的合取规则

所以，最后推得结论$\forall xF(x) \wedge \forall xG(x)$，该推理是正确推理，即

$$\forall x(F(x) \wedge G(x)) \Rightarrow \forall xF(x) \wedge \forall xG(x)$$

再验证$\forall xF(x) \wedge \forall xG(x) \Rightarrow \forall x(F(x) \wedge G(x))$.

前提：$\forall xF(x)$，$\forall xG(x)$.

结论：$\forall x(F(x) \wedge G(x))$.

推理形式结构：$\forall xF(x) \wedge \forall xG(x) \to \forall x(F(x) \wedge G(x))$.

① $\forall xF(x)$	前提引入
② $F(y)$	① 的 US 规则
③ $\forall xG(x)$	前提引入
④ $G(y)$	③ 的 US 规则

⑤ $F(y)\wedge G(y)$　　②④ 的合取

⑥ $\forall x(F(x)\wedge G(x))$　　④ UG 规则

所以，最后推得结论 $\forall x(F(x)\wedge G(x))$，该推理是正确推理，即

$$\forall xF(x)\wedge\forall xG(x)\Rightarrow\forall x(F(x)\wedge G(x))$$

综上：$\forall x(F(x)\wedge G(x))\Leftrightarrow\forall xF(x)\wedge\forall xG(x)$.

类似可以证明定理 2-6 的（1）：$\exists x(F(x)\vee G(x))\Leftrightarrow\exists xF(x)\vee\exists xG(x)$.

【例 2-13】应用谓词推理验证下列命题：

凡是大学本科生都要参加本科毕业论文答辩；凡是专科生都不需要参加本科毕业论文答辩；所以凡是专科生都不是大学本科生.

解：

谓词符号化，设

$F(x)$：x 是大学本科生；

$G(x)$：x 要参加本科毕业论文答辩；

$R(x)$：x 是专科生.

前提：$\forall x(F(x)\rightarrow G(x))$，$\forall x(R(x)\rightarrow\neg G(x))$.

结论：$\forall x(R(x)\rightarrow\neg F(x))$.

推理形式结构：$\forall x(F(x)\rightarrow G(x))\wedge\forall x(R(x)\rightarrow\neg G(x))\rightarrow\forall x(R(x)\rightarrow\neg F(x))$.

① $\forall x(F(x)\rightarrow G(x))$　　前提引入

② $F(y)\rightarrow G(y)$　　① 的 US 规则

③ $\forall x(R(x)\rightarrow\neg G(x))$　　前提引入

④ $R(y)\rightarrow\neg G(y)$　　③ 的 US 规则

⑤ $\neg G(y)\rightarrow\neg F(y)$　　② 假言易位

⑥ $R(y)\rightarrow\neg F(y)$　　④⑤ 假言三段论

⑦ $\forall x(R(x)\rightarrow\neg F(x))$　　⑥ UG 规则

所以，最后推得结论 $\forall x(R(x)\rightarrow\neg F(x))$，该推理是正确推理，结论为正确结论.

2.6　本章习题

一、选择题

1. 令 $Q(x)$：x 是清华大学的学生，$H(x)$：x 是高素质的. 则“清华大学的学生未必都是高素质的”符号化为（　　）.

A. $\neg(\forall x)(Q(x)\rightarrow H(x))$　　B. $(\forall x)(Q(x)\rightarrow H(x))$

C. $(\exists x)(Q(x)\rightarrow H(x))$　　D. $(\exists x)(Q(x)\wedge H(x))$

2. 以下谓词公式中：$\forall x(H(x,y)\rightarrow\exists y(W(y)\wedge L(x,y,z)))$，哪个变项既是自由出现又是约束出现.（　　）

A. x　　B. y　　C. z　　D. y 和 z

3. 和 $\neg(\forall x)P(x)$ 等价的公式为（　　）.

A. $(\exists x)\neg P(x)$　　B. $(\forall x)\neg P(x)$

C. $(\forall x)P(x)$　　D. $(\exists x)P(x)$

4. 和$\forall x(A(x) \wedge B(x))$等价的公式为（　　）.

A. $\forall xA(x) \wedge \forall xB(x)$　　B. $\forall xA(x) \vee \forall xB(x)$

C. $\exists xA(x) \wedge \exists xB(x)$　　D. $\exists xA(x) \vee \exists xB(x)$

5. 设个体域$A=\{a,b\}$，则谓词公式$\exists x(F(x) \wedge G(x))$消去量词后，可表示为（　　）.

A. $(F(a) \wedge G(b)) \vee (G(a) \wedge G(b))$　　B. $(F(a) \vee G(b)) \wedge (G(a) \vee G(b))$

C. $(F(a) \wedge G(a)) \vee (F(b) \wedge G(b))$　　D. $(F(a) \vee G(a)) \wedge (F(b) \vee G(b))$

二、填空题

1. 设$S(x)$：x学习好，$W(x)$：x工作好. 则“若x的学习好，则x的工作好”符号化为________.

2. 设$H(x,y)$：x比y高，a：张明，b：李民，c：赵亮. 则“如果张明比李民高，李民比赵亮高，则张明比赵亮高”符号化为________.

3. 设：$L(x)$：x是运动员，$J(y)$：y是教练，$A(x,y)$：x钦佩y. 则“所有运动员都钦佩某些教练”符号化为________.

4. 设D：全总个体域，$H(x)$：x是人，$P(x)$：x是要死的. 则命题“人总是要死的”符号化为________.

5. 设$P(x)$：x拥有一台电脑；$H(x,y)$：x和y是朋友. 个体域为班级同学. 则命题“班级同学要么有一台电脑要么在班级有一个有电脑的朋友”符号化为________.

三、判断题

1. 公式$(\exists x)\neg P(x)$和$\neg(\forall x)P(x)$等价.　　（　　）

2. 若谓词公式F中无自由出现的个体变项，则称F为封闭的谓词公式，简称为闭式.　　（　　）

3. 对于谓词公式$\forall xF$或$\exists xF$，称谓词公式F中所有变项x的出现为自由出现.　　（　　）

4. 量词后面要有一个个体变项，指明对哪个个体变项进行量化，称其为约束出现.　　（　　）

5. $\forall xA(x) \wedge \forall xB(x)$和$\forall x(A(x) \wedge B(x))$公式等价.　　（　　）

四、解答题

1. 用谓词表达式写出下列命题.

(1) 小明不是学生.

(2) 小李是体操或球类运动员.

(3) 小王既勤奋又聪明.

(4) 若m是奇数，则$2m$不是奇数.

(5) 有些整数是偶数.

(6) 每个整数都是实数.

(7) 并不是每个实数都是整数.

(8) 若一个数是偶数，则它必定为整数.

2. 使用量词和谓词将下列命题符号化.

(1) 没有最小的整数.

(2) 所有的教练员都是运动员.

(3) 有些运动员是教练.

(4) 不是所有运动员都是教练.

(5) 所有的鸟都会飞.

(6) 有的人喜欢吃甜食，但并不是所有人都喜欢吃甜食.

(7) 有的女生既漂亮又勤奋.

(8) 有的学生既不聪明也不勤奋.

(9) 有些学生不喜欢玩游戏.

(10) 没有不喜欢玩游戏的学生.

3. 将下列各式翻译成自然语言，并指出其真值. 其中，$A(x)$表示"x是质数"；$B(x)$表示"x是偶数"；$C(x)$表示"x是奇数"；$D(x,y)$表示"x除尽y".

(1) $A(6)$.

(2) $B(6)$.

(3) $A(6)\wedge B(6)$.

(4) $(\forall x)(D(2,x)\rightarrow B(x))$.

(5) $(\exists x)(B(x)\wedge D(x,8))$.

(6) $(\forall x)(\neg B(x)\rightarrow\neg D(2,x))$.

(7) $(\forall x)(B(x)\rightarrow(\forall y)(D(x,y)\rightarrow B(y)))$.

(8) $(\forall x)(A(x)\rightarrow(\exists y)(D(x,y)\wedge B(y)))$.

4. 利用谓词公式翻译下列命题.

(1) 对每个实数x都有另外一个实数y使得$x+y=0$.

(2) 存在实数x、y和z，使得x与y之和大于x与z之积.

(3) 对任意的正整数x，存在正整数y，使得$xy=y$.

(4) 对每个实数x，存在一个更大的实数y.

5. 将下述定义用符号化的形式表示.

(1) 在数学分析中极限定义为：任给小整数ε，则存在一个正数δ，使得$0<|x-a|<\delta$时，有$|f(x)-b|<\varepsilon$. 此时即称$\lim\limits_{x\to a}f(x)=b$.

(2) 在实数域内，函数f在点a连续的定义是：f在点a连续，当且仅当对每个$\varepsilon>0$，存在一个$\delta>0$，使得对所有x，若$|x-a|<\delta$，则$|f(x)-f(a)|<\varepsilon$.

6. 指出下列各式的自由出现和约束出现，并指出量词的辖域.

(1) $(\forall x)(P(x)\rightarrow Q(x))\wedge(\exists y)R(x,y)$.

(2) $(\forall x)(\forall y)(P(x,y)\rightarrow Q(x,z))\wedge(\exists u)R(x,y,z)$.

(3) $(\forall x)(\forall y)(\exists z)(P(x,y,w)\leftrightarrow Q(x,y))\rightarrow(\exists x)(\exists u)(R(x,y,z)\wedge S(u))$.

(4) $(\exists x)(\forall y)(A(x,z)\wedge B(y))\leftrightarrow(\exists y)(H(y)\wedge G(x))$.

(5) $((\forall x)P(x)\wedge(\exists x)Q(x))\rightarrow((\forall x)R(x)\wedge G(x))$.

(6) $(\forall x)(A(x)\rightarrow B(x)\wedge C(x,y))\rightarrow((\forall x)R(x)\wedge G(x,y))$.

(7) $(\forall x)(\exists y)(P(x,y)\wedge(\exists z)Q(x,z))\vee(\forall x)(R(x,y)\wedge G(x,z))$.

(8) $(\forall x)(\forall y)(A(x,y,z)\wedge(\forall x)B(x,y)\wedge(\exists x)C(x,u))\rightarrow(\forall y)D(x,y)$.

7. 试用换名或代入的方法对下列谓词公式进行客体变元替换，使得每个客体变元有唯一的出现形式.

(1) $(\forall x)(\forall y)(A(x)\rightarrow B(x)\wedge C(x,y))\rightarrow(R(x)\wedge G(x,y))$.

(2) $(\forall x)(\forall y)(A(x,y,z)\wedge(\exists z)B(z,y)\wedge(\exists x)C(x,u))\rightarrow D(x,y)$.

(3) $(\forall x)(P(x)\to Q(x))\wedge(\exists y)R(x,y)$.

(4) $(\exists x)(\forall y)(A(x,z)\wedge B(y))\leftrightarrow(\exists y)(H(y)\wedge G(x))$.

(5) $(\exists x)(\forall y)(\forall z)(A(x,y,z)\wedge B(y)\leftrightarrow(\exists y)(H(y,z)\wedge G(x,z))$.

(6) $(\forall x)(\exists y)(P(x,y)\wedge(\exists z)Q(x,z))\vee(\forall x)(R(x,y)\to S(x,z))$.

(7) $(\forall x)P(x)\wedge(\exists x)Q(x,y)\vee(P(x)\to(\exists x)Q(x))$.

(8) $(\forall x)(\forall y)(\exists z)(P(x,y,u)\leftrightarrow Q(x,y))\to(\exists x)(\exists u)(R(x,y,z)\wedge S(u))$.

8. 设论域 $D=\{1,2,3\}$，试消去下面谓词公式中的量词.

(1) $(\forall x)P(x)\wedge(\exists x)R(x)$.

(2) $(\forall x)(P(x)\to R(x))$.

(3) $(\forall x)(\exists y)P(x,y)$.

(4) $(\forall X)\neg P(x)\to(\exists x)R(x)$.

9. 请给以下各式赋值，其中：论域 $D=\{1,2\}$，$f(1)=2$，$f(2)=1$，$P(1,1)=\mathrm{T}$，$P(1,2)=\mathrm{T}$，$P(2,1)=\mathrm{F}$，$P(2,2)=\mathrm{F}$，$a=1$，$b=2$.

(1) $P(a,f(a))\wedge P(b,f(b))\wedge P(a,f(b))\wedge P(b,f(a))$.

(2) $(\forall x)(\exists y)P(x,y)$.

(3) $(\forall x)(\forall y)(P(f(x),f(y))\to P(x,y))$.

(4) $(\forall x)(\forall y)P(x,y)$.

10. 求下列各谓词公式的真值，其中 $D=\{1,2\}$，$a=1$，$f(1)=2$，$f(2)=1$，$P(1)=\mathrm{F}$，$P(2)=\mathrm{T}$，$Q(1,1)=\mathrm{T}$，$Q(1,2)=\mathrm{T}$，$Q(2,1)=\mathrm{F}$，$Q(2,2)=\mathrm{F}$.

(1) $(\forall x)(Q(f(x),a)\to P(x))$.

(2) $(\exists x)(P(f(x))\wedge Q(f(a),x)$.

(3) $(\exists x)(P(x)\wedge Q(a,x))$.

(4) $(\forall x)(\exists y)(P(x)\wedge Q(x,y))$.

11. 设有解释 I 如下：论域 $D=\{1,2\}$，$P(1,1)=\mathrm{T}$，$P(1,2)=\mathrm{F}$，$P(2,1)=\mathrm{F}$，$P(2,2)=\mathrm{T}$. 请给出下列谓词公式在解释 I 下的真值.

(1) $(\forall x)(\exists y)P(x,y)$.

(2) $(\exists x)(\forall y)P(x,y)$.

(3) $(\forall x)(\forall y)P(x,y)$.

(4) $(\exists x)(\exists y)P(x,y)$.

(5) $(\exists y)(\forall x)P(x,y)$.

(6) $(\forall y)(\exists x)P(x,y)$.

(7) $(\forall y)(\forall x)P(x,y)$.

(8) $(\exists y)(\exists x)P(x,y)$.

12. 请将下列谓词公式分类，指出哪些是重言式？哪些是矛盾式？哪些是可满足式？

(1) $(\forall x)(\forall y)(P(x,y)\to P(x,y))$.

(2) $(\forall x)P(x)\to(\exists x)P(x)$.

(3) $(\forall x)(\exists y)P(x,y)\to(\exists x)(\forall y)P(x,y)$.

(4) $\neg(\forall x)P(x)\leftrightarrow(\exists x)\neg P(x)$.

(5) $\neg(\forall X)P(x)\leftrightarrow(\exists x)P(x)$.

(6) $(\forall x)(P(x)\wedge Q(x))\leftrightarrow(\forall x)P(x)\wedge(\forall x)Q(x)$.

(7) $(\forall x)P(x) \vee (\forall x)Q(x) \to (\forall x)(P(x) \vee Q(x))$.

(8) $(\exists x)(P(x) \wedge Q(x)) \to (\exists x)P(x) \wedge (\exists x)Q(x)$.

(9) $(\forall x)P(x) \wedge \neg(\forall x)P(x)$.

(10) $(\exists x)(P(x) \wedge Q(x))$.

13. 证明下列等价式.

(1) $B \to (\forall x)A(x) \Leftrightarrow (\forall x)(B \to A(x))$.

(2) $(\exists x)(A(x) \to B(x)) \Leftrightarrow (\forall x)A(x) \to (\exists x)B(x)$.

(3) $(\forall x)(\forall y)(A(x) \to B(y)) \Leftrightarrow (\exists x)A(x) \to (\forall y)B(y)$.

(4) $(\exists x)A(x) \to B \Leftrightarrow (\forall x)(A(x) \to B)$.

(5) $\neg(\exists x)(A(x) \wedge B(x)) \Leftrightarrow (\forall x)(A(x) \to \neg B(x))$.

(6) $\neg(\forall x)(\forall y)(A(x) \to P(x,y)) \Leftrightarrow (\exists x)(\exists y)(A(x) \wedge \neg P(x,y))$.

(7) $(\forall x)A(x) \to B(x) \Leftrightarrow (\exists y)(A(y) \to B(x))$.

(8) $(\exists x)A(x) \wedge \neg(\forall x)\neg B(x) \Leftrightarrow (\exists x)(\exists y)(A(x) \wedge B(y))$.

14. 证明下列蕴含式.

(1) $(\forall x)(P(x) \leftrightarrow Q(x)) \Rightarrow (\forall x)P(x) \leftrightarrow (\forall x)Q(x)$.

(2) $(\forall x)(\neg P(x) \to Q(x))$, $(\forall x)\neg Q(x) \Rightarrow P(a)$.

(3) $(\forall x)(P(x) \to Q(x))$, $(\forall x)(Q(x) \to R(x)) \Rightarrow (\forall x)(P(x) \to Q(x))$.

(4) $(\forall x)(P(x) \vee Q(x))$, $(\forall x)\neg P(x) \Rightarrow (\forall x)Q(x)$.

(5) $(\forall x)P(x) \vee (\forall x)Q(x) \Rightarrow (\forall x)(P(x) \vee Q(x))$.

15. 将以下各式化为前束范式.

(1) $(\exists x)A(x) \to B$.

(2) $(\exists x)A(x) \wedge \neg(\forall x)\neg B(x)$.

(3) $(\exists x)A(x) \to (\forall y)B(y)$.

(4) $(\exists x)(\neg((\exists y)P(x,y)) \to ((\exists z)Q(z) \to R(x)))$.

(5) $(\forall x)(\forall y)(((\exists z)P(x,y,z) \wedge (\exists u)Q(x,u)) \to (\exists v)Q(y,v))$.

(6) $\neg(\exists x)(\forall y)G(x,y) \vee (\forall y)P(x,y)$.

(7) $(\exists x)(\forall y)(A(x) \to B(y)) \vee (\exists y)(\exists x)P(x,y)$.

(8) $(\forall x)(\forall y)((\exists z)(A(x,z) \wedge A(y,z)) \to (\exists u)Q(x,y,u))$.

16. 求与下列各式等价的前束合取范式与前束析取范式.

(1) $(\forall x)(A(x) \to B(x)) \to ((\exists y)A(y) \wedge (\exists z)B(y,z))$.

(2) $(\forall x)A(x) \to (\exists x)((\forall z)B(x,z) \vee (\forall z)C(x,y,z))$.

(3) $((\exists x)A(x) \vee (\exists x)B(x)) \to (\exists x)(A(x) \vee B(x))$.

(4) $(\forall x)(A(x) \to (\forall y)((\forall z)B(x,y) \to \neg(\forall z)C(y,x)))$.

17. 用推理理论证明下列各式.

(1) $\forall x(A(x) \to B(x) \wedge C(x)) \wedge (\exists x)(A(x) \wedge D(x)) \Rightarrow (\exists x)(D(x) \wedge C(x))$.

(2) $(\forall x)(\neg A(x) \to B(x)) \wedge (\forall x)\neg B(x) \Rightarrow (\exists x)A(x)$.

(3) $(\exists x)P(x) \to (\forall x)Q(x) \Rightarrow (\forall x)(P(x) \to Q(x))$.

(4) $(\forall x)(P(x) \to Q(x)) \wedge (\forall x)(R(x) \to \neg Q(x)) \Rightarrow (\forall x)(R(x) \to \neg P(x))$.

(5) $(\forall x)(P(x) \vee Q(x)) \wedge \neg(\forall x)P(x) \Rightarrow (\exists x)Q(x)$.

18. 用 CP 规则证明下列各题.

(1) $\neg((\exists x)P(x) \wedge Q(a)) \Rightarrow (\exists x)P(x) \rightarrow \neg Q(a)$.

(2) $(\forall x)(P(x) \rightarrow Q(x)) \Rightarrow (\forall x)P(x) \rightarrow (\forall x)Q(x)$.

(3) $(\exists x)(P(x) \rightarrow Q(x)) \Rightarrow \neg(\forall x)P(x) \vee (\exists x)Q(x)$.

(4) $(\forall x)(P(x) \vee Q(x)) \Rightarrow (\forall x)P(x) \vee (\exists x)Q(x)$.

19. 将下列命题符号化，并用推理理论证明其结论是否有效.

(1) 医生都希望自己的孩子成为医生，有个人希望自己的孩子成为老师，则这个人一定不是医生.

(2) 每个大学生，不是文科生就是理工科生；有的大学生是优等生；小张不是文科生，但他是优等生. 因此，如果小张是大学生，他就是理工科生.

(3) 每个正在学习离散数学的学生都学习过一门计算机语言课程，小张正在学习离散数学，所以小张学习过一门计算机语言课程.

(4) 本班有学生没有复习离散数学，但每个学生都通过了该门课程的考试，所以有通过离散数学考试的学生是没有复习的.

(5) 所有的老虎和狮子都是凶猛并且要吃人的，因此，所有的老虎都是要吃人的.

(6) 每个旅客都可以坐一等座或二等座；每个旅客当且仅当他愿意多花钱时才能坐一等座；有些旅客愿意多花钱但并非所有旅客都愿意多花钱. 因此，有些旅客坐二等座.

五、实验题

1. 公式类型.

问题：判定公式 $p(x) \wedge (q(x) \vee r(x))$ 的公式类型.

输入：无.

输出：如果是重言式，则输出 tautology；如果是矛盾式，则输出 contradiction；如果既不是重言式也不是矛盾式，则输出 contingency.

2. 主析取范式.

问题：求公式 $(p(x) \vee q(x)) \rightarrow r(x)$ 的主析取范式.

输入：无.

输出：在单独的一行输出公式的主析取范式，所有极小项按照对应的解释的字典顺序输出，每个极小项用一对圆括号括起来，如果是矛盾式则直接输出 0.

第 2 章习题答案

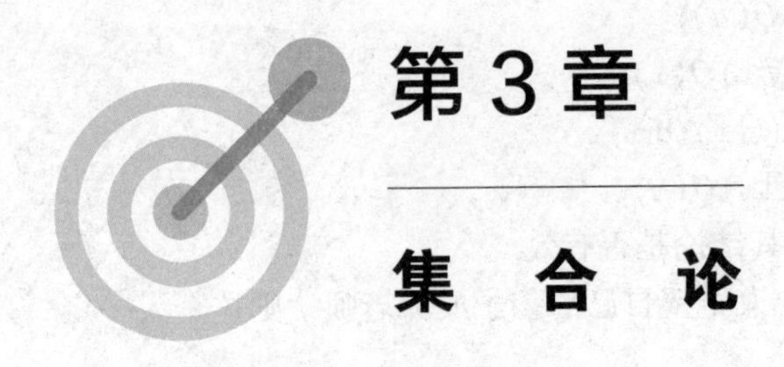

第3章

集 合 论

集合论是现代数学各分支的基础，是计算机科学许多理论不可缺少的工具，并且已渗透到各种科学与技术领域中. 对计算机工作者来说，集合论是不可缺少的数学工具，如在编译原理、开关理论、数据库原理、有限状态机和形式语言等领域中，都已得到广泛的应用.

本章介绍的集合论十分类似于朴素集合论，它具有数学分支的基本特征，像平面几何中的点、线、面一样，采纳不加定义的原始概念，提出符合客观实际的公设，确立推理关系的定理. 在我们规定的范围内，既不会导致悖论，也不会影响结论的正确性.

3.1 基本概念

3.1.1 集合与元素

集合是数学中的一个最基本的概念. 所谓集合，就是指具有共同性质的或适合一定条件的事物的全体，组成集合的这些“事物”称为集合的元素. 例如，班里的全体学生、全国的高等学校、自然数的全体、直线上的所有点等，均分别构成一个集合，而学生、高等学校、每个自然数、直线上的点等分别是所对应集合的元素.

集合常用大写字母表示，集合的元素常用小写字母表示. 若 A 是集合，a 是 A 的元素，则称 a 属于 A，记作 $a \in A$；若 a 不是 A 的元素，则称 a 不属于 A，记作 $a \notin A$. 若组成集合的元素个数是有限的，则称该集合为有限集，否则称为无限集.

表示集合的方法通常采用列举法和描述法. 如果集合的所有元素都能列举出来，则可把它们写在大括号里表示该集合，此为列举法. 例如：

$A=\{a,b,c,d,e,f\}$；

$B=\{$自行车,汽车,飞机,轮船$\}$；

$C=\{1,3,5,7\}$；

$D=\{x,x^2,x^3,\cdots\}$.

应该注意，a 与 $\{a\}$ 是不同的. a 表示一个元素；而 $\{a\}$ 表示仅含有一个元素 a 的集合，称之为单元素集.

利用一项规则，以决定某一事物是否属于该集合，此为描述法. 例如：

$S_1=\{x \mid x$ 是正偶数$\}$；

$S_2=\{x \mid x$ 是中国的省份$\}$；

$S_3=\{x \mid x^2-1=0\}$；

$S_4=\{y \mid y=a$ 或 $y=b\}$.

如果我们用 $p(x)$ 表示任何谓词，则 $\{x \mid p(x)\}$ 可表示集合. 设集合为 $A=\{x \mid p(x)\}$，如果 $p(b)$ 为真，那么 $b\in A$，否则 $b\notin A$.

常见集合专用字符的约定如下：

N——自然数集合，非负整数集，包括0；

Z——整数集合，$\mathbf{Z}_+$为正整数集合，$\mathbf{Z}_-$为负整数集合；

Q——有理数集合，$\mathbf{Q}_+$为正有理数集合，$\mathbf{Q}_-$为负有理数集合；

R——实数集合，$\mathbf{R}_+$为正实数集合，$\mathbf{R}_-$为负实数集合；

C——复数集合；

P——素数集合；

O——奇数集合；

E——偶数集合.

3.1.2 集合间的关系

外延性原理：如果 A、B 是集合，则当且仅当 A 的每一元素都是 B 的元素而且 B 的每一元素都是 A 的元素时，有 $A=B$. $A=B\Leftrightarrow(\forall x)(x\in A$ 当且仅当 $x\in B)$.

两个集合相等，记作 $A=B$；两个集合不相等，则记作 $A\neq B$.

集合的元素还可以允许是一个集合，如

$$S=\{a,\{1,2\},p,\{q\}\}$$

必须指出：$q\in\{q\}$，但 $q\notin S$；同理，$1\in\{1,2\}$，但 $1\notin S$.

(1) $\{2,3,4\}=\{2,2,3,4,4\}$，$\{2,3,4\}=\{3,4,2\}$，但$\{\{2,3\},4\}\neq\{3,4,2\}$.

在讨论的集合中，元素具有无序性且同一元素的重复没有意义.

(2) 设谓词 $p(x)$：“x 为 A 的元素或为 A 的元素自身独自构成的集合”且设 $A=\{1,2\}$，则 $B=\{x \mid p(x)\}=\{1,2,\{1\},\{2\}\}$.

(3) 集合表示法的互换如表3-1所示.

表3-1 集合表示法的互换

描述法	列举法
$A=\{x \mid x^2-4x+3=0\}$	$A=\{1,3\}$
$B=\{n \mid n=k^3+1,k\in\mathbf{N}\}$	$B=\{1,9,28,65,\cdots\}$
$C=\{z \mid z^3=1\}$	$C=\left\{1,\frac{-1+\sqrt{3}\mathrm{i}}{2},\frac{-1-\sqrt{3}\mathrm{i}}{2}\right\}$

【定义3-1】设 A、B 是任意两个集合，假如 A 的每一个元素是 B 的元素，则称 A 是 B 的子集（Subset），或 A 包含在 B 内，或 B 包含 A，记作 $A\subseteq B$，或 $B\supseteq A$. 有

$$A \subseteq B \Leftrightarrow \forall x(x \in A \rightarrow x \in B)$$

例如：$A=\{1,2,3\}$，$B=\{1,2\}$，$C=\{1,3\}$，$D=\{3\}$，则 $B \subseteq A$，$C \subseteq A$，$D \subseteq C$，$D \subseteq A$.

【定理 3-1】集合 A 和集合 B 相等的充分必要条件是这两个集合互为子集.

证明：

设任意两个集合 A、B，且 $A=B$，故 $\forall x(x \in A \rightarrow x \in B)$ 为真，且 $\forall x(x \in B \rightarrow x \in A)$ 也为真，即 $A \subseteq B$ 且 $B \subseteq A$.

反之，$A \subseteq B$ 且 $B \subseteq A$，假设 $A \neq B$，则 A 与 B 的元素不完全相同，设有一元素 $x \in A$，且 $x \notin B$，这与 $A \subseteq B$ 矛盾；或设某一元素 $x \in B$，但 $x \notin A$，这就与 $B \subseteq A$ 矛盾. 故 A、B 的元素必须相同，即 $A=B$.

根据子集的定义及定理 3-1，对任意集合 A、B、C，以下公式成立：

$$A \subseteq A \qquad \text{(自反性)}$$

$$(A \subseteq B) \wedge (B \subseteq A) \Rightarrow (A=B) \qquad \text{(反对称性)}$$

$$(A \subseteq B) \wedge (B \subseteq C) \Rightarrow (A \subseteq C) \qquad \text{(传递性)}$$

【定义 3-2】若集合 A 的每一个元素都属于 B，但集合 B 中至少有一个元素不属于 A，则称 A 是 B 的真子集，记作 $A \subsetneq B$，读作 A 真包含于 B. 有

$$A \subsetneq B \Leftrightarrow \forall x(x \in A \rightarrow x \in B) \wedge (\exists y)(y \in B \wedge y \notin A)$$

$$A \subsetneq B \Leftrightarrow A \subseteq B \wedge A \neq B$$

例如，整数集是有理数集的真子集.

【定义 3-3】不包含任何元素的集合是空集，记作 $\varnothing$.

$\varnothing=\{x \mid p(x) \wedge \neg p(x)\}$，$p(x)$ 是任意谓词.

例如，$\{x \mid x^2=-1, x \in \mathbf{R}\}$ 是一个空集.

注意：$\varnothing \neq \{\varnothing\}$，但 $\varnothing \in \{\varnothing\}$.

【定理 3-2】对于任意一个集合 A，$\varnothing \subseteq A$.

证明：

假设 $\varnothing \subseteq A$ 是假，则至少有一个元素 x，使 $x \in \varnothing$ 且 $x \notin A$，因为空集 $\varnothing$ 不包含任何元素，所以这是不可能的.

对于每个非空集合 A，至少有两个不同的子集：A 和 $\varnothing$，即 $A \subseteq A$ 和 $\varnothing \subseteq A$，我们称 A 和 $\varnothing$ 是 A 的平凡子集.

一般来说，A 的每个元素都能确定 A 的一个子集，即若 $a \in A$，则 $\{a\} \subseteq A$.

【定义 3-4】在一定范围内，如果所有集合均为某一集合的子集，则称该集合为全集，记作 E. 对于任一 $x \in A$，因 $A \subseteq E$，故 $x \in E$，即 $(\forall x)(x \in E)$ 恒真，$E=\{x \mid p(x) \vee \neg p(x)\}$，$p(x)$ 是任意谓词.

全集的概念相当于论域，如在初等数论中，全体整数组成了全集. 在考虑某大学的部分学生组成的集合（如系、班级等）时，该大学的全体学生组成了全集.

3.1.3 幂集

【定义 3-5】对于每一个集合 A，由 A 的所有子集组成的集合，称为集合 A 的幂集，记为 $P(A)$ 或 2^A. 即 $P(A)=\{B \mid B \subseteq A\}$.

例如，$A=\{a,b,c\}$，$P(A)=\{\varnothing,\{a\},\{b\},\{c\},\{a,b\},\{b,c\},\{a,c\},\{a,b,c\}\}$.

【定理 3-3】如果有限集 A 有 n 个元素，则其幂集 $P(A)$ 有 2^n 个元素.

证明：

A 的所有由 k 个元素组成的子集数为从 n 个元素中取 k 个的组合数：

$$C_n^k=\frac{n(n-1)(n-2)\cdots(n-k+1)}{k!}$$

另外，因 $\varnothing\subseteq A$，故 $P(A)$ 的元素个数 N 可表示为

$$N=1+C_n^1+C_n^2+\cdots+C_n^k+\cdots+C_n^n=\sum_{k=0}^{n}C_n^k$$

又因
$$(x+y)^n=\sum_{k=0}^{n}C_n^k x^k y^{n-k}$$

令
$$x=y=1$$

得
$$2^n=\sum_{k=0}^{n}C_n^k$$

故 $P(A)$ 的元素个数是 2^n.

人们常常给有限集 A 的子集编码，用以表示 A 的幂集的各个元素，具体方法如下.

设 $A=\{a_1,a_2,\cdots,a_n\}$，则 A 的子集 B 按照含 a_i 记 1、不含 a_i 记 0$(i=1,2,\cdots,n)$ 的规定依次写成一个 n 位二进制数，便得子集 B 的编码.

例如，若 $B=\{a_1,a_n\}$，则 B 的编码是 100…01，当然还可将它化成十进制数. 如果 $n=4$，那么这个十进制数为 9，此时特别记 $B=\{a_1,a_4\}$ 为 B_9.

3.2 集合的运算

3.2.1 集合的交与并

【定义 3-6】设 A、B 是两个集合，由既属于 A 又属于 B 的元素构成的集合，称为 A 与 B 的交集，记为 $A\cap B$. 即

$$A\cap B=\{x\mid x\in A\wedge x\in B\}$$

若以矩形表示全集 E，矩形内的圆表示任意集合，则交集的定义如图 3-1 所示，并称这样表示的图为文氏图.

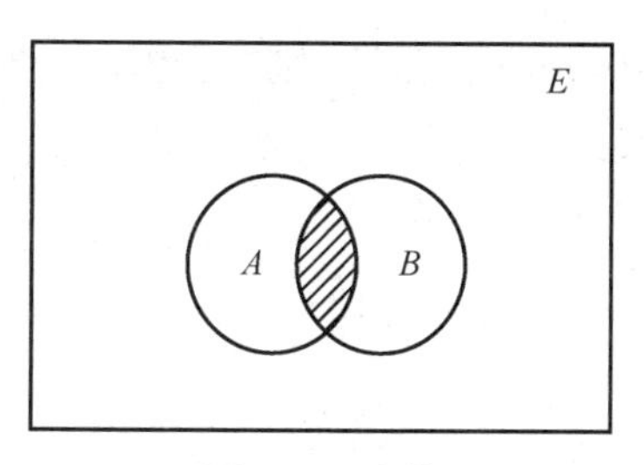

图 3-1 交集

例如，(1) 设 $A=\{1,2,c,d\}$，$B=\{1,b,5,d\}$，则 $A\cap B=\{1,d\}$；

(2) 设 A 是所有矩形的集合，B 是平面上所有菱形的集合，$A\cap B$ 是所有正方形的集合；

(3) 设 A 是所有被 k 除尽的整数的集合，B 是所有被 l 除尽的整数的集合，则 $A\cap B$ 是被 k 与 l 最小公倍数除尽的整数的集合.

【例 3-1】 设 $A\subseteq B$，求证 $A\cap C\subseteq B\cap C$.

证明：

若 $x\in A$，则 $x\in B$，对任一 $x\in A\cap C$，则 $x\in A$ 且 $x\in C$，即 $x\in B$ 且 $x\in C$，故 $x\in B\cap C$，因此，$A\cap C\subseteq B\cap C$.

集合的交运算具有以下性质：

(1) $A\cap A=A$;

(2) $A\cap\varnothing=\varnothing$;

(3) $A\cap E=A$;

(4) $A\cap B=B\cap A$;

(5) $(A\cap B)\cap C=A\cap(B\cap C)$.

现对 (5) 证明如下.

证明：

$(A\cap B)\cap C=\{x\mid x\in A\cap B\wedge x\in C\}$

$A\cap(B\cap C)=\{x\mid x\in A\wedge x\in B\cap C\}$

$$\begin{aligned}x\in A\cap B\wedge x\in C&\Leftrightarrow(x\in A\wedge x\in B)\wedge x\in C\\&\Leftrightarrow x\in A\wedge(x\in B\wedge x\in C)\\&\Leftrightarrow x\in A\wedge x\in B\cap C\end{aligned}$$

因此，$(A\cap B)\cap C=A\cap(B\cap C)$.

此外，从交集的定义还可以得到 $A\cap B\subseteq A$，$A\cap B\subseteq B$.

若集合 A、B 没有共同的元素，则 $A\cap B=\varnothing$，此时亦称 A 与 B 不相交.

n 个集合 $A_1,A_2,\cdots,A_n$ 的交集可记为

$$P=A_1\cap A_2\cap\cdots\cap A_n=\bigcap_{i=1}^{n}A_i$$

例如，$A_1=\{1,2,8\}$，$A_2=\{2,8\}$，$A_3=\{4,8\}$，则 $\bigcap_{i=1}^{3}A_i=\{8\}$.

【定义 3-7】 设 A、B 是两个集合，由所有属于 A 或者属于 B 的元素构成的集合，称为 A 与 B 的并集，记为 $A\cup B$. 即

$$A\cup B=\{x\mid(x\in A)\vee(x\in B)\}$$

并集的定义如图 3-2 所示.

例如，若 $A=\{1,2,c,d\}$，$B=\{1,b,5,d\}$，则 $A\cup B=\{1,2,5,b,c,d\}$.

集合并的运算具有以下性质：

(1) $A\cup A=A$;

(2) $A\cup E=E$;

(3) $A\cup\varnothing=A$;

(4) $A\cup B=B\cup A$;

(5) $(A\cup B)\cup C=A\cup(B\cup C)$.

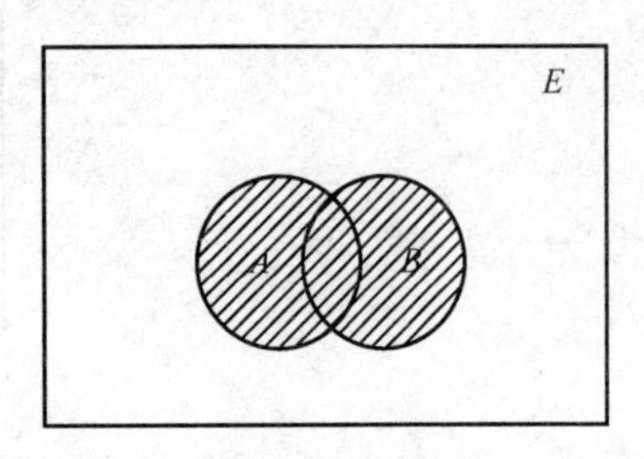

图 3-2 并集

此外，从并集的定义还可以得到 $A\subseteq A\cup B$，$B\subseteq A\cup B$.

【例 3-2】 设 $A\subseteq B$，$C\subseteq D$，证明 $A\cup C\subseteq B\cup D$.

证明：

对任意 $x \in A \cup C$，则有 $x \in A$ 或 $x \in C$.

若 $x \in A$，由 $A \subseteq B$，则 $x \in B$，故 $x \in B \cup D$；

若 $x \in C$，由 $C \subseteq D$，则 $x \in D$，故 $x \in B \cup D$.

因此，$A \cup C \subseteq B \cup D$.

显然，当 $C = D$ 时，$A \cup C \subseteq B \cup C$.

n 个集合 $A_1, A_2, \cdots, A_n$ 的并集可记为

$$W = A_1 \cup A_2 \cup \cdots \cup A_n = \bigcup_{i=1}^{n} A_i$$

例如，设 $A_1 = \{1,2,8\}$，$A_2 = \{2,8\}$，$A_3 = \{4,8\}$，则 $\bigcup_{i=1}^{3} A_i = \{1,2,4,8\}$.

【定理 3-4】设 A、B、C 为 3 个集合，则下列分配律成立：

(1) $A \cap (B \cup C) = (A \cap B) \cup (A \cap C)$；

(2) $A \cup (B \cap C) = (A \cup B) \cap (A \cup C)$.

证明：

(1) 设 $S = A \cap (B \cup C)$，$T = (A \cap B) \cup (A \cap C)$，若 $x \in S$，则 $x \in A$ 且 $x \in B \cup C$，即 $x \in A$ 且 $x \in B$ 或 $x \in A$ 且 $x \in C$，$x \in A \cap B$ 或 $x \in A \cap C$ 即 $x \in T$，所以 $S \subseteq T$.

反之，若 $x \in T$，则 $x \in A \cap B$ 或 $x \in A \cap C$，$x \in A$ 且 $x \in B$ 或 $x \in A$ 且 $x \in C$，即 $x \in A$ 且 $x \in B \cup C$，于是 $x \in S$，所以 $T \subseteq S$. 因此，$T = S$.

(2) 同理可证.

【定理 3-5】设 A、B 为任意两个集合，则下列关系式成立：

(1) $A \cup (A \cap B) = A$；

(2) $A \cap (A \cup B) = A$.

证明：

(1) $A \cup (A \cap B) = (A \cap E) \cup (A \cap B)$
$= A \cap (E \cup B) = A \cap E = A$

(2) $A \cap (A \cup B) = (A \cup A) \cap (A \cup B)$
$= A \cup (A \cap B) = A$

这就是吸收律.

【定理 3-6】

(1) $A \subseteq B$，当且仅当 $A \cup B = B$；

(2) $A \subseteq B$，当且仅当 $A \cap B = A$.

证明：

(1) 若 $A \subseteq B$，对任意 $x \in A$ 必有 $x \in B$，对任意 $x \in A \cup B$，则 $x \in A$ 或 $x \in B$，即 $x \in B$，所以 $A \cup B \subseteq B$. 又 $B \subseteq A \cup B$，故得到 $A \cup B = B$.

反之，若 $A \cup B = B$，因为 $A \subseteq A \cup B$，故 $A \subseteq B$.

(2) 同理可证.

3.2.2 集合的差与补

【定义 3-8】设 A、B 为两个集合，由属于集合 A 而不属于集合 B 的所有元素组成的集合，称为 A 与 B 的差集，记作 $A \backslash B$. 即

$$A\backslash B=\{x \mid x\in A \land x\notin B\}=\{x \mid x\in A \land \neg(x\in B)\}$$

例如，若 $A=\{1,2,c,d\}$，$B=\{1,b,3,d\}$，则 $A\backslash B=\{2,c\}$，而 $B\backslash A=\{b,3\}$.

再如，若 A 是素数集合，B 是奇数集合，则 $A\backslash B=\{2\}$.

$A\backslash B$ 的定义如图 3-3 所示.

【定义 3-9】设 A 是一个集合，全集 E 与 A 的差集称为 A 的补集，记作$\complement_E A$. 即

$$\complement_E A=E\backslash A=\{x \mid x\in E \land x\notin A\}$$

$\complement_E A$ 的定义如图 3-4 所示.

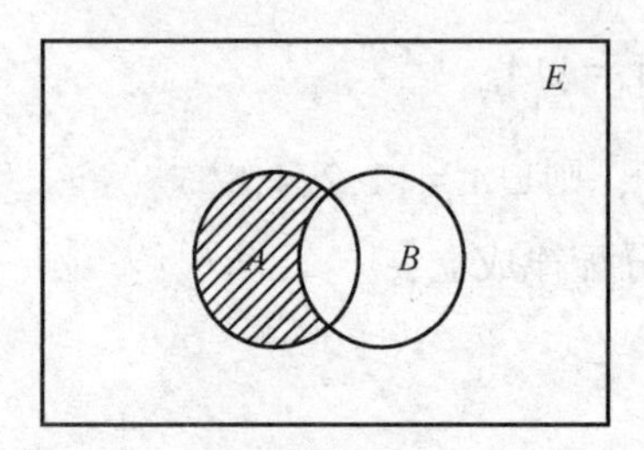

图 3-3 差集

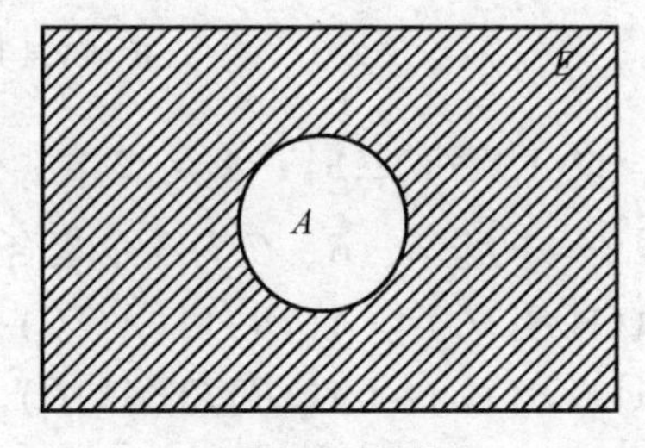

图 3-4 补集

由补集的定义可知：

(1) $\complement(\complement A)=A$；

(2) $\complement E=\varnothing$；

(3) $\complement\varnothing=E$；

(4) $A\cup\complement A=E$；

(5) $A\cap\complement A=\varnothing$.

【定理 3-7】设 A、B 为两个集合，则下列关系成立：

(1) $\complement(A\cup B)=\complement A\cap\complement B$；

(2) $\complement(A\cap B)=\complement A\cup\complement B$.

以上两式称为德 · 摩根公式.

证明：

(1) $\complement(A\cup B)=\{x \mid x\in\complement(A\cup B)\}$

$=\{x \mid x\notin A\cup B\}$

$=\{x \mid x\notin A \land x\notin B\}$

$=\{x \mid x\in\complement A \land x\in\complement B\}$

$=\{x \mid x\in\complement A\cap\complement B\}$

$=\complement A\cap\complement B$

(2) 对 (1) 式两端取补集得到

$$A\cup B=\complement(\complement A\cap\complement B)$$

由于上式对任意的集合成立，若把 A 换成$\complement A$，把 B 换成$\complement B$，则 (2) 式得证.

【定理 3-8】设 A、B 为两个集合，则下列关系成立：

(1) $A\backslash B=A\cap\complement B$；

(2) $A\backslash B=A\backslash(A\cap B)$.

证明：

证明 (1) 请读者自己完成，下面我们证明 (2).

(2) 设 $x\in A\setminus B$，即 $x\in A$ 且 $x\notin B$. 因 $x\notin B$ 必有 $x\notin(B\cap A)$，故 $x\in[A\setminus(B\cap A)]$，即$A\setminus B\subseteq[A\setminus(B\cap A)]$.

又设 $x\in[A\setminus(B\cap A)]$，则 $x\in A$ 且 $x\notin(B\cap A)$，即 $x\in A$ 且 $x\in\complement(A\cap B)$，$x\in A$ 且 $x\in\complement A$ 或 $x\in\complement B$，但 $x\in A$ 且 $x\in\complement A$ 是不可能的，故 $x\in A$ 且 $x\in\complement B$，即 $x\in A\setminus B$，得到 $A\setminus(A\cap B)\subseteq A\setminus B$.

因此，$A\setminus B=A\setminus(A\cap B)$.

【定理 3-9】设 A、B、C 为 3 个集合，则下列关系成立：

(1) $A\setminus(B\cup C)=(A\setminus B)\cap(A\setminus C)$;

(2) $A\setminus(B\cap C)=(A\setminus B)\cup(A\setminus C)$.

证明：

(1) $A\setminus(B\cup C)=A\cap\complement(B\cup C)=A\cap(\complement B\cap\complement C)$

$$=(A\cap A)\cap\complement B\cap\complement C=(A\cap\complement B)\cap(A\cap\complement C)=(A\setminus B)\cap(A\setminus C)$$

(2) 从略.

【定理 3-10】设 A、B、C 为 3 个集合，则 $A\cap(B\setminus C)=(A\cap B)\setminus(A\cap C)$.

证明：

$$A\cap(B\setminus C)=A\cap(B\cap\complement C)=A\cap B\cap\complement C$$

又

$$\begin{aligned}(A\cap B)\setminus(A\cap C)&=(A\cap B)\cap\complement(A\cap C)\\&=(A\cap B)\cap(\complement A\cup\complement C)\\&=(A\cap B\cap\complement A)\cup(A\cap B\cap\complement C)\\&=\varnothing\cup(A\cap B\cap\complement C)=A\cap B\cap\complement C\end{aligned}$$

因此

$$A\cap(B\setminus C)=(A\cap B)\setminus(A\cap C)$$

特别地，有

$$A\cap(B\setminus A)=(A\cap B)\setminus(A\cap A)=(A\cap B)\setminus A=A\cap B\cap\complement A=\varnothing$$

注意：

$$\begin{aligned}A\cup(B\setminus A)&=A\cup(B\cap\complement A)=(A\cup B)\cap(A\cup\complement A)=(A\cup B)\cap E=A\cup B\\&\neq(A\cup B)\setminus(A\cup A)=(A\cup B)\cap\complement A=(A\cap\complement A)\cup(B\cap\complement A)\\&=\varnothing\cup(B\cap\complement A)=\complement A\cap B\end{aligned}$$

即 $A\cup(B\setminus C)\neq(A\cup B)\setminus(A\cup C)$.

【定理 3-11】设 A、B 为两个集合，若 $A\subseteq B$，则

(1) $\complement B\subseteq\complement A$;

(2) $A\cap\complement B=\varnothing$;

(3) $B\cup\complement A=E$;

(4) $A\cup(B\setminus A)=B$.

证明：

(1) 若 $x\in A$，则 $x\in B$，因此 $x\notin B$，必有 $x\notin A$，故 $x\in\complement B$，必有 $x\in\complement A$，即$\complement B\subseteq\complement A$.

(2)(3)(4) 从略.

3.2.3 集合的对称差

【定义 3-10】设 A、B 是两个集合，要么属于 A，要么属于 B，但不能同时属于 A 和 B 的所有元素组成的集合，称为 A 和 B 的对称差集，记为 $A\oplus B$. 即

$$A\oplus B=(A-B)\cup(B-A)=\{x \mid x\in A\oplus x\in B\}$$

例如，若 $A=\{1,2,c,d\}$，$B=\{1,b,3,d\}$，则 $A\oplus B=\{2,c,b,3\}$.

对称差的定义如图 3-5 所示.

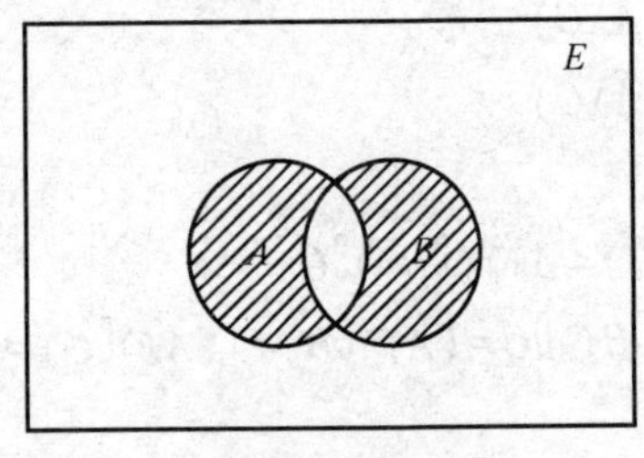

图 3-5 对称差

由对称差的定义容易推得如下性质：

(1) $A\oplus B=B\oplus A$;

(2) $A\oplus\varnothing=A$;

(3) $A\oplus A=\varnothing$;

(4) $A\oplus B=(A\cap\complement B)\cup(\complement A\cap B)$;

(5) $(A\oplus B)\oplus C=A\oplus(B\oplus C)$.

证明：

以下只证明 (5)，其他证明类似.

(5) $(A\oplus B)\oplus C=[(A\oplus B)\cap\complement C]\cup(\complement(A\oplus B)\cap C)$

$=\{[(A\cap\complement B)\cup(\complement A\cap B)]\cap\complement C\}\cup[\complement((A\cap\complement B)\cup(\complement A\cap B))\cap C]$

$=(A\cap\complement B\cap\complement C)\cup(\complement A\cap B\cap\complement C)\cup\{[(\complement A\cup B)\cap(A\cup\complement B)]\cap C\}$

但 $[(\complement A\cup B)\cap(A\cup\complement B)]\cap C=\{[(\complement A\cup B)\cap A]\cup[(\complement A\cup B)\cap\complement B]\}\cap C$

$=[(\complement A\cap A)\cup(A\cap B)\cup(\complement A\cap\complement B)\cup(B\cap\complement B)]\cap C$

$=[\varnothing\cup(A\cap B)\cup(\complement A\cap\complement B)\cup\varnothing]\cap C$

$=(A\cap B\cap C)\cup(\complement A\cap\complement B\cap C)$

故 $(A\oplus B)\oplus C=(A\cap\complement B\cap\complement C)\cup(\complement A\cap B\cap\complement C)\cup(A\cap B\cap C)\cup(\complement A\cap\complement B\cap C)$

又 $A\oplus(B\oplus C)=(A\cap\complement(B\oplus C))\cup[\complement A\cap(B\oplus C)]$

$=[A\cap\complement((B\cap\complement C)\cup(\complement B\cap C))]\cup\{\complement A\cap[(B\cap\complement C)\cup(\complement B\cap C)]\}$

$=\{A\cap[(\complement B\cap C)\cap(B\cup\complement C)]\}\cup[(\complement A\cap B\cap\complement C)\cup(\complement A\cap\complement B\cap C)]$

因为 $A\cap[(\complement B\cup C)\cap(B\cup\complement C)]=A\cap[(\complement B\cap B)\cup(\complement B\cap\complement C)\cup(C\cap B)\cup(C\cap\complement C)]$

$=A\cap[(\complement B\cap\complement C)\cup(C\cap B)]$

$=(A\cap\complement B\cap\complement C)\cup(A\cap C\cap B)$

故 $A\oplus(B\oplus C)=(A\cap\complement B\cap\complement C)\cup(A\cap B\cap C)\cup(\complement A\cap B\cap\complement C)\cup(\complement A\cap\complement B\cap C)$

因此$(A\oplus B)\oplus C=A\oplus(B\oplus C)$.

对称差运算的结合性也可用图 3-6、图 3-7 和图 3-8 说明，其中图 3-6 表示 $A\oplus B$，图 3-7 表示$B\oplus C$，图 3-8 表示 $(A\oplus B)\oplus C=A\oplus(B\oplus C)$.

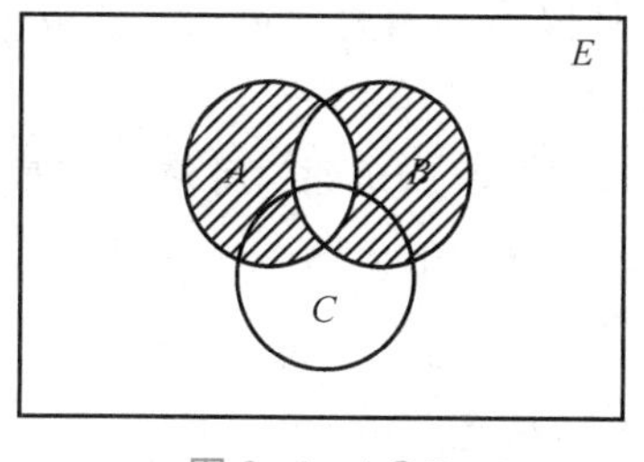

图 3-6 $A\oplus B$

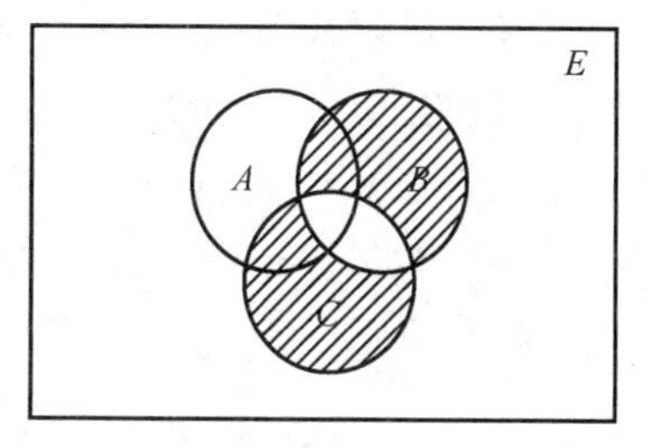

图 3-7 $B\oplus C$

从图 3-9 亦可以看出以下关系式成立：

$$\begin{aligned} A\cup B &= (A\cap \complement B)\cup(B\cap \complement A)\cup(A\cap B) \\ &= (A\oplus B)\cup(A\cap B) \end{aligned}$$

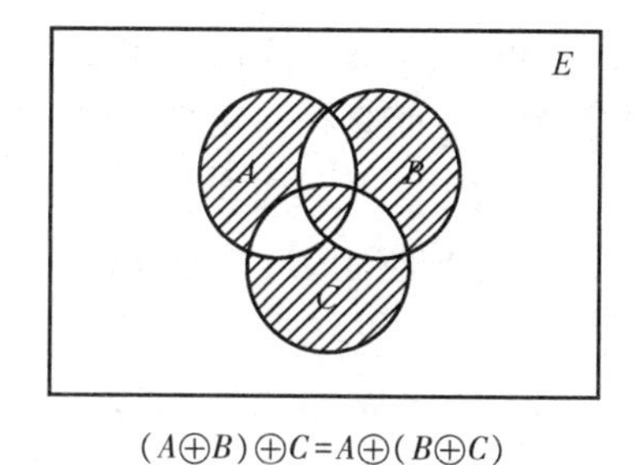

$(A\oplus B)\oplus C=A\oplus(B\oplus C)$

图 3-8 对称差运算的结合性

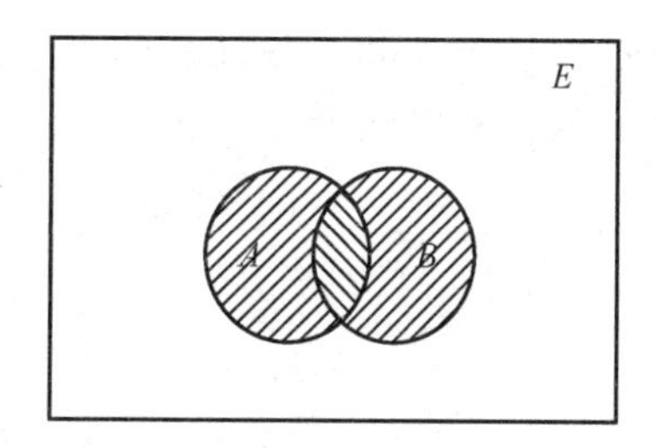

图 3-9 $A\cup B$

3.3 序偶与笛卡尔积

3.3.1 序偶

在日常生活中，有许多事物是成对出现的，而且这种成对出现的事物，具有一定的顺序. 例如，左，右；5>3；男生 7 名而女生 3 名；中国地处亚洲；平面上点的坐标等. 一般来说，两个具有固定次序的客体组成一个序偶，记作$\langle x,y\rangle$. 上述各例可分别表示为〈左,右〉；$\langle 5,3\rangle$；$\langle 7,3\rangle$；〈中国，亚洲〉；$\langle a,b\rangle$等.

序偶可以看作具有两个元素的集合，但与一般集合不同的是序偶具有确定的次序. 在集合中，$\{a,b\}=\{b,a\}$，但对于序偶，当 $a\neq b$ 时，$\langle a,b\rangle\neq\langle b,a\rangle$.

【定义 3-11】 两个序偶相等，$\langle x,y\rangle=\langle u,v\rangle$，当且仅当 $x=u$，$y=v$.

这里指出：序偶$\langle a,b\rangle$中两个元素不一定来自同一个集合，它们可以代表不同类型的事物. 例如，a 代表操作码，b 代表地址码，则序偶$\langle a,b\rangle$就代表一条单地址指令；当然，亦可将 a 代表地址码，b 代表操作码，$\langle a,b\rangle$仍代表一条单地址指令. 但上述这种约定，一经确定，序偶的次序就不能再变化了．在序偶$\langle a,b\rangle$中，a 称第一元素，b 称第二元素．

序偶的概念可以推广到有序三元组的情况．

有序三元组是一个序偶，其第一元素本身也是一个序偶，可形式化表示为$\langle\langle x,y\rangle,z\rangle$．由序偶相等的定义，可以知道$\langle\langle x,y\rangle,z\rangle=\langle\langle u,v\rangle,w\rangle$当且仅当$\langle x,y\rangle=\langle u,v\rangle$，$z=w$，即 $x=u$，$y=v$，$z=w$，我们约定有序三元组可记作$\langle x,y,z\rangle$．

注意：$\langle\langle x,y\rangle,z\rangle\neq\langle x,\langle y,z\rangle\rangle$，因为$\langle x,\langle y,z\rangle\rangle$不是有序三元组．同理，有序四元组被定义为一个序偶，其第一元素为有序三元组，故有序四元组有形式为$\langle\langle x,y,z\rangle,w\rangle$，可记作$\langle x,y,z,w\rangle$，且

$$\langle x,y,z,w\rangle=\langle p,q,r,s\rangle\Leftrightarrow x=p\wedge y=q\wedge z=r\wedge w=s$$

这样，有序 n 元组定义为$\langle\langle x_1,x_2,\cdots,x_{n-1}\rangle,x_n\rangle$，记作$\langle x_1,x_2,\cdots,x_{n-1},x_n\rangle$，且

$$\langle x_1,x_2,\cdots,x_n\rangle=\langle y_1,y_2,\cdots,y_n\rangle\Leftrightarrow x_1=y_1\wedge x_2=y_2\wedge\cdots\wedge x_n=y_n$$

一般地，有序 n 元组$\langle x_1,x_2,\cdots,x_n\rangle$中的 x_i 称作有序 n 元组的第 i 个坐标．

3.3.2 笛卡尔积

【定义 3-12】设 A 和 B 是任意两个集合，若序偶的第一元素是 A 的元素，第二元素是 B 的元素，所有这样的序偶集合，称为集合 A 和 B 的笛卡尔积或直积，记作 $A\times B$．即

$$A\times B=\{\langle x,y\rangle\mid x\in A\wedge y\in B\}$$

【例 3-3】若 $A=\{1,2\}$，$B=\{a,b,c\}$，求 $A\times B$，$B\times B$ 以及$(A\times B)\cap(B\times A)$

解：

$A\times B=\{\langle 1,a\rangle,\langle 1,b\rangle,\langle 1,c\rangle,\langle 2,a\rangle,\langle 2,b\rangle,\langle 2,c\rangle\}$

$B\times B=\{\langle a,a\rangle,\langle a,b\rangle,\langle a,c\rangle,\langle b,a\rangle,\langle b,b\rangle,\langle b,c\rangle,\langle c,a\rangle,\langle c,b\rangle,\langle c,c\rangle\}$

$B\times A=\{\langle a,1\rangle,\langle a,2\rangle,\langle b,1\rangle,\langle b,2\rangle,\langle c,1\rangle,\langle c,2\rangle\}$

$(A\times B)\cap(B\times A)=\varnothing$

显然，我们有：

(1) $A\times B\neq B\times A$；

(2) 如果$|A|=m$，$|B|=n$，则$|A\times B|=|B\times A|=|A|\,|B|=mn$．

我们约定：若 $A=\varnothing$或 $B=\varnothing$，则 $A\times B=\varnothing$．

由笛卡尔积定义可知：

$$\begin{aligned}(A\times B)\times C&=\{\langle\langle x,y\rangle,z\rangle\mid\langle x,y\rangle\in A\times B\wedge z\in C\}\\&=\{\langle x,y,z\rangle\mid x\in A\wedge y\in B\wedge z\in C\}\\A\times(B\times C)&=\{\langle x,\langle y,z\rangle\rangle\mid x\in A\wedge\langle y,z\rangle\in B\times C\}\end{aligned}$$

由于$\langle x,\langle y,z\rangle\rangle$不是三元组，所以

$$(A\times B)\times C\neq A\times(B\times C)$$

【定理 3-12】设 A、B 和 C 为任意 3 个集合，则有

(1) $A\times(B\cup C)=(A\times B)\cup(A\times C)$；

(2) $A\times(B\cap C)=(A\times B)\cap(A\times C)$；

(3) $(A\cup B)\times C=(A\times C)\cup(B\times C)$；

(4) $(A\cap B)\times C=(A\times C)\cap(B\times C)$．

证明：

以下只证明（1）和（4），其他证明类似.

（1）设$\langle x,y\rangle \in A\times(B\cup C)\Leftrightarrow x\in A\wedge y\in B\cup C$

$$\Leftrightarrow x\in A\wedge(y\in B\vee y\in C)$$

$$\Leftrightarrow(x\in A\wedge y\in B)\vee(x\in A\wedge y\in C)$$

$$\Leftrightarrow\langle x,y\rangle\in A\times B\vee\langle x,y\rangle\in A\times C$$

$$\Leftrightarrow\langle x,y\rangle\in(A\times B)\cup(A\times C)$$

因此，$A\times(B\cup C)=(A\times B)\cup(A\times C)$.

（4）设$\langle x,y\rangle\in(A\cap B)\times C\Leftrightarrow x\in A\cap B\wedge y\in C$

$$\Leftrightarrow(x\in A\wedge x\in B)\wedge y\in C$$

$$\Leftrightarrow(x\in A\wedge y\in C)\wedge(x\in B\wedge y\in C)$$

$$\Leftrightarrow\langle x,y\rangle\in A\times C\wedge\langle x,y\rangle\in B\times C$$

$$\Leftrightarrow\langle x,y\rangle\in(A\times C)\cap(B\times C)$$

因此，$(A\cap B)\times C=(A\times C)\cap(B\times C)$.

【定理 3-13】 设A、B和C为3个非空集合，则有

$$A\subseteq B\Leftrightarrow A\times C\subseteq B\times C\Leftrightarrow C\times A\subseteq C\times B$$

证明：

设$A\subseteq B$，对任意的$\langle x,y\rangle$，有

$$\langle x,y\rangle\in A\times C\Leftrightarrow x\in A\wedge y\in C$$

$$\Rightarrow x\in B\wedge y\in C$$

$$\Leftrightarrow\langle x,y\rangle\in B\times C$$

因此，$A\times C\subseteq B\times C$.

反之，若$A\times C\subseteq B\times C$，取$y\in C$，则对$\forall x$，有

$$x\in A\Leftrightarrow x\in A\wedge y\in C\Leftrightarrow\langle x,y\rangle\in A\times C$$

$$\Rightarrow\langle x,y\rangle\in B\times C\Leftrightarrow x\in B\wedge y\in C$$

$$\Leftrightarrow x\in B$$

因此，$A\subseteq B$.

定理的第二部分$A\subseteq B\Leftrightarrow C\times A\subseteq C\times B$，证明类似.

【定理 3-14】 设A、B、C和D为4个非空集合，则$A\times B\subseteq C\times D$的充要条件为$A\subseteq C$且$B\subseteq D$.

证明：

若$A\times B\subseteq C\times D$，对任意的$x\in A$，$y\in B$，有

$$(x\in A)\wedge(y\in B)\Leftrightarrow\langle x,y\rangle\in A\times B\Rightarrow\langle x,y\rangle\in C\times D$$

$$\Leftrightarrow(x\in C)\wedge(y\in D)$$

即$A\subseteq C$，$B\subseteq D$.

反之，若$A\subseteq C$且$B\subseteq D$，设任意$x\in A$，$y\in B$，有

$$\langle x,y\rangle\in A\times B\Leftrightarrow(x\in A)\wedge(y\in B)$$

$$\Rightarrow(x\in C)\wedge(y\in D)$$

$$\Rightarrow\langle x,y\rangle\in C\times D$$

因此，$A\times B\subseteq C\times D$.

对于有限个集合可以进行多次笛卡尔积运算. 为了与有序 n 元组一致，我们约定：

$$A_1\times A_2\times A_3=(A_1\times A_2)\times A_3$$

$$\begin{aligned}A_1\times A_2\times A_3\times A_4&=(A_1\times A_2\times A_3)\times A_4\\&=((A_1\times A_2)\times A_3)\times A_4\end{aligned}$$

一般地，有

$$\begin{aligned}A_1\times A_2\times\cdots\times A_n&=(A_1\times A_2\times\cdots\times A_{n-1})\times A_n\\&=\{\langle x_1,x_2,\cdots,x_n\rangle\mid x_1\in A_1\wedge x_2\in A_2\wedge\cdots\wedge x_n\in A_n\}\end{aligned}$$

故 $A_1\times A_2\times\cdots\times A_n$ 是有序 n 元组构成的集合.

特别地，同一集合的 n 次笛卡尔积 $\underbrace{A\times A\times\cdots\times A}_{n}$，记为 A^n，这里 $A^n=A^{n-1}\times A$.

例如，
$$\begin{aligned}\{1,2\}^3&=\{1,2\}^2\times\{1,2\}=\{\langle1,1\rangle,\langle1,2\rangle,\langle2,1\rangle,\langle2,2\rangle\}\times\{1,2\}\\&=\{\langle\langle1,1\rangle,1\rangle,\langle\langle1,1\rangle,2\rangle,\langle\langle1,2\rangle,1\rangle,\langle\langle1,2\rangle,2\rangle,\langle\langle2,1\rangle,1\rangle,\langle\langle2,1\rangle,2\rangle,\\&\quad\langle\langle2,2\rangle,1\rangle,\langle\langle2,2\rangle,2\rangle\}\\&=\{\langle1,1,1\rangle,\langle1,1,2\rangle,\langle1,2,1\rangle,\langle1,2,2\rangle,\langle2,1,1\rangle,\langle2,1,2\rangle,\langle2,2,1\rangle,\langle2,2,2\rangle\}\end{aligned}$$

此处，$|A|=2$，$|A^3|=2^3=8$. 一般地，若 $|A|=m$，则 $|A^n|=m^n$.

3.4 本章习题

一、选择题

1. 以下结论不正确的是（　　）.

A. $\{a,b,c\}=\{b,c,a\}$　　B. $\{a,b,c,c\}=\{a,b,c\}$

C. $\{a,\{b,c\}\}=\{\{a,b\},c\}$　　D. $\varnothing\subseteq A$

2. 设 $A=\{0,1\}$，$B=\{0,1,2\}$，$C=\{0\}$，则以下结论错误的是（　　）.

A. $A\subsetneqq B$　　B. $C\subsetneqq B$　　C. $\varnothing\subsetneqq B$　　D. $B\subsetneqq B$

3. 以下关于集合关系的描述错误的是（　　）.

A. $\{a\}\subseteq\{\{a\}\}$　　B. $\{a\}\in\{\{a\}\}$

C. $\{a\}\in\{\{a\},a\}$　　D. $\{a\}\subseteq\{\{a\},a\}$

4. 设 $A=\{1,2,c,d\}$，$B=\{1,b,3,d\}$，则 $A\oplus B$ 结果为（　　）.

A. $\{2,c,b,3\}$　　B. $\{2,c,b\}$　　C. $\{2,3,b\}$　　D. $\{1,2,3,d\}$

5. 设 A、B、C 是任意集合，下述论断正确的是（　　）.

A. 若 $A\cup B=A\cup C$，则 $B=C$

B. 若 $A\cap B=A\cap C$，则 $B=C$

C. 若 $A\backslash B=A\backslash C$，则 $B=C$

D. 若 A 的补集 $=B$ 的补集，则 $A=B$

二、填空题

1. 设集合 $B=\{4,5,6,7,8,6,9,4\}$，则 $|B|$ 为________.

2. 集合 A 用描述法表示为 $A=\{a\mid a\in\mathbf{P}$ 且 $a<15\}$，则用列举法表示为________.

3. 设 $A=\{a,b\}$，则 A 的幂集为________.

4. 设 $U=\{1,2,3,4,\cdots,10\}$，$A=\{2,4,6,8,10\}$，则 $U\setminus A=$________.

5. 设 $A=\{1,2,3\}$，$B=\{a,b,c\}$，则 $A\times B=$________.

三、判断题

1. 设 $B=\{\varnothing,a,\{a\}\}$，则 B 的幂集中集合的个数为 6. （ ）

2. 把集合的所有元素写在大括号里表示该集合，此为列举法. （ ）

3. 数学上常用 **P** 作为专用字符表示素数集合. （ ）

4. 若 A 的补集等于 B 的补集，则 $A=B$. （ ）

5. 设 A 是所有矩形的集合，B 是平面上所有菱形的集合，则 $A\cap B$ 是所有平行四边形的集合. （ ）

四、解答题

1. 用列举法写出下列集合.

（1）英语句子“I am a student”中的英文字母.

（2）大于 7 小于 15 的所有偶数.

（3）本学期所修的所有课程.

（4）计算机学院所开设的本科专业.

（5）20 的所有因数.

（6）小于 18 的 5 的正倍数.

2. 用描述法写出下列集合.

（1）全体奇数.

（2）所有实数集上一元二次方程的解.

（3）能被 5 整除的整数.

（4）平面直角坐标系中单位圆内的点.

（5）二进制数.

（6）八进制数.

3. 设全集为 **Z**，判断下列集合哪些是相等的.

（1）$A=\{x\mid x$ 是偶数或奇数$\}$.

（2）$B=\{x\mid y\in\mathbf{Z}$ 且 $x=2y\}$.

（3）$C=\{1,2,3\}$.

（4）$D=\{0,1,-1,2,-2,3,-3,4,-4,\cdots\}$.

（5）$E=\{2x\mid x\in\mathbf{Z}\}$.

（6）$F=\{3,3,2,1,2\}$.

（7）$G=\{x\mid x^3-6x^2-7x-6=0\}$.

（8）$H=\{x\mid x^3-6x^2+11x-6=0\}$.

4. 求下列集合的基数.

（1）“proper set”中的英文字母.

（2）大于 5 小于 13 的所有奇数.

（3）$\{\{2,3\}\}$.

(4) 小于 25 的 6 的正倍数.

(5) $\{x \mid x=2$ 或 $x=3$ 或 $x=4$ 或 $x=5\}$.

(6) 20 的所有因数.

(7) $\{\varnothing, a, \{a\}\}$.

(8) $\{\{\varnothing, 2\}, \{2\}\}$.

(9) $\{\{1,2\}, \{2,3,4\}, \{2,1,3,5\}\}$.

(10) $\{1, \{2,3\}\}$.

5. 分析下列各集合是否是其他集合的子集或真子集.

(1) $A=\{x \mid x \in \mathbf{Z}$ 且 $1<x<5\}$.

(2) $B=\{2,3\}$.

(3) $C=\{x \mid x^2-5x+6=0\}$.

(4) $D=\{\{2,3\}\}$.

(5) $E=\{2\}$.

(6) $F=\{x \mid x=1$ 或 $x=3$ 或 $x=5$ 或 $x=7\}$.

(7) $G=\{2x \mid 1 \leqslant x \leqslant 3\}$.

(8) $H=\{x \mid x \in \mathbf{Z}$ 且 $x^2+x+1=0\}$.

6. 求下列集合的幂集.

(1) $\{3,6,9\}$.

(2) $\{x \mid x=1$ 或 $x=3$ 或 $x=6\}$.

(3) $\{\{1,3\}\}$.

(4) 小于 20 的 5 的正倍数.

(5) “set” 中的英文字母.

(6) $\{1, \{2\}\}$.

(7) $\{\varnothing, a\}$.

(8) $\{\{\varnothing, 2\}, \{2\}\}$.

(9) $\{\{1,2\}, \{2\}\}$.

(10) $\{\{1, \{1,2\}\}\}$.

7. 设 $A=\varnothing$、$B=\{a\}$，求 $P(A)$、$P(P(A))$、$P(P(P(A)))$、$P(B)$、$P(P(B))$、$P(P(P(B)))$.

8. 简要说明 $\{\varnothing\}$ 与 $\{\{\varnothing\}\}$ 的区别，列出它们的元素与子集.

9. 如果集合 A 和 B 具有相同的幂集合，能肯定 $A=B$ 吗?

10. 如果集合 A 和 B 分别满足下列条件，能得出 A 和 B 之间有什么联系?

(1) $A \cup B=A$.

(2) $A \cap B=A$.

(3) $A \backslash B=A$.

(4) $A \cap B=A \backslash B$.

(5) $A \backslash B=B \backslash A$.

(6) $A \oplus B=A$.

11. 如果集合 A、B 和 C 分别满足下述条件，能断定 $A=B$ 吗？

（1） $A\cup C=B\cup C$.

（2） $A\cap C=B\cap C$.

12. 对于集合 A，证明下列各式.

（1） $A\cup\varnothing=A$.

（2） $A\cap\varnothing=\varnothing$.

（3） $A\cup A=A$.

（4） $A\cap A=A$.

（5） $A\setminus\varnothing=A$.

（6） $A\cup U=U$.

（7） $A\cap U=A$.

（8） $\varnothing\setminus A=\varnothing$.

13. 设全集 $U=\{1,2,3,4,5\}$，集合 $A=\{1,4\}$，$B=\{1,2,5\}$，$C=\{2,4\}$，确定下列集合.

（1） $A\cap(\complement_U B)$.

（2） $(A\cap B)\cup(\complement_U C)$.

（3） $(A\cap B)\cup(A\cap C)$.

（4） $\complement_U(A\cup B)$.

（5） $(\complement_U A)\cap(\complement_U B)$.

（6） $\complement_U(C\cap B)$.

（7） $A\oplus B$.

（8） $P(A)\cup P(C)$.

14. 对于集合 A、B 和 C，如果 $A\oplus C=B\oplus C$，是否必定有 $A=B$？

15. 设集合 A、B 均为 U 的子集，判断下列结论的正确性.

（1） $A\subseteq B$ 当且仅当 $A\cup B=B$.

（2） $A\subseteq B$ 当且仅当 $A\cup B=A$.

（3） $A\subseteq B$ 当且仅当 $A\cap B=B$.

（4） $A\subseteq B$ 当且仅当 $A\cap B=A$.

（5） $A\subseteq B$ 当且仅当 $A\cup(B\setminus A)=B$.

（6） $A\subseteq B$ 当且仅当$(A\setminus B)\cap A=A$.

16. 对任意集合 A、B 和 C，证明下列各式.

（1） $((A\cup C)\setminus(B\cup C))\subseteq(A\setminus B)$.

（2） $(A\setminus(B\cup C))=((A\setminus B)\setminus C)$.

（3） $(A\setminus(B\cup C))=((A\setminus C)\setminus B)$.

（4） $((A\setminus C)\cap(B\cup C))=(A\cap B)\setminus C$.

17. 对任意集合 A、B 和 C，证明下列各式.

（1） $A\oplus A\oplus B=B$.

（2） $(A\setminus B)\oplus B=A\cup B$.

（3） $(A\oplus B)\cap C=(A\cap C)\oplus(B\cap C)$.

(4) $(A\oplus B)\setminus C=(A\setminus C)\oplus(B\setminus C)$.

(5) $A\cup B=A\oplus(B\oplus(A\cap B))$.

(6) $A\oplus(B\oplus C)=(A\oplus B)\oplus C$.

18. 画出下列集合的文氏图.

(1) $A\cap(\complement_U B)$.

(2) $(A\cap B)\cup(\complement_U C)$.

(3) $(A\cap B)\cup(A\cap C)$.

(4) $\complement_U(A\cup B)$.

(5) $(\complement_U A)\cap(\complement_U B)$.

(6) $\complement_U(C\cap B)$.

(7) $A\cap(B\cup\complement_U C)$.

(8) $A\oplus B\oplus C$.

19. 图 3-10 用文氏图描述了集合的运算，请用表达式表示图中阴影的部分（图中“U”表示全集）.

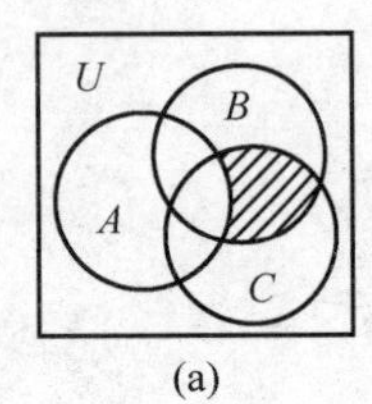

(a)

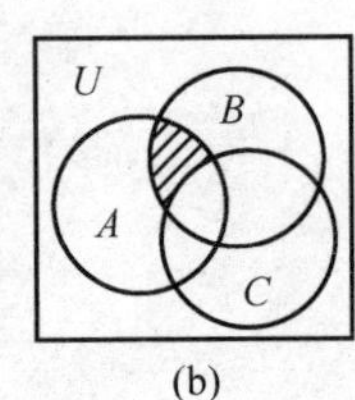

(b)

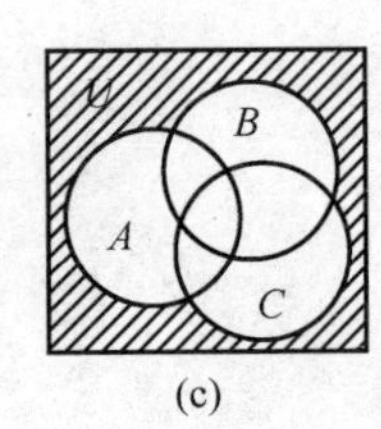

(c)

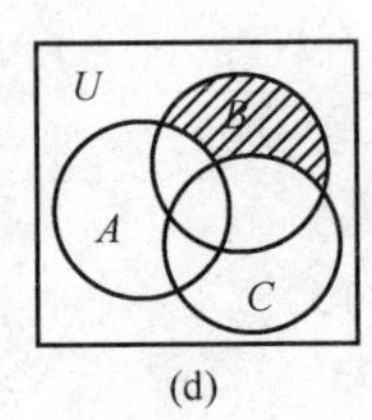

(d)

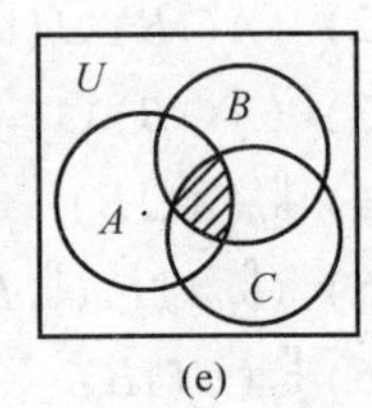

(e)

图 3-10 题 19 图

20. 计算机网络实验室的身份卡密码由 2 个英文字母后跟 2 个数字所组成，问可能存在多少种不同密码?

21. 在一次心理试验中，1 个人要将 1 个正方形、1 个圆、1 个三角形和 1 个五边形排成 1 行，问有多少种不同排法?

22. 不包含 4 个连续“1”的 6 位二进制字符串有多少个?

23. 有 3 个白球、2 个红球和 2 个黄球排成 1 列，若黄球不相邻，红球也不相邻，则有多少种不同排列法?

24. 某班有 25 个学生，其中 14 人会打篮球、12 人会打排球、6 人会打篮球和排球、5 人会打篮球和网球，还有 2 人会打这 3 种球，此外有 6 个人会打网球，并且这 6 个人都会打篮球或排球，求该班同学中不会打球的人数.

25. 在由 a、b、c 和 d 共 4 个字符构成的 n 位符号串中，求 a、b 和 c 至少出现 1 次的符号串的数目.

26. 求 1~1 000 之间不能被 5、6 和 8 中任一数整除的整数个数.

27. 对于集合 A、B 和 C，证明:

(1) $(A\cap B)\times C=(A\times C)\cap(B\times C)$;

(2) $(A\cup B)\times C=(A\times C)\cup(B\times C)$.

五、实验题

1. 求非空子集.

问题：给定一个集合 A，求 A 的所有非空子集.

输入：集合在一行表示，由一对大括号括起来，集合之间的元素用一个逗号隔开，之间没有任何空白字符.

输出：输出为2^n-1行，每行表示一个非空子集. 用一对大括号括起来.

2. 求两个集合的差 $A\backslash B$.

问题：$A\backslash B$ 求的是两个集合的差，就是作集合的减法运算（同一个集合中不会有相同的元素）.

输入：每组输入数据占一行，每行数据开始的两个整数 n 和 m，分别表示集合 A 和集合 B 的元素个数，然后紧跟着 $n+m$ 个元素，前面 n 个元素属于 A，其余的元素属于 B. 元素之间用一个空格隔开. 如果 $n=0$ 并且 $m=0$ 表示输入的结束，不作处理.

输出：针对每组数据输出一行数据，表示 $A\backslash B$ 的结束，如果结果为空集合，则输出 NULL，每个元素后面跟一个空格.

第 3 章习题答案

第4章 关 系

世界上存在着各种各样的关系，人与人之间有“同事”关系、“上下级”关系、“父子”关系，两个数之间有“大于”关系、“等于”关系及“小于”关系，两个变量之间有一定的“函数”关系，计算机内两电路之间有“连接”关系，程序之间有“调用”关系.

“关系”这个概念及其数学性质，在计算机科学中的许多方面，如数据结构、数据库、情报检索、算法分析等，都有很多应用，所以对关系进行深入的研究，对数学与计算机学科都有很大的用处.

本章主要介绍关系的定义、关系的表示方法、关系的运算关系的性质、关系的闭包、等价关系和集合的划分、相容关系与集合的覆盖以及关系在计算机中的表示方法等.

4.1 基本概念

4.1.1 关系的定义

在日常生活中我们都熟悉关系的含义，如父子关系、上下级关系、朋友关系等. 我们知道，序偶可以表达两个客体、三个客体或 n 个客体之间的联系，因此可以用序偶表达关系这个概念.

例如，机票与舱位之间有对号关系. 设 X 表示机票的集合，Y 表示舱位的集合，则对于任意的 $x \in X$ 和 $y \in Y$，必有 x 与 y 有对号关系和 x 与 y 没有对号关系两种情况的一种. 令 R 表示“对号”关系，则上述问题可以表达为 xRy 或 $x\overline{R}y$，亦可记为 $\langle x, y\rangle \in R$ 或 $\langle x, y\rangle \notin R$，因此，我们看到对号关系 R 是序偶的集合.

【定义 4-1】设 X、Y 是任意两个集合，则称笛卡尔积 $X\times Y$ 的任一子集为从 X 到 Y 的一个二元关系. 二元关系亦简称关系，记为 R，$R\subseteq X\times Y$.

X 到 Y 的二元关系 R 如图 4-1 所示.

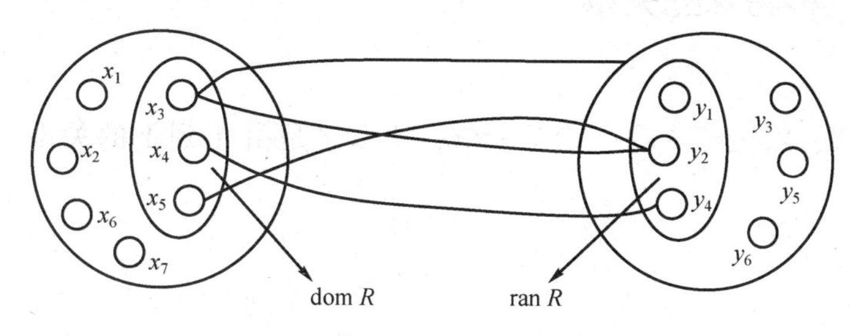

图 4-1 二元关系

集合 X 到 Y 的二元关系是第一坐标取自 X、第二坐标取自 Y 的序偶集合. 如果序偶 $\langle x,y\rangle \in R$，则说 x 与 y 有关系 R，记为 xRy；如果序偶 $\langle x,y\rangle \notin R$，则说 x 与 y 没有关系 R，记为 $x\overline{R}y$.

当 $X=Y$ 时，关系 R 是 $X\times X$ 的子集，这时称 R 为集合 X 上的二元关系.

例如，(1) 设 $A=\{a,b\}$，$B=\{2,5,8\}$，则

$$A\times B=\{\langle a,2\rangle,\langle a,5\rangle,\langle a,8\rangle,\langle b,2\rangle,\langle b,5\rangle,\langle b,8\rangle\}$$

令

$$R_1=\{\langle a,2\rangle,\langle a,8\rangle,\langle b,2\rangle\}$$
$$R_2=\{\langle a,5\rangle,\langle b,2\rangle,\langle b,5\rangle\}$$
$$R_3=\{\langle a,2\rangle\}$$

因为 $R_1\subseteq A\times B$、$R_2\subseteq A\times B$、$R_3\subseteq A\times B$，所以 R_1、R_2 和 R_3 均是由 A 到 B 的关系.

(2) $>=\{\langle x,y\rangle \mid x,y$ 是实数且 $x>y\}$ 是实数集上的大于关系.

【定义 4-2】 设 R 为 X 到 Y 的二元关系，由 $\langle x,y\rangle \in R$ 的所有 x 组成的集合称为 R 的定义域或前域（Domain），记作 dom R 或 $D(R)$，即

$$\text{dom } R=\{x \mid (\exists y)(\langle x,y\rangle \in R)\}$$

使 $\langle x,y\rangle \in R$ 的所有 y 组成的集合称为 R 的值域（Range），记作 ran R，即

$$\text{ran } R=\{y \mid (\exists x)(\langle x,y\rangle \in R)\}.$$

R 的定义域和值域一起称作 R 的域（Field），记作 FLD R，即

$$\text{FLD } R=\text{dom } R\cup \text{ran } R$$

显然，dom $R\subseteq X$，ran $R\subseteq Y$，FLD $R=$ dom $R\cup$ ran $R\subseteq X\cup Y$.

【例 4-1】 设 $A=\{1,3,7\}$，$B=\{1,2,6\}$，$H=\{\langle 1,2\rangle,\langle 1,6\rangle,\langle 7,2\rangle\}$，求 dom H，ran H 和 FLD H.

解：

dom $H=\{1,7\}$，ran $H=\{2,6\}$，FLD $H=\{1,2,6,7\}$.

【例 4-2】 设 $X=\{2,3,4,5\}$，求集合 X 上的关系"<"、dom<及 ran<.

解：

$<=\{\langle 2,3\rangle,\langle 2,4\rangle,\langle 2,5\rangle,\langle 3,4\rangle,\langle 3,5\rangle,\langle 4,5\rangle\}$

$\text{dom}<=\{2,3,4\}$

$\text{ran}<=\{3,4,5\}$

4.1.2 几种特殊的关系

1. 空关系

对任意集合 X、Y，$\varnothing\subseteq X\times Y$，$\varnothing\subseteq X\times X$，所以$\varnothing$是由 X 到 Y 的关系，也是 X 上的关系，称为空关系.

2. 全域关系

因为 $X\times Y\subseteq X\times Y$、$X\times X\subseteq X\times X$，所以 $X\times Y$ 是一个由 X 到 Y 的关系，称为由 X 到 Y 的全域关系. $X\times X$ 是 X 上的一个关系，称为 X 上的全域关系，通常记作 E_X，即

$$E_X=\{\langle x_i,x_j\rangle \mid x_i,x_j\in X\}.$$

【例 4-3】若 $H=\{f,m,s,d\}$ 表示家庭中父、母、子、女 4 个人的集合，确定 H 上的全域关系和空关系，另外再确定 H 上的一个关系，并指出该关系的定义域和值域.

解:

设 H 上同一家庭的成员的关系为 H_1，则

$$H_1=\{\langle f,f\rangle,\langle f,m\rangle,\langle f,s\rangle,\langle f,d\rangle,\langle m,f\rangle,\langle m,m\rangle,\langle m,s\rangle,\langle m,d\rangle,$$
$$\langle s,f\rangle,\langle s,m\rangle,\langle s,s\rangle,\langle s,d\rangle,\langle d,f\rangle,\langle d,m\rangle,\langle d,s\rangle,\langle d,d\rangle\}$$

设 H 上的互不相识的关系为 H_2，$H_2=\varnothing$，则 H_1 为全域关系，H_2 为空关系.

设 H 上的长幼关系为 H_3，则

$$H_3=\{\langle f,s\rangle,\langle f,d\rangle,\langle m,s\rangle,\langle m,d\rangle\}$$
$$\mathrm{dom}\ H_3=\{f,m\}$$
$$\mathrm{ran}\ H_3=\{s,d\}$$

3. 恒等关系

【定义 4-3】设 I_X 是 X 上的二元关系且满足 $I_X=\{\langle x,x\rangle \mid x\in X)\}$，则称 I_X 是 X 上的恒等关系.

例如，$A=\{1,2,3\}$，则 $I_A=\{\langle 1,1\rangle,\langle 2,2\rangle,\langle 3,3\rangle\}$.

因为关系是序偶的集合，所以可以进行集合的所有运算.

【定理 4-1】若 Q 和 S 是从集合 X 到集合 Y 的两个关系，则 Q、S 的并、交、补、差仍是 X 到 Y 的关系.

证明:

因为 $$Q\subseteq X\times Y,\ S\subseteq X\times Y$$

所以 $$Q\cup S\subseteq X\times Y,\ Q\cap S\subseteq X\times Y$$
$$\complement S=(X\times Y-S)\subseteq X\times Y$$
$$Q\backslash S=(Q\cap\complement S)\subseteq X\times Y$$

【例 4-4】若 $A=\{1,2,3,4\}$，$R_1=\{\langle x,y\rangle \mid (x-y)/2\in A,x,y\in A\}$，

$R_2=\{\langle x,y\rangle \mid (x-y)/3\in A,x,y\in A\}$，求 $R_1\cap R_2$，$R_1\cup R_2$，R_1-R_2 和$\complement R_1$.

解:

$$R_1=\{\langle 3,1\rangle,\langle 4,2\rangle\},R_2=\{\langle 4,1\rangle\}$$
$$R_1\cap R_2=\varnothing$$
$$R_1\cup R_2=\{\langle 3,1\rangle,\langle 4,2\rangle,\langle 4,1\rangle\}$$
$$R_1\backslash R_2=R_1$$

$$\complement R_1 = E_A \backslash R_1$$
$$= \{\langle 1,1\rangle,\langle 1,2\rangle,\langle 1,3\rangle,\langle 1,4\rangle,\langle 2,1\rangle,\langle 2,2\rangle,\langle 2,3\rangle,\langle 2,4\rangle,$$
$$\langle 3,2\rangle,\langle 3,3\rangle,\langle 3,4\rangle,\langle 4,1\rangle,\langle 4,3\rangle,\langle 4,4\rangle\}$$

4.1.3 关系的表示

1. 集合表示法

因为关系是序偶的集合，所以可用表示集合的列举法或描述法来表示关系. 例如，例4-1的关系 H 是用列举法表示的关系；而例4-4中的关系 R_1、R_2 是用描述法表示的关系.

有限集合间的二元关系 R 除了可以用序偶集合的形式表达以外，还可用矩阵和图形表示，以便引入线性代数和图论的知识来讨论.

2. 矩阵表示法

设给定两个有限集合 $X=\{x_1,x_2,\cdots,x_m\}$，$Y=\{y_1,y_2,\cdots,y_n\}$，则对应于从 X 到 Y 的二元关系 R 有一个关系矩阵 $\boldsymbol{M}_R=[r_{ij}]_{m\times n}$，其中

$$r_{ij}=\begin{cases}1, & \text{当}\langle x_i,y_j\rangle\in R\\0, & \text{当}\langle x_i,y_j\rangle\notin R\end{cases}\quad(i=1,2,\cdots,m;\ j=1,2,\cdots,n)$$

如果 R 是有限集合 X 上的二元关系或 X 和 Y 含有相同数量的有限个元素，则 $\boldsymbol{M}_R$ 是方阵.

【例4-5】若 $A=\{a_1,a_2,a_3,a_4,a_5\}$，$B=\{b_1,b_2,b_3\}$，$R=\{\langle a_1,b_1\rangle,\langle a_1,b_3\rangle,\langle a_2,b_2\rangle$ $\langle a_2,b_3\rangle,\langle a_3,b_1\rangle,\langle a_4,b_2\rangle,\langle a_5,b_2\rangle\}$，写出关系矩阵 $\boldsymbol{M}_R$.

解：

$$\boldsymbol{M}_R=\begin{bmatrix}1&0&1\\0&1&1\\1&0&0\\0&1&0\\0&1&0\end{bmatrix}_{5\times 3}$$

【例4-6】设 $X=\{1,2,3,4\}$，写出集合 X 上的大于关系“>”的关系矩阵.

解：

$$>=\{\langle 2,1\rangle,\langle 3,1\rangle,\langle 3,2\rangle,\langle 4,1\rangle,\langle 4,2\rangle,\langle 4,3\rangle\}$$

$$\boldsymbol{M}_>=\begin{bmatrix}0&0&0&0\\1&0&0&0\\1&1&0&0\\1&1&1&0\end{bmatrix}$$

3. 关系图表示法

有限集合的二元关系也可用图形来表示. 设集合 $X=\{x_1,x_2,\cdots,x_m\}$ 到 $Y=\{y_1,y_2,\cdots,y_n\}$ 上的一个二元关系为 R，首先我们在平面上作 m 个节点，分别记作 $x_1,x_2,\cdots,x_m$；另外，作 n 个节点，分别记作 $y_1,y_2,\cdots,y_n$. 如果 x_iRy_j，则从节点 x_i 至节点 y_j 作一有向弧，其箭头指向 y_j，如果 $x_i\overline{R}y_j$，则 x_i、y_j 之间没有线段连接. 用这种方法连接起来的图称为 R 的关系图.

【例4-7】画出例4-5中 R 的关系图.

解:

例 4-5 的关系图如图 4-2 所示.

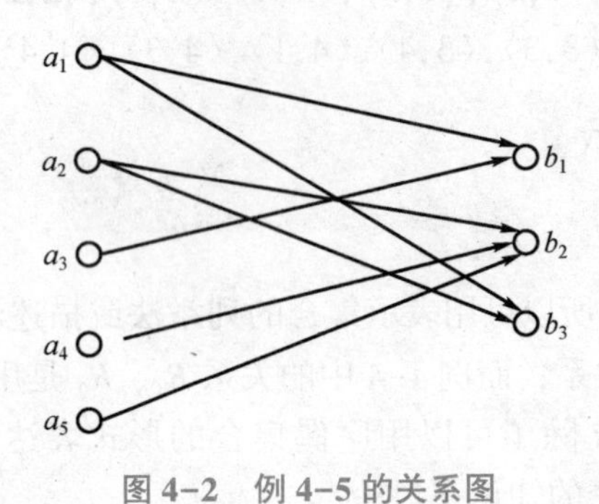

图 4-2 例 4-5 的关系图

【例 4-8】设 $A=\{1,2,3,4,5\}$，$R=\{\langle 1,2\rangle,\langle 1,5\rangle,\langle 2,2\rangle\langle 3,2\rangle,\langle 3,1\rangle,\langle 4,3\rangle\}$，画出 R 的关系图.

解:

因为 R 是 A 上的关系，故只需画出 A 中的每个元素即可. 如果 a_iRa_j，就画一条由 a_i 到 a_j 的有向弧. 若 $a_i=a_j$，则画出的是一条自回路. 本题的关系图如图 4-3 所示.

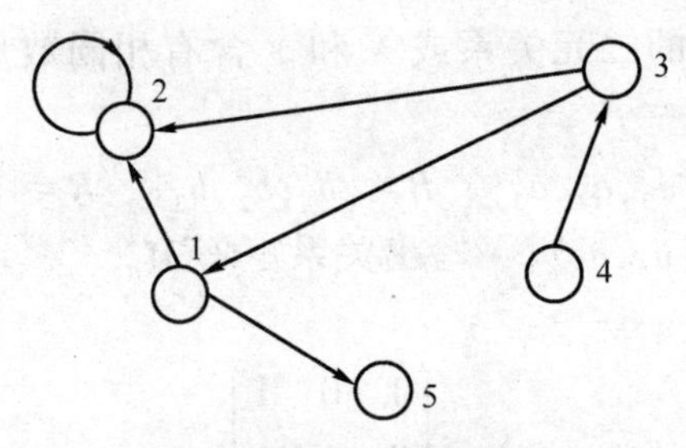

图 4-3 例 4-8 的关系图

关系图主要表达节点与节点之间的邻接关系，故关系图与节点位置和线段的长短无关.

从 X 到 Y 的关系 R 是 $X\times Y$ 的子集，即 $R\subseteq X\times Y$，而 $X\times Y\subseteq(X\cup Y)\times(X\cup Y)$，所以，$R\subseteq(X\cup Y)\times(X\cup Y)$. 令 $Z=X\cup Y$，则 $R\subseteq Z\times Z$. 因此，我们今后通常限于讨论同一集合上的关系.

4.2 关系的性质及其判定方法

4.2.1 关系的性质

【定义 4-4】设 R 是定义在集合 X 上的二元关系.

(1) 如果对于每一个 $x\in X$，都有 xRx，则称 R 是自反的，即

$$R\text{ 在 }X\text{ 上自反}\Leftrightarrow(\forall x)(x\in X\rightarrow xRx)$$

(2) 如果对于每一个 $x\in X$，都有 $x\overline{R}x$，则称 R 是反自反的，即

$$R\text{ 在 }X\text{ 上反自反}\Leftrightarrow(\forall x)(x\in X\rightarrow x\overline{R}x)$$

(3) 如果对于任意 x、$y\in X$，若 xRy，就有 yRx，则称 R 是对称的，即

$$R\text{ 在 }X\text{ 上对称}\Leftrightarrow(\forall x)(\forall y)((x\in X)\wedge(y\in X)\wedge(xRy)\rightarrow(yRx))$$

(4) 如果对于任意 x、$y\in X$，若 xRy、yRx，必有 $x=y$，则称 R 在 X 上是反对称的，即

$$R\text{ 在 }X\text{ 上反对称}\Leftrightarrow(\forall x)(\forall y)((x\in X)\wedge(y\in X)\wedge(xRy)\wedge(yRx)\rightarrow(x=y))$$

(5) 如果对于任意 x、y、$z\in X$，若 xRy、yRz，就有 xRz，则称 R 在 X 上是传递的，即

$$R\text{ 在 }X\text{ 上传递}\Leftrightarrow(\forall x)(\forall y)(\forall z)((x\in X)\wedge(y\in X)\wedge(z\in X)\wedge(xRy)\wedge(yRz)\rightarrow(xRz))$$

例如，设 $A=\{1,2,3\}$，则集合 A 上的关系：

$R_1=\{\langle 1,1\rangle,\langle 2,2\rangle,\langle 2,1\rangle,\langle 3,3\rangle\}$是自反而不是反自反的关系；

$R_2=\{\langle 1,2\rangle,\langle 1,3\rangle,\langle 2,1\rangle,\langle 2,3\rangle\}$是反自反而不是自反的关系；

$R_3=\{\langle 1,1\rangle,\langle 1,3\rangle,\langle 2,1\rangle,\langle 2,3\rangle\}$是既不是自反也不是反自反的关系；

$R_4=\{\langle 1,1\rangle,\langle 1,3\rangle,\langle 3,1\rangle,\langle 2,3\rangle,\langle 3,2\rangle\}$是对称的而不是反对称的关系；

$R_5=\{\langle 1,1\rangle,\langle 1,3\rangle,\langle 2,1\rangle,\langle 2,3\rangle\}$是反对称的而不是对称的关系；

$R_6=\{\langle 1,1\rangle,\langle 2,2\rangle,\langle 3,3\rangle\}$是既对称也反对称的关系；

$R_7=\{\langle 1,2\rangle,\langle 2,3\rangle,\langle 3,2\rangle\}$是既不对称也不反对称关系.

$R_8=\{\langle 1,1\rangle,\langle 1,2\rangle,\langle 2,1\rangle,\langle 2,2\rangle\}$，$R_9=\{\langle 1,2\rangle,\langle 3,2\rangle\}$是可传递的关系；

$R_{10}=\{\langle 1,2\rangle,\langle 2,3\rangle,\langle 1,3\rangle,\langle 2,1\rangle\}$是不可传递的关系，因为$\langle 1,2\rangle\in R_{10}$，$\langle 2,1\rangle\in R_{10}$，但$\langle 1,1\rangle\notin R_{10}$.

由定义 4-4 及上文可知：

(1) 对任意一个关系 R，若 R 自反则它一定不反自反，若 R 反自反则它也一定不自反；若 R 不自反，则它未必反自反，若 R 不反自反，则它也未必自反；

(2) 存在着既对称也反对称的关系.

图 4-4 表明了自反与反自反、对称与反对称之间的关系.

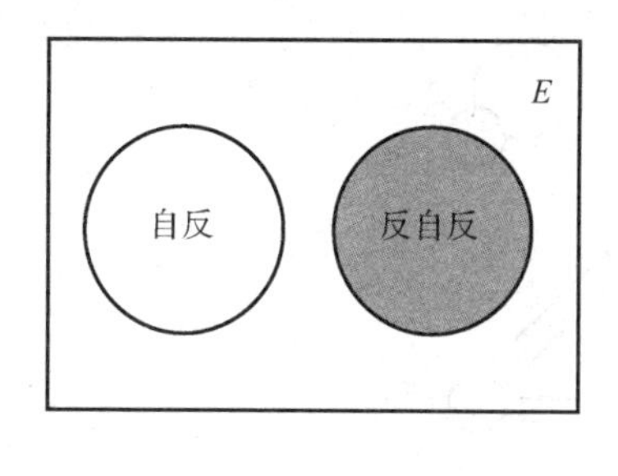

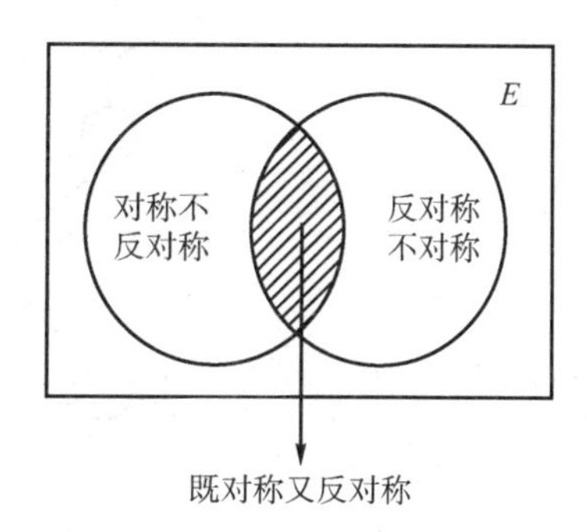

图 4-4 自反与反自反、对称与反对称之间的关系

(1) 集合之间的“⊆”关系是自反、反对称和可传递的. 因为：

① 对于任意集合 A，均有 $A\subseteq A$ 成立，所以“⊆”是自反的；

② 对于任意集合 A、B，若 $A\subseteq B$ 且 $B\subseteq A$，则 $A=B$，所以“⊆”是反对称的；

③ 对于任意集合 A、B、C，若 $A\subseteq B$ 且 $B\subseteq C$，则 $A\subseteq C$，所以“⊆”是可传递的.

(2) 平面上三角形集合中的“相似”关系是自反的、对称的和可传递的. 因为：任意一个三角形都与自身相似；若三角形 A 相似于三角形 B，则三角形 B 必相似于三角形 A；若三角形 A 相似于三角形 B，且三角形 B 相似于三角形 C，则三角形 A 必相似于三角形 C.

(3) 人类的祖先关系是反自反、反对称和可传递的.

(4) 实数集上的“>”关系是反自反、反对称和可传递的.

(5) 实数集上的“≤”关系是自反、反对称和可传递的.

(6) 实数集上的“=”关系是自反、对称、反对称和可传递的.

(7) 人群中的“父子”关系是反自反和反对称的.

(8) 正整数集上的“整除”关系是自反、反对称和可传递的.

(9) ∅是反自反、对称、反对称和可传递的.

(10) 任意非空集合上的全关系是自反、对称和可传递的.

【例 4-9】 设整数集 $\mathbf{Z}$ 上的二元关系 R 定义如下:

$$R=\{\langle x,y\rangle \mid x,y\in\mathbf{Z},(x-y)/2\text{是整数}\}$$

验证 R 在 $\mathbf{Z}$ 上是自反和对称的.

证明:

$\forall x\in\mathbf{Z}$, $(x-x)/2=0$, 即$\langle x,x\rangle\in R$, 故 R 是自反的.

又设$\forall x$, $y\in\mathbf{Z}$, 如果 xRy, 即$(x-y)/2$ 是整数, 则$(y-x)/2$ 也必是整数, 即 yRx, 因此 R 是对称的.

4.2.2 关系性质的判定

【例 4-10】 集合 $A=\{1,2,3,4\}$, A 上的关系 R 的关系矩阵为

$$\boldsymbol{M}_R=\begin{bmatrix}1&0&1&0\\0&1&0&0\\1&0&1&1\\0&0&1&1\end{bmatrix}$$

R 的关系图如图 4-5 所示, 试讨论 R 的性质.

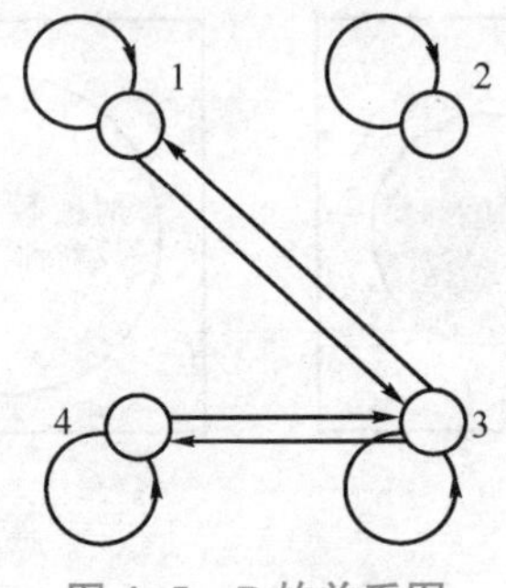

图 4-5 R 的关系图

解:

从 R 的关系矩阵和关系图容易看出, R 是自反、对称的.

一般地, 我们有以下结论.

(1) 若关系 R 是自反的, 当且仅当其关系矩阵的主对角线上的所有元素都是 1; 其关系图上每个节点都有自环.

(2) 若关系 R 是对称的, 当且仅当其关系矩阵是对称矩阵; 其关系图上任意两个节点间若有定向弧, 必是成对出现的.

(3) 若关系 R 是反自反的, 当且仅当其关系矩阵的主对角线上的元素皆为 0; 关系图上每个节点都没有自环.

(4) 若关系 R 是反对称的，当且仅当其关系矩阵中关于主对角线对称的元素不能同时为1；其关系图上任意两个不同节点间至多出现一条定向弧.

(5) 若关系 R 是可传递的，当且仅当其关系矩阵满足：对 $\forall i, j, k, i \neq j, j \neq k$，有 $r_{ij} = 1$.

(6) 若 $r_{jk} = 1$，则 $r_{ik} = 1$；其关系图满足：对 $\forall i, j, k, i \neq j, j \neq k$，若有弧由 a_i 指向 a_j，且又有弧由 a_j 指向 a_k，则必有一条弧由 a_i 指向 a_k.

【例 4-11】 图 4-6 是由关系图所表示的 $A = \{a, b, c\}$ 上的 5 个二元关系，请判断它们的性质.

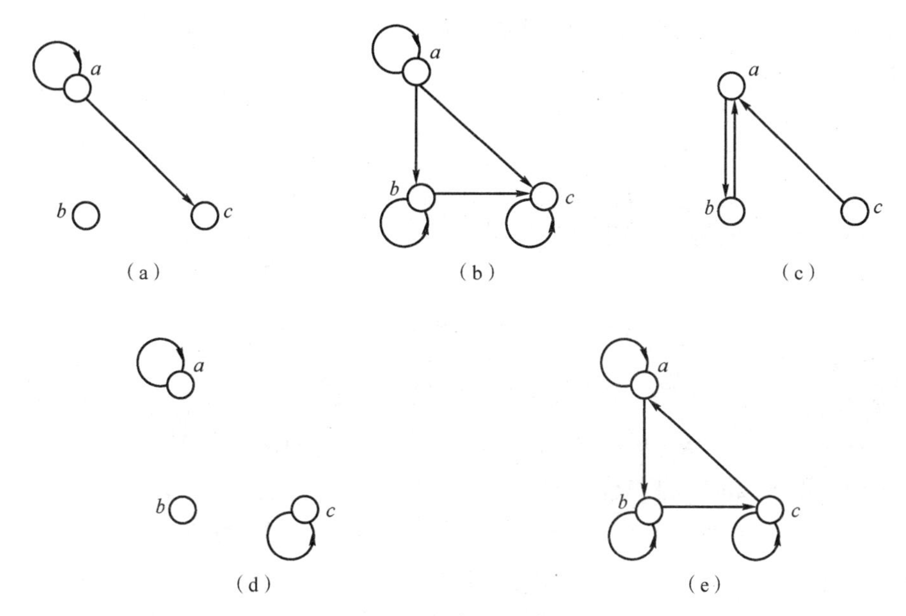

图 4-6　5 个二元关系

解：

(a) 是反对称、可传递但不是对称的关系，而且是既不自反也不反自反的关系；

(b) 是自反、可传递、反对称的关系，但不是对称也不是反自反的关系；

(c) 是反自反，但不是对称、反对称、自反和可传递的关系；

(d) 是既对称也反对称的关系，不是自反、反自反和可传递的关系；

(e) 是自反、反对称的关系，但不是可传递、对称和反自反的关系.

4.3　复合关系和逆关系

4.3.1　复合关系

1. 定义

【定义 4-5】 设 R 是从 X 到 Y 的关系，S 是从 Y 到 Z 的关系，则称 $R \circ S$ 为 R 和 S 的复合关系，表示为

$$R \circ S=\{\langle x,z\rangle \mid x\in X \wedge z\in Z \wedge (\exists y)(y\in Y \wedge xRy \wedge ySz)\}$$

从 R 和 S 求 $R\circ S$，称为关系的复合运算.

复合运算是关系的二元运算，它能够由两个关系生成一个新的关系，以此类推. 例如，R 是从 X 到 Y 的关系，S 是从 Y 到 Z 的关系，P 是从 Z 到 W 的关系，则 $(R\circ S)\circ P$ 是从 X 到 W 的关系.

【例 4-12】 设 R 是由 $A=\{1,2,3,4,\}$ 到 $B=\{2,3,4\}$ 的关系，S 是由 B 到 $C=\{3,5,6\}$ 的关系，分别定义为

$$R=\{\langle a,b\rangle \mid a+b=6\}=\{\langle 2,4\rangle,\langle 3,3\rangle,\langle 4,2\rangle\}$$

$$S=\{\langle b,c\rangle \mid b\text{ 整除 }c\}=\{\langle 2,6\rangle,\langle 3,3\rangle,\langle 3,6\rangle\}$$

求 $R\circ S$.

解：

复合关系为

$$R\circ S=\{\langle 3,3\rangle,\langle 3,6\rangle,\langle 4,6\rangle\}$$

【例 4-13】 设 A 是所有人的集合，且

$$R_1=\{\langle a,b\rangle \mid a,b\in A, a\text{ 是 }b\text{ 的兄弟}\}$$

$$R_2=\{\langle b,c\rangle \mid b,c\in A, b\text{ 是 }c\text{ 的父亲}\}$$

求 $R_1\circ R_2$.

解：

$$R_1\circ R_2=\{\langle a,c\rangle \mid a,c\in A, a\text{ 是 }c\text{ 的叔伯}\}$$

【例 4-14】 设 R_1 和 R_2 是集合 $A=\{0,1,2,3\}$ 上的关系，且

$$R_1=\{\langle i,j\rangle \mid j=i+1\text{ 或 }j=i/2\}, R_2=\{\langle i,j\rangle \mid i=j+2\}$$

求 $R_1\circ R_2$、$R_2\circ R_1$、$(R_1\circ R_2)\circ R_1$ 和 $(R_1\circ R_1)\circ R_1$.

解：

$$R_1=\{\langle 0,1\rangle,\langle 1,2\rangle,\langle 2,3\rangle,\langle 0,0\rangle,\langle 2,1\rangle\}$$

$$R_2=\{\langle 2,0\rangle,\langle 3,1\rangle\}$$

$$R_1\circ R_2=\{\langle 1,0\rangle,\langle 2,1\rangle\}$$

$$R_2\circ R_1=\{\langle 2,1\rangle,\langle 2,0\rangle,\langle 3,2\rangle\}$$

$$(R_1\circ R_2)\circ R_1=\{\langle 1,1\rangle,\langle 1,0\rangle,\langle 2,2\rangle\}$$

$$R_1\circ R_1=\{\langle 0,2\rangle,\langle 0,1\rangle,\langle 1,3\rangle,\langle 1,1\rangle,\langle 0,0\rangle,\langle 2,2\rangle\}$$

$$(R_1\circ R_1)\circ R_1=\{\langle 0,3\rangle,\langle 0,1\rangle,\langle 0,2\rangle,\langle 1,2\rangle,\langle 0,0\rangle,\langle 2,3\rangle,\langle 2,1\rangle\}$$

2. 复合运算的性质

【定理 4-2】 设 R 是由集合 X 到 Y 的关系，则 $I_X\circ R=R\circ I_Y=R$.

【定理 4-3】 设 R 是从 X 到 Y 的关系，S 是从 Y 到 Z 的关系，则有：

(1) $\mathrm{dom}(R\circ S)\subseteq \mathrm{dom}\, R$；

(2) $\mathrm{ran}(R\circ S)\subseteq \mathrm{ran}\, S$；

(3) 若 $\mathrm{ran}\, R\cap \mathrm{dom}\, S=\varnothing$，则 $R\circ S=\varnothing$.

证明：

(1) 和 (2) 是显然的，下面我们证明 (3)，用反证法.

假设 $R\circ S\neq\varnothing$，则必存在 $x\in X$，$z\in Z$，使 $\langle x,z\rangle\in R\circ S$，从而 $\exists y\in Y$，使 $\langle x,y\rangle\in R$，$\langle y,$

$z\rangle \in S$，故 $y\in \mathrm{ran}\ R$ 且 $y\in \mathrm{dom}\ S$，所以 $y\in \mathrm{ran}\ R\cap \mathrm{dom}\ S$，这就与 $\mathrm{ran}\ R\cap \mathrm{dom}\ S=\varnothing$ 矛盾，因此，$R\circ S=\varnothing$.

【定理 4-4】 (1) 设 R_1、R_2 和 R_3 分别是从 X 到 Y、Y 到 Z 和 Z 到 W 的关系，则

$$(R_1\circ R_2)\circ R_3=R_1\circ(R_2\circ R_3)$$

即关系的复合运算满足结合律.

(2) 设 R_1 和 R_2 都是从 X 到 Y 的关系，S 是从 Y 到 Z 的关系，则

$$(R_1\cup R_2)\circ S=(R_1\circ S)\cup(R_2\circ S)$$
$$(R_1\cap R_2)\circ S\subseteq(R_1\circ S)\cap(R_2\circ S)$$

(3) 设 S 是从 X 到 Y 的关系，R_1 和 R_2 都是从 Y 到 Z 的关系，则

$$S\circ(R_1\cup R_2)=(S\circ R_1)\cup(S\circ R_2)$$
$$S\circ(R_1\cap R_2)\subseteq(S\circ R_1)\cap(S\circ R_2)$$

证明：

以下只证明 (2)，其他证明类似.

① $\forall\langle x,z\rangle\in(R_1\cup R_2)\circ S$

$\Leftrightarrow(\exists y)(y\in Y\wedge\langle x,y\rangle\in R_1\cup R_2\wedge\langle y,z\rangle\in S)$

$\Leftrightarrow(\exists y)(y\in Y\wedge(\langle x,y\rangle\in R_1\vee\langle x,y\rangle\in R_2)\wedge\langle y,z\rangle\in S)$

$\Leftrightarrow(\exists y)(y\in Y\wedge\langle x,y\rangle\in R_1\wedge\langle y,z\rangle\in S)\vee(\exists y)(y\in Y\wedge\langle x,y\rangle\in R_2)\wedge\langle y,z\rangle\in S)$

$\Leftrightarrow\langle x,z\rangle\in R_1\circ S\vee\langle x,z\rangle\in R_2\circ S$

$\Leftrightarrow\langle x,z\rangle\in(R_1\circ S)\cup(R_2\circ S)$

所以 $(R_1\cup R_2)\circ S=(R_1\circ S)\cup(R_2\circ S)$

② $\forall\langle x,z\rangle\in(R_1\cap R_2)\circ S$

$\Leftrightarrow(\exists y)(y\in Y\wedge\langle x,y\rangle\in R_1\cap R_2\wedge\langle y,z\rangle\in S)$

$\Leftrightarrow(\exists y)(y\in Y\wedge\langle x,y\rangle\in R_1\wedge\langle x,y\rangle\in R_2\wedge\langle y,z\rangle\in S)$

$\Rightarrow\langle x,z\rangle\in R_1\circ S\wedge\langle x,z\rangle\in R_2\circ S$

$\Leftrightarrow\langle x,z\rangle\in(R_1\circ S)\cap(R_2\circ S)$

所以 $(R_1\cap R_2)\circ S\subseteq(R_1\circ S)\cap(R_2\circ S)$.

注意： 一般来说，$(R_1\cap R_2)\circ S\neq(R_1\circ S)\cap(R_2\circ S)$；关系的复合运算不满足交换律.

例如，(1) 设 $A=\{a,b,c\}$，$B=\{x,y,z\}$，R_1 和 R_2 都是从 A 到 B 的关系，S 是从 B 到 A 的关系，$R_1=\{\langle a,x\rangle,\langle a,y\rangle\}$，$R_2=\{\langle a,x\rangle,\langle a,z\rangle\}$，$S=\{\langle x,b\rangle,\langle y,c\rangle,\langle z,c\rangle\}$，则

$$(R_1\cap R_2)\circ S=\{\langle a,b\rangle\},(R_1\circ S)\cap(R_2\circ S)=\{\langle a,b\rangle,\langle a,c\rangle\}$$

可见，$(R_1\cap R_2)\circ S\subseteq(R_1\circ S)\cap(R_2\circ S)$，但 $(R_1\cap R_2)\circ S\neq(R_1\circ S)\cap(R_2\circ S)$.

(2) 设 $A=\{a,b,c\}$，R_1 和 R_2 都是集合 A 上的关系，$R_1=\{\langle a,b\rangle\}$，$R_2=\{\langle b,a\rangle\}$，则 $R_1\circ R_2=\{\langle a,a\rangle\}$，而 $R_2\circ R_1=\{\langle b,b\rangle\}$，所以 $R_1\circ R_2\neq R_2\circ R_1$.

由于关系的复合运算满足结合律，所以 $(R_1\circ R_2)\circ R_3=R_1\circ(R_2\circ R_3)$ 可以写成 $R_1\circ R_2\circ R_3$. 一般地，若 R_1 是一由 A_1 到 A_2 的关系，R_2 是一由 A_2 到 A_3 的关系，……，R_n 是一由 A_n 到 A_{n+1} 的关系，则不加括号的表达式 $R_1\circ R_2\circ\cdots\circ R_n$ 唯一地表示一由 A_1 到 A_{n+1} 的关系，在计算这一关系时，可以运用结合律将其中任意两个相邻的关系先结合.

特别地，当 $A_1=A_2=\cdots=A_{n+1}=A$，$R_1=R_2=\cdots=R_n=R$，即 R 是集合 A 上的关系时，复合关系 $R_1\circ R_2\circ\cdots\circ R_n=\underbrace{R\circ R\circ\cdots\circ R}_{n}$ 简记作 R^n，它也是集 A 上的一个关系.

4.3.2 矩阵表示及图形表示

因为关系可用矩阵表示，所以复合关系也可用矩阵表示.

已知从集合 $X=\{x_1,x_2,\cdots,x_m\}$ 到集合 $Y=\{y_1,y_2,\cdots,y_n\}$ 上的关系为 R，关系矩阵 $\boldsymbol{M}_R=[u_{ij}]_{m\times n}$，从集合 $Y=\{y_1,y_2,\cdots,y_n\}$ 到集合 $Z=\{z_1,z_2,\cdots,z_p\}$ 的关系为 S，关系矩阵 $\boldsymbol{M}_S=[v_{ij}]_{n\times p}$，表示复合关系 $R\circ S$ 的矩阵 $\boldsymbol{M}_{R\circ S}$ 可构造如下.

若 $\exists y_j\in Y$，使得 $\langle x_i,y_j\rangle\in R$ 且 $\langle y_j,z_k\rangle\in S$，则 $\langle x_i,z_k\rangle\in R\circ S$. 在集合 Y 中能够满足这样条件的元素可能不止 y_j 一个，如另有 $y_{j'}$ 也满足 $\langle x_i,y_{j'}\rangle\in R$ 且 $\langle y_{j'},z_k\rangle\in S$. 在所有这样的情况下，$\langle x_i,z_k\rangle\in R\circ S$ 都是成立的. 这样，当我们扫描 $\boldsymbol{M}_R$ 的第 i 行和 $\boldsymbol{M}_S$ 的第 k 列时，若发现至少有一个这样的 j，使得第 i 行的第 j 个位置上的记入值和第 k 列的第 j 个位置上的记入值都是 1 时，则 $\boldsymbol{M}_{R\circ S}$ 的第 i 行和第 k 列上的记入值为 1；否则为 0. 因此，$\boldsymbol{M}_{R\circ S}$ 可以用类似于矩阵乘法的方法得到：

$$\boldsymbol{M}_{R\circ S}=\boldsymbol{M}_R\circ\boldsymbol{M}_S=[w_{ik}]_{m\times p}$$

$$w_{ik}=\bigvee_{j=1}^{n}(u_{ij}\wedge v_{jk})$$

式中，$\vee$ 代表逻辑加，满足 $0\vee0=0$，$0\vee1=1$，$1\vee0=1$，$1\vee1=1$；$\wedge$ 代表逻辑乘，满足 $0\wedge0=0$，$0\wedge1=0$，$1\wedge0=0$，$1\wedge1=1$.

【例 4-15】给定集合 $A=\{1,2,3,4,5\}$，在集合 A 上定义两种关系：$R=\{\langle1,2\rangle,\langle3,4\rangle,\langle2,2\rangle\}$，$S=\{\langle4,2\rangle,\langle2,5\rangle,\langle3,1\rangle,\langle1,3\rangle\}$，求 $R\circ S$ 和 $S\circ R$ 的矩阵.

解：

$$\boldsymbol{M}_{R\circ S}=\begin{bmatrix}0&1&0&0&0\\0&1&0&0&0\\0&0&0&1&0\\0&0&0&0&0\\0&0&0&0&0\end{bmatrix}\circ\begin{bmatrix}0&0&1&0&0\\0&0&0&0&1\\1&0&0&0&0\\0&1&0&0&0\\0&0&0&0&0\end{bmatrix}=\begin{bmatrix}0&0&0&0&1\\0&0&0&0&1\\0&1&0&0&0\\0&0&0&0&0\\0&0&0&0&0\end{bmatrix}$$

$$\boldsymbol{M}_{S\circ R}=\begin{bmatrix}0&0&1&0&0\\0&0&0&0&1\\1&0&0&0&0\\0&1&0&0&0\\0&0&0&0&0\end{bmatrix}\circ\begin{bmatrix}0&1&0&0&0\\0&1&0&0&0\\0&0&0&1&0\\0&0&0&0&0\\0&0&0&0&0\end{bmatrix}=\begin{bmatrix}0&0&0&1&0\\0&0&0&0&0\\0&1&0&0&0\\0&1&0&0&0\\0&0&0&0&0\end{bmatrix}$$

因为关系可用图形表示，所以复合关系也可用图形表示，如例 4-12 中的两个关系 R 与 S 的复合 $R\circ S$ 很容易通过图 4-7 得到.

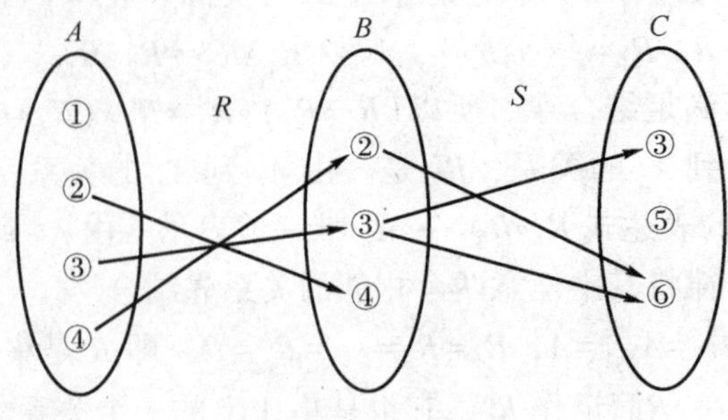

图 4-7　$R\circ S$ 示意图

由该图立即可得 $R\circ S=\{\langle 3,3\rangle,\langle 3,6\rangle,\langle 4,6\rangle\}$.

4.3.3 逆关系

关系是序偶的集合，由于序偶的有序性，关系还有一些特殊的运算.

【定义 4-6】设 R 是从 X 到 Y 的二元关系，若将 R 中每一序偶的元素顺序互换，得到的集合称为 R 的逆关系，记为 R^{-1}. 即

$$R^{-1}=\{\langle y,x\rangle \mid \langle x,y\rangle\in R\}$$

例如，在实数集上，关系“$<$”的逆关系是“$>$”.

从逆关系的定义，我们容易看出 $(R^{-1})^{-1}=R$.

【定理 4-5】设 R、R_1 和 R_2 都是从 X 到 Y 的二元关系，则下列各式成立：

(1) $(R_1\cup R_2)^{-1}=R_1^{-1}\cup R_2^{-1}$；

(2) $(R_1\cap R_2)^{-1}=R_1^{-1}\cap R_2^{-1}$；

(3) $(X\times Y)^{-1}=Y\times X$；

(4) $(\complement R)^{-1}=\complement R^{-1}$（这里 $\complement R=(X\times Y)\setminus R$）；

(5) $(R_1\setminus R_2)^{-1}=R_1^{-1}-R_2^{-1}$.

证明：

(1) $$\begin{aligned}\langle x,y\rangle\in(R_1\cup R_2)^{-1}&\Leftrightarrow\langle y,x\rangle\in R_1\cup R_2\\&\Leftrightarrow\langle y,x\rangle\in R_1\vee\langle y,x\rangle\in R_2\\&\Leftrightarrow\langle x,y\rangle\in R_1^{-1}\vee\langle x,y\rangle\in R_2^{-1}\\&\Leftrightarrow\langle x,y\rangle\in R_1^{-1}\cup R_2^{-1}\end{aligned}$$

(4) $$\begin{aligned}\langle x,y\rangle\in(\complement R)^{-1}&\Leftrightarrow\langle y,x\rangle\in\complement R\Leftrightarrow\langle y,x\rangle\notin R\\&\Leftrightarrow\langle x,y\rangle\notin R^{-1}\Leftrightarrow\langle x,y\rangle\in\complement R^{-1}\end{aligned}$$

(5) 因为 $R_1-R_2=R_1\cap\complement R_2$，所以

$$(R_1-R_2)^{-1}=(R_1\cap\complement R_2)^{-1}=R_1^{-1}\cap(\complement R_2)^{-1}=R_1^{-1}\cap\complement R_2^{-1}=R_1^{-1}-R_2^{-1}$$

其他关系请读者自证.

【定理 4-6】设 R 为从 X 到 Y 的关系，S 是从 Y 到 Z 的关系，则有：

(1) $(R\circ S)^{-1}=S^{-1}\circ R^{-1}$；

(2) $R_1\subseteq R_2\Leftrightarrow R_1^{-1}\subseteq R_2^{-1}$.

证明：

(1) $$\begin{aligned}\langle z,x\rangle\in(R\circ S)^{-1}&\Leftrightarrow\langle x,z\rangle\in R\circ S\\&\Leftrightarrow(\exists y)(y\in Y\wedge\langle x,y\rangle\in R\wedge\langle y,z\rangle\in S)\\&\Leftrightarrow(\exists y)(y\in Y\wedge\langle y,x\rangle\in R^{-1}\wedge\langle z,y\rangle\in S^{-1})\\&\Leftrightarrow\langle z,x\rangle\in S^{-1}\circ R^{-1}\end{aligned}$$

所以 $$(R\circ S)^{-1}=S^{-1}\circ R^{-1}$$

(2) 自证.

【定理 4-7】设 R 是 X 上的二元关系，则有：

(1) R 是对称的，当且仅当 $R=R^{-1}$；

(2) R 是反对称的，当且仅当 $R\cap R^{-1}\subseteq I_X$；

(3) R 是传递的，当且仅当 $R^2\subseteq R$；

(4) R 是自反的，当且仅当 $I_X \subseteq R$；

(5) R 是反自反的，当且仅当 $I_X \cap R=\varnothing$.

证明：

(1) 若 R 是对称的，则对 $\forall x, y \in X$，有

$$\langle x,y\rangle \in R \Leftrightarrow \langle y,x\rangle \in R \Leftrightarrow \langle x,y\rangle \in R^{-1}$$

所以 $R=R^{-1}$.

若 $R=R^{-1}$，则对 $\forall x, y \in X$，有

$$\langle x,y\rangle \in R \Leftrightarrow \langle y,x\rangle \in R^{-1} \Leftrightarrow \langle y,x\rangle \in R$$

所以 R 是对称的.

(3) 若 $R^2 \subseteq R$，则对 $\forall x, y, z \in X$，有

$$\langle x,y\rangle \in R \wedge \langle y,z\rangle \in R \Leftrightarrow \langle x,z\rangle \in R^2 \Rightarrow \langle x,z\rangle \in R$$

所以 R 是传递的.

若 R 是传递的，则

$$\forall \langle x,z\rangle \in R^2 \Leftrightarrow (\exists y)(y \in X \wedge \langle x,y\rangle \in R \wedge \langle y,z\rangle \in R) \Rightarrow \langle x,z\rangle \in R$$

所以 $R^2 \subseteq R$.

其他关系请读者自证.

关系 R^{-1} 的图形，是关系 R 图形中将其弧的箭头方向反置. R^{-1} 的关系矩阵 $\boldsymbol{M}_{R^{-1}}$ 是 $\boldsymbol{M}_R$ 的转置矩阵.

【例 4-16】 $R=\{\langle 1,a\rangle,\langle 2,b\rangle,\langle 3,a\rangle\}$ 是 $A=\{1,2,3\}$ 到 $B=\{a,b,c\}$ 的二元关系，S 是 B 到 $C=\{x,y,z\}$ 的二元关系，且 $S=\{\langle a,x\rangle,\langle b,x\rangle,\langle a,y\rangle\}$，求 $R\circ S$ 和 R^{-1}.

解：

$R\circ S=\{\langle 1,x\rangle,\langle 1,y\rangle,\langle 2,x\rangle,\langle 3,x\rangle,\langle 3,y\rangle\}$

$R^{-1}=\{\langle a,1\rangle,\langle b,2\rangle,\langle a,3\rangle\}$

或由

$$\boldsymbol{M}_R=\begin{bmatrix}1&0&0\\0&1&0\\1&0&0\end{bmatrix},\boldsymbol{M}_S=\begin{bmatrix}1&1&0\\1&0&0\\0&0&0\end{bmatrix}$$

得

$$\boldsymbol{M}_{R\circ S}=\begin{bmatrix}1&0&0\\0&1&0\\1&0&0\end{bmatrix}\circ\begin{bmatrix}1&1&0\\1&0&0\\0&0&0\end{bmatrix}=\begin{bmatrix}1&1&0\\1&0&0\\1&1&0\end{bmatrix}$$

故取到 $R\circ S$ 同样的序元素.

而

$$\boldsymbol{M}_{R^{-1}}=\begin{bmatrix}1&0&1\\0&1&0\\0&0&0\end{bmatrix}$$

故取到 R^{-1} 同样的序元素.

【例 4-17】 给定集合 $X=\{a,b,c\}$，R 是 X 上的二元关系，R 的关系矩阵为

$$\boldsymbol{M}_R=\begin{bmatrix}1&0&1\\1&1&0\\1&1&1\end{bmatrix}$$

求 R^{-1} 和 $R\circ R^{-1}$ 的关系矩阵.

解:

$$M_{R^{-1}}=\begin{bmatrix}1&1&1\\0&1&1\\1&0&1\end{bmatrix}$$

$$M_{R\circ R^{-1}}=\begin{bmatrix}1&0&1\\1&1&0\\1&1&1\end{bmatrix}\circ\begin{bmatrix}1&1&1\\0&1&1\\1&0&1\end{bmatrix}=\begin{bmatrix}1&1&1\\1&1&1\\1&1&1\end{bmatrix}$$

4.4 关系的闭包运算

关系作为集合，在其上已经定义了并、交、差、补、复合及逆运算. 现在再来考虑一种新的关系运算——关系的闭包运算，它是由已知关系，通过增加最少的序偶生成满足某种指定性质的关系的运算.

例如，设 $A=\{a,b,c\}$，A 上的二元关系 $R=\{\langle a,a\rangle,\langle a,b\rangle,\langle b,c\rangle,\langle c,c\rangle\}$，则 A 上含 R 且最小的自反关系为

$$r(R)=R\cup\{\langle b,b\rangle\}$$

A 上含 R 且最小的对称关系为

$$s(R)=R\cup\{\langle b,a\rangle,\langle c,b\rangle\}$$

A 上含 R 且最小的传递关系为

$$t(R)=R\cup\{\langle a,c\rangle\}$$

【定义 4-7】设 R 是 X 上的二元关系，如果有另一个 X 上的关系 R' 满足:

(1) R' 是自反的（对称的，传递的）;

(2) $R'\supseteq R$;

(3) 对于任何 X 上的自反的（对称的，传递的）关系 R''，若 $R''\supseteq R$，就有 $R''\supseteq R'$.

则称关系 R' 为 R 的自反（对称，传递）闭包，记作 $r(R)(s(R),t(R))$.

显然，自反（对称，传递）闭包是包含 R 的最小自反（对称，传递）关系.

【定理 4-8】设 R 是 X 上的二元关系，则有:

(1) R 是自反的，当且仅当 $r(R)=R$;

(2) R 是对称的，当且仅当 $s(R)=R$;

(3) R 是传递的，当且仅当 $t(R)=R$.

证明:

(1) 若 R 是自反的，$R\supseteq R$，对任何包含 R 的自反关系 R''，有 $R''\supseteq R$，故 $r(R)=R$；若 $r(R)=R$，根据闭包定义，R 必是自反的.

(2)(3) 的证明完全类似.

下面讨论由给定关系 R，求取 R' 的方法.

【定理 4-9】设 R 是集合 X 上的二元关系，则有:

(1) $r(R)=R\cup I_X$;

(2) $s(R)=R\cup R^{-1}$;

(3) $t(R)=\bigcup_{i=1}^{\infty}R^i$，$t(R)$通常也记作$R^+$.

证明：

(1) 令$R'=R\cup I_X$，$\forall x\in X$，因为$\langle x,x\rangle\in I_X$，故$\langle x,x\rangle\in R'$，于是$R'$在$X$上是自反的.

又$R\subseteq R\cup I_X$即$R\subseteq R'$. 若有自反关系R''且$R''\supseteq R$，显然有$R''\supseteq I_X$，于是$R''\supseteq R\cup I_X=R'$，所以$r(R)=R\cup I_X$.

(2) 令$R'=R\cup R^{-1}$，因为$(R\cup R^{-1})^{-1}=R^{-1}\cup(R^{-1})^{-1}=R^{-1}\cup R=R\cup R^{-1}$，所以$R'$是对称的.

若R''是对称的且$R''\supseteq R$，$\forall\langle x,y\rangle\in R'$，则$x$，$y\in R$或$x$，$y\in R^{-1}$.

当$\langle x,y\rangle\in R$时，$\langle x,y\rangle\in R''$；当$\langle x,y\rangle\in R^{-1}$时，$\langle y,x\rangle\in R$，$\langle y,x\rangle\in R''$，$\langle x,y\rangle\in R''$. 因此$R'\subseteq R''$，故$s(R)=R\cup R^{-1}$.

(3) 令$R'=\bigcup_{i=1}^{\infty}R^i$，先证$R'$是传递的.

$\forall\langle x,y\rangle\in R'$，$\langle y,z\rangle\in R'$，则存在自然数$k$、$l$，有$\langle x,y\rangle\in R^k$，$\langle y,z\rangle\in R^l$，因此$\langle x,z\rangle\in R^{k+l}\subseteq\bigcup_{i=1}^{\infty}R^i$，所以，$R'$是传递的.

显然，$R'\supseteq R$. 若有传递关系R''且$R''\supseteq R$，$\forall\langle x,y\rangle\in R'$，则存在自然数$m$，有$\langle x,y\rangle\in R^m$，则$\exists a_i\in X(i=1,2,\cdots,m-1)$，使得$\langle x,a_1\rangle,\langle a_1,a_2\rangle,\cdots,\langle a_{m-1},y\rangle\in R$，因此$\langle x,a_1\rangle,\langle a_1,a_2\rangle,\cdots,\langle a_{m-1},y\rangle\in R''$. 因为$R''$是传递关系，则$\langle x,y\rangle\in R''$，所以$R''\supseteq R'$. 故

$$t(R)=\bigcup_{i=1}^{\infty}R^i$$

【例 4-18】设$X=\{x,y,z\}$，R是X上的二元关系，$R=\{\langle x,y\rangle,\langle y,z\rangle,\langle z,x\rangle\}$，求$r(R)$，$s(R)$，$t(R)$.

解：

$$r(R)=R\cup I_X=\{\langle x,y\rangle,\langle y,z\rangle,\langle z,x\rangle,\langle x,x\rangle,\langle y,y\rangle,\langle z,z\rangle\}$$

$$s(R)=R\cup R^{-1}=\{\langle x,y\rangle,\langle y,z\rangle,\langle z,x\rangle,\langle y,x\rangle,\langle z,y\rangle,\langle x,z\rangle\}$$

为了求得$t(R)$，先写出

$$\boldsymbol{M}_R=\begin{bmatrix}0&1&0\\0&0&1\\1&0&0\end{bmatrix}$$

$$\boldsymbol{M}_{R^2}=\begin{bmatrix}0&1&0\\0&0&1\\1&0&0\end{bmatrix}^2=\begin{bmatrix}0&0&1\\1&0&0\\0&1&0\end{bmatrix}$$

即

$$R^2=\{\langle x,z\rangle,\langle y,x\rangle,\langle z,y\rangle\}$$

$$\boldsymbol{M}_{R^3}=\boldsymbol{M}_{R^2}\circ\boldsymbol{M}_R=\begin{bmatrix}0&0&1\\1&0&0\\0&1&0\end{bmatrix}\circ\begin{bmatrix}0&1&0\\0&0&1\\1&0&0\end{bmatrix}=\begin{bmatrix}1&0&0\\0&1&0\\0&0&1\end{bmatrix}$$

$$R^3=\{\langle x,x\rangle,\langle y,y\rangle,\langle z,z\rangle\}$$

$$\boldsymbol{M}_{R^4}=\boldsymbol{M}_{R^3}\circ\boldsymbol{M}_R=\begin{bmatrix}1&0&0\\0&1&0\\0&0&1\end{bmatrix}\circ\begin{bmatrix}0&1&0\\0&0&1\\1&0&0\end{bmatrix}=\begin{bmatrix}0&1&0\\0&0&1\\1&0&0\end{bmatrix}$$

$$R^4=\{\langle x,y\rangle,\langle y,z\rangle,\langle z,x\rangle\}=R$$
$$R^5=R^4\circ R=R^2$$

继续这个运算，得

$$R=R^4=\cdots=R^{3n+1}$$
$$R^2=R^5=\cdots=R^{3n+2}$$
$$R^3=R^6=\cdots=R^{3n+3}(n=1,2,\cdots)$$

$$t(R)=\bigcup_{i=1}^{\infty}R^i=R\cup R^2\cup R^3\cup\cdots=R\cup R^2\cup R^3$$
$$=\{\langle x,y\rangle,\langle y,z\rangle,\langle z,x\rangle,\langle x,z\rangle,\langle y,x\rangle,\langle z,y\rangle,\langle x,x\rangle,\langle y,y\rangle,\langle z,z\rangle\}$$

从以上例题中看到，若 X 有限，譬如含有 n 个元素，那么求取 X 上二元关系 R 的传递闭包 $t(R)$ 不必计算到对 R 的无限大次复合，而最多不超过 n 次复合.

【定理 4-10】设 X 是含有 n 个元素的集合，R 是 X 上的二元关系，则存在一个正整数 $k\leqslant n$，使得 $t(R)=\bigcup_{i=1}^{k}R^i$.

证明：

设 x_i，$x_j\in X$，记 $t(R)=R^+$.

若 $x_iR^+x_j$，则存在整数 $p>0$，使得 $x_iR^px_j$ 成立，即存在序列 $a_1,a_2,\cdots a_{p-1}$，$a_i\in X(i=1,2,\cdots,m-1)$，有 $x_iRa_1,a_1Ra_2,\cdots,a_{p-1}Rx_j$.

设满足上述条件的最小 p 大于 n，令 $x_i=a_0$，$x_j=a_p$，则序列中必有 $0\leqslant t<q<s\leqslant p$，使得 $a_t=a_q$ 或 $a_q=a_s$. $a_t=a_q$ 时，序列就成为

$$\underbrace{x_iRa_1,a_1Ra_2,\cdots,a_{t-1}Ra_t}_{t个},\underbrace{a_tRa_{q+1},\cdots,a_{p-1}Rx_j}_{(p-q)个}$$

这表明 $x_iR^kx_j$ 存在，其中 $k=t+p-q=p-(q-t)<p$，这与 p 是最小的假设矛盾，所以 $p>n$ 不成立，即 $p\leqslant n$. 所以

$$t(R)=\bigcup_{i=1}^{k}R^i\quad(k\leqslant n)$$

一般地，取 $t(R)=\bigcup_{i=1}^{n}R^i$，式中的 n 给出了复合次数的上限.

【例 4-19】设 $A=\{a,b,c\}$，给定 A 上的关系 $R=\{\langle a,a\rangle,\langle a,b\rangle,\langle b,c\rangle,\langle c,c\rangle\}$，求 $t(R)$.

解：

$$t(R)=\bigcup_{i=1}^{3}R^i$$

$$\boldsymbol{M}_R=\begin{bmatrix}1&1&0\\0&0&1\\0&0&1\end{bmatrix}$$

$$\boldsymbol{M}_{R^2}=\begin{bmatrix}1&1&0\\0&0&1\\0&0&1\end{bmatrix}^2=\begin{bmatrix}1&1&1\\0&0&1\\0&0&1\end{bmatrix}$$

$$\boldsymbol{M}_{R^3}=\begin{bmatrix}1&1&1\\0&0&1\\0&0&1\end{bmatrix}\circ\begin{bmatrix}1&1&0\\0&0&1\\0&0&1\end{bmatrix}=\begin{bmatrix}1&1&1\\0&0&1\\0&0&1\end{bmatrix}$$

所以

$$M_{t(R)}=\begin{bmatrix}1&1&1\\0&0&1\\0&0&1\end{bmatrix}$$

即 $t(R)=\{\langle a,a\rangle,\langle a,b\rangle,\langle a,c\rangle,\langle b,c\rangle,\langle c,c\rangle\}$.

为计算元素较多的有限集合 X 上二元关系 R 的传递闭包，Warshall 在 1962 年提出了一个有效的算法，假定集合 X 含有 n 个元素，则算法步骤如下：

(1) 置新矩阵 $M=M_R$；

(2) 置 $i=1$；

(3) 对 $j=1,2,\cdots,n$，若 $r_{ji}=1(M_R=[r_{ij}]_{m\times n})$，则置 $r_{jk}=r_{jk}\vee r_{ik}$，$k=1,2,\cdots,n$；

(4) $i=i+1$；

(5) 如果 $i\leqslant n$，则转到步骤（3），否则停止.

【例 4-20】 已知

$$M_R=\begin{bmatrix}1&1&0\\0&0&1\\0&0&1\end{bmatrix}$$

求 R^+.

解：

按照 Warshall 算法，从 M_R 出发，只要遵循"置行查列遍寻真（1），见真行上析当今（i），行推列移下右再，行穷列尽闭包成（M_{R^+}）"便可直接求得 M_{R^+}.

对集合上关系 R，首先将其关系矩阵 M_{R^+} 赋予 M.

$$M=M_R=\begin{bmatrix}1&1&0\\0&0&1\\0&0&1\end{bmatrix}$$

而后的每后一次循环重复操作，均在前一次操作结果的矩阵 M 上进行.

置当今行为第一行，查看第一列中 1，对有 1 的行进行改写，改写方法是：将当今行的元素与列中有 1 的行的元素分别做析取. 对本例，$i=1$ 时，第一列中只有 $r_{11}=1$，将第一行与第一行各对应元素进行逻辑加，仍记于第一行：

$$\begin{bmatrix}1&1&0\\0&0&1\\0&0&1\end{bmatrix}\to\begin{bmatrix}1&1&0\\0&0&1\\0&0&1\end{bmatrix}$$

置当今行为第二行，查看第二列中 1，对有 1 的行进行改写. 对本例，$i=2$ 时，第二列中 $r_{12}=1$，将第二行与第一行各对应元素进行逻辑加，仍记于第一行：

$$\to\begin{bmatrix}1&1&1\\0&0&1\\0&0&1\end{bmatrix}$$

置当今行为第三行，重复上述操作并结束. 对本例，$i=3$ 时，第三列中 $r_{13}=1$，$r_{23}=1$，$r_{33}=1$，将第三行分别与第一行、第二行、第三行各对应元素进行逻辑加，仍分别记于第一行、第二行、第三行：

$$\rightarrow\begin{bmatrix}1&1&1\\0&0&1\\0&0&1\end{bmatrix}$$

得 $R^+=\{\langle a,a\rangle,\langle a,b\rangle,\langle a,c\rangle,\langle b,c\rangle,\langle c,c\rangle\}$.结果与例 4-19 一致.

传递闭包 R^+在语法分析中有很多应用，以下举例说明.

【例 4-21】有一字母表 $V=\{A,B,C,D,e,d,f\}$，并给定下面 6 条规则：

$$A\rightarrow Af,\ B\rightarrow Dde,\ C\rightarrow e$$

$$A\rightarrow B,\ B\rightarrow De,\ D\rightarrow Bf$$

R 为定义在 V 上的二元关系且 x_iRx_j，即从 x_i 出发用一条规则推出一串字符，使其第一个字符恰为 x_j. 说明每个字母连续应用上述规则可能推出的头字符.

解：

$$\boldsymbol{M}_R=\begin{bmatrix}1&1&0&0&0&0&0\\0&0&0&1&0&0&0\\0&0&0&0&1&0&0\\0&1&0&0&0&0&0\\0&0&0&0&0&0&0\\0&0&0&0&0&0&0\\0&0&0&0&0&0&0\end{bmatrix}$$

则 $x_iR^+x_j$ 表示从 x_i 出发，经过多次连续推导而得的字符串，其第一个字符恰为 x_j 的关系，此关系即是 R^+. 按照 Warshall 算法计算的过程中，$i=5$ 时，由于第五行的元素都等于零，$\boldsymbol{M}$ 的赋值不变. $i=3$，$i=6$，$i=7$ 时，由于第三、六、七列各元素均为 0，$\boldsymbol{M}$ 的赋值不变，经计算得

$$\boldsymbol{M}_{R^+}=\begin{bmatrix}1&1&0&1&0&0&0\\0&1&0&1&0&0&0\\0&0&0&0&1&0&0\\0&1&0&1&0&0&0\\0&0&0&0&0&0&0\\0&0&0&0&0&0&0\\0&0&0&0&0&0&0\end{bmatrix}$$

因此，$R^+=\{\langle A,A\rangle,\langle A,B\rangle,\langle A,D\rangle,\langle B,B\rangle,\langle B,D\rangle,\langle C,e\rangle,\langle D,B\rangle,\langle D,D\rangle\}$.

这说明应用给定的 6 条规则，从 A 出发推导的头字符有 A、B、D 3 种可能，而从 B 出发推导的头字符有 B、D 2 种可能，而从 D 推出的头字符有 B、D 2 种可能，从 C 出发推导的头字符只可能为 e.

从一种性质的闭包关系出发，求取另一种性质的闭包关系，具有以下运算律.

【定理 4-11】设 R 是集合 X 上的二元关系，则有：

(1) $rs(R)=sr(R)$；

(2) $rt(R)=tr(R)$；

(3) $ts(R)\supseteq st(R)$.

证明：

(1) $sr(R)=s(r(R))=s(I_X\cup R)=(I_X\cup R)\cup(I_X\cup R)^{-1}$

$$=(I_X\cup R)\cup(I_X^{-1}\cup R^{-1})=I_X\cup R\cup R^{-1}=I_X\cup s(R)=r(s(R))=rs(R)$$

这里，$I_X^{-1}=I_X$.

(2) $tr(R)=t(I_X\cup R)=\bigcup\limits_{i=1}^{\infty}(I_X\cup R)^i=\bigcup\limits_{i=1}^{\infty}(I_X\cup\bigcup\limits_{j=1}^{i}R^j)$

$$=I_X\cup\bigcup_{i=1}^{\infty}\bigcup_{j=1}^{i}R^j=I_X\cup\bigcup_{i=1}^{\infty}R^i=I_X\cup t(R)=r(t(R))=rt(R)$$

这里，$I_X\circ R=R\circ I_X=R$，$I_X^k=I_X(k=1,2,\cdots)$.

(3) 留作练习请读者自证.

4.5 等价关系与相容关系

4.5.1 集合的划分和覆盖

设 A 是某一所综合性大学本科学生全体组成的集合，S_i 是对 A 的某种分类的集合($i=1,2,3$). 若按文理科分类，则有 $S_1=\{S_{11},S_{12}\}$，其中 S_{11} 表示理科学生全体的集合、S_{12} 表示文科学生全体的集合；若按年级分类，则有 $S_2=\{S_{21},S_{22},S_{23},S_{24}\}$，其中 $S_{2j}(j=1,2,3,4)$ 表示该大学 j 年级学生全体的集合；若按系分类，则有 $S_3=\{S_{31},S_{32},S_{33},S_{34},S_{35},S_{36}\}$，这说明这所大学有 6 个系. 分类法尽管给出了 3 种，但是它们有个共同的特点：(1) S_i 的元素都是 A 的非空子集；(2) S_i 的元素求交是空集、求并就是 A. 此时，我们就说 S_i 是集合 A 的一个划分.

【定义 4-8】设 A 是非空集合，A 的子集的集合 $S=\{A_1,A_2,\cdots,A_m\}$，如果满足：

(1) $A_1,A_2,\cdots,A_m$ 都是非空集合；

(2) $\bigcup\limits_{i=1}^{m}A_i=A$.

则称集合 S 是集合 A 的覆盖，称 A_i 是覆盖 S 的分块.

如果除以上条件外，另有 $A_i\cap A_j=\varnothing(i\neq j)$，则称 S 是 A 的划分（或分划).

显然，若是划分则必是覆盖，其逆不真.

若 $A=\{a_1,a_2,\cdots,a_n\}$，则 A 有两个简单的划分：一是$\{\{a_1\},\{a_2\},\cdots,\{a_n\}\}$，称为 A 的最大划分（分块最多)；二是 $A=\{\{a_1,a_2,\cdots,a_n\}\}$，称为 A 的最小划分（分块最少).

例如，$A=\{a,b,c,d\}$，考虑下列子集：

$S=\{\{a,b\},\{b,c\},\{d\}\},Q=\{\{a\},\{a,b\},\{a,c,d\}\}$

$D=\{\{a,d\},\{b,c\}\},G=\{\{a,b,c,d\}\}$

$E=\{\{a\},\{b\},\{c\},\{d\}\},F=\{\{a,b\},\{a,c\}\}$

则 S、Q 是 A 的覆盖；D、G、E 是 A 的划分，其中 G 是最小划分，E 是最大划分；F 既不是划分也不是覆盖.

【定义 4-9】若 $S_1=\{A_1,A_2,\cdots,A_r\}$ 与 $S_2=\{B_1,B_2,\cdots,B_t\}$ 是同一集合 X 的两种划分，则其中所有 $A_i\cap B_j(\neq\varnothing)$ 组成的集合，称为 S_1 和 S_2 的交叉划分，即

$$\{A_i\cap B_j\mid A_i\in S_1,B_j\in S_2,A_i\cap B_j\neq\varnothing\ (i=1,2,\cdots,r;j=1,2,\cdots,t)\}$$

注意：

S_1 和 S_2 的交叉划分一般不是 $S_1\cap S_2$，而是以 S_1 与 S_2 元素之间的所有非空交集作元素的集合.

例如，所有生物的集合 X，可分割成 $\{P,Q\}$，其中 P 表示所有植物的集合，Q 表示所有动物的集合；又 X 也可分割成 $\{E,F\}$，其中 E 表示史前生物，F 表示史后生物. 则其交叉划分为 $\{P\cap E,P\cap F,Q\cap E,Q\cap F\}$，其中 $P\cap E$ 表示史前植物，$P\cap F$ 表示史后植物，$Q\cap E$ 表示史前动物，$Q\cap F$ 表示史后动物.

【定理 4-12】设 $S_1=\{A_1,A_2,\cdots,A_r\}$ 与 $S_2=\{B_1,B_2,\cdots,B_t\}$ 是同一集合 X 的两种划分，则其交叉划分也是原集合 X 的一种划分.

证明：

S_1 和 S_2 的交叉划分是

$$\{A_1\cap B_1,A_1\cap B_2,\cdots,A_1\cap B_t,A_2\cap B_1,A_2\cap B_2,\cdots,A_2\cap B_t,\\ \cdots,A_r\cap B_1,A_r\cap B_2,\cdots,A_r\cap B_t\}$$

在交叉划分中，任取两元素 $A_i\cap B_k$ 和 $A_j\cap B_h$，$(i,j=1,2,\cdots,r;\ k,h=1,2,\cdots,t)$，因为 $A_i\cap A_j=\varnothing$，$B_k\cap B_h=\varnothing$，所以 $(A_i\cap B_k)\cap(A_j\cap B_h)=A_i\cap B_k\cap A_j\cap B_h=\varnothing$；其次，交叉划分中所有元素的并为

$$\begin{aligned}&(A_1\cap B_1)\cup(A_1\cap B_2)\cup\cdots\cup(A_1\cap B_t)\cup(A_2\cap B_1)\cup(A_2\cap B_2)\cup\\&\cdots\cup(A_2\cap B_t)\cup\cdots\cup(A_r\cap B_1)\cup(A_r\cap B_2)\cup\cdots\cup(A_r\cap B_t)\\=&(A_1\cap(B_1\cup B_2\cup\cdots\cup B_t))\cup(A_2\cap(B_1\cup B_2\cup\cdots\cup B_t))\cup\\&\cdots\cup(A_r\cap(B_1\cup B_2\cup\cdots\cup B_t))\\=&(A_1\cup A_2\cdots\cup A_r)\cap(B_1\cup B_2\cup\cdots\cup B_t))\\=&X\cap X=X\end{aligned}$$

所以，S_1 和 S_2 的交叉划分也是 X 的一种划分.

【定义 4-10】给定 X 的任意两个划分 $S_1=\{A_1,A_2,\cdots,A_r\}$ 与 $S_2=\{B_1,B_2,\cdots,B_t\}$，若对于每一个 A_i 均有 B_k，使 $A_i\subseteq B_k(i=1,2,\cdots,r;\ k=1,2,\cdots,t)$，则称 S_1 为 S_2 的加细. 若还有 $S_1\neq S_2$，则称 S_1 为 S_2 的真加细.

【定理 4-13】任何两种划分的交叉划分，都是原来各划分的一种加细.

证明：

设 $S_1=\{A_1,A_2,\cdots,A_r\}$ 与 $S_2=\{B_1,B_2,\cdots,B_t\}$ 的交叉划分为 T，对 T 中任意元素 $A_i\cap B_j$，必有 $A_i\cap B_j\subseteq A_i$ 和 $A_i\cap B_j\subseteq B_j$，则 T 分别是 S_1 和 S_2 的加细.

4.5.2 等价关系与等价类

1. 等价关系

【定义 4-11】设 R 为定义在集合 A 上的一个关系，若 R 是自反、对称和可传递的，则称 R 为等价关系.

(1) 平面上三角形集合中，三角形的相似关系是等价关系.

(2) 数的相等关系是任何数集上的等价关系.

(3) 一群人的集合中姓氏相同的关系也是等价关系.

(4) 设 A 是任意非空集合，则 A 上的恒等关系 I_A 和全域关系 E_A 均是 A 上的等价关系.

【例 4-22】设集合 $A=\{a,b,c,d,e\}$，$R=\{\langle a,a\rangle,\langle a,b\rangle,\langle b,a\rangle,\langle b,b\rangle,\langle c,c\rangle,\langle c,d\rangle,\langle c,e\rangle\ \langle d,c\rangle,\langle d,d\rangle,\langle d,e\rangle,\langle e,c\rangle,\langle e,d\rangle,\langle e,e\rangle\}$

验证 R 是 A 上的等价关系.

证明:

R 的关系矩阵为

$$M_R=\begin{bmatrix}1&1&0&0&0\\1&1&0&0&0\\0&0&1&1&1\\0&0&1&1&1\\0&0&1&1&1\end{bmatrix}$$

关系图如图 4-8 所示.

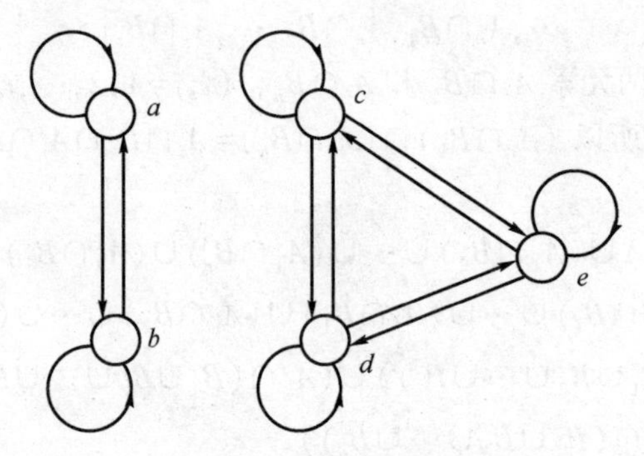

图 4-8　例 4-22 关系图

关系矩阵中, 对角线上的所有元素都是 1, 关系图上每个节点都有自环, 说明 R 是自反的. 关系矩阵是对称的, 关系图上任意两节点间或没有弧线连接, 或有成对弧出现, 故 R 是对称的. 从 R 的序偶表示式中, 可以看出 R 是可传递的. 故 R 是 A 上的等价关系.

【例 4-23】设 I 为整数集, $R=\{\langle x,y\rangle \mid x\in I, y\in I, x\equiv y(\bmod k)\}$, 其中 $x\equiv y(\bmod k)$ 当且仅当 $\exists m\in I$, 使得 $x-y=km$, 证明 R 是等价关系.

证明:

设任意 a, b, $c\in I$.

(1) $a-a=k\cdot 0$, 所以 $\langle a,a\rangle\in R$, R 是自反的;

(2) 若 $a\equiv b(\bmod k)$, $a-b=kt$(t 为整数), 则 $b-a=-kt$, 所以 $b\equiv a(\bmod k)$, R 是对称的;

(3) 若 $a\equiv b(\bmod k)$, $b\equiv c(\bmod k)$, 则 $a-b=kt$, $b-c=ks$ (t、s 为整数), $a-c=a-b+b-c=k(t+s)$, 所以 $a\equiv c(\bmod k)$, R 是可传递的.

因此, R 是等价关系. 我们称之为整数集 I 上的模 k 同余关系.

2. 等价类

【定义 4-12】设 R 是集合 A 上的等价关系, 对任何 a, $b\in A$, 若 aRb, 则称 a 与 b 等价. 对任何 $a\in A$, 集合 A 中等价于 a 的所有元素组成的集合称为以 a 为代表元的 (A 关于等价关系 R 的) 等价类, 记作 $[a]_R$. 即

$$[a]_R=\{x \mid x\in A, aRx\}$$

由等价类的定义可知 $[a]_R$ 是非空的, 因为 aRa, $a\in[a]_R$. 因此, 任给集合 A 及其上的等价关系 R, 必可写出 A 上各个元素的等价类. 在例 4-22 中, A 的各个元素的等价类为

$[a]_R=\{x \mid x\in A, aRx\}=\{a,b\}=\{x \mid x\in A, bRx\}=[b]_R$

$[c]_R=\{x \mid x\in A, cRx\}=\{c,d,e\}=\{x \mid x\in A, dRx\}=[d]_R=\{x \mid x\in A, eRx\}=[e]_R$

可见，A 上的等价关系 R 的不同的等价类有两个.

【例 4-24】设 I 是整数集合，R 是模 3 同余关系，即

$$R=\{\langle x,y\rangle \mid x\in I, y\in I, x\equiv y(\mathrm{mod}\ 3)\},$$

确定由 I 的元素所产生的等价类.

解：

例 4-23 已证明整数集合上的模 k 同余的关系是等价关系，故本例中由 I 的元素所产生的等价类是

$$[0]_R=\{\cdots,-6,-3,0,3,6,\cdots\}$$
$$[1]_R=\{\cdots,-5,-2,1,4,7,\cdots\}$$
$$[2]_R=\{\cdots,-4,-1,2,5,8,\cdots\}$$

从本例可以看到，在集合 I 上模 3 同余等价关系 R 所构成的等价类有

$$[0]_R=[3]_R=[-3]_R=\cdots=[3k]_R$$
$$[1]_R=[4]_R=[-2]_R=\cdots=[3k+1]_R$$
$$[2]_R=[5]_R=[-1]_R=\cdots=[3k+2]_R$$
$$k=\cdots,-2,-1,0,1,2,\cdots$$

【定理 4-14】设给定集合 A 上的等价关系 R，对于 a，$b\in A$ 有 aRb，当且仅当$[a]_R=[b]_R$.

证明：

若$[a]_R=[b]_R$，因为 $a\in[a]_R$，故 $a\in[b]_R$，即 bRa，则 aRb.

若 aRb，则 $\forall c\in[a]_R\Rightarrow aRc\Rightarrow cRa\Rightarrow cRb\Rightarrow bRc\Rightarrow c\in[b]_R$，即$[a]_R\subseteq[b]_R$.

$\forall c\in[b]_R\Rightarrow bRc\Rightarrow aRc\Rightarrow c\in[a]_R$，即$[b]_R\subseteq[a]_R$.

所以$[a]_R=[b]_R$.

【定义 4-13】集合 A 上的等价关系 R，其所有等价类的集合称作 A 关于 R 的商集，记作 A/R，即

$$A/R=\{[a]_R \mid a\in A\}$$

例如，例 4-22 中商集为

$$A/R=\{\{a,b\},\{c,d,e\}\}$$

例 4-24 中商集为

$$I/R=\{[0]_R,[1]_R,[2]_R\}$$

我们注意到商集 I/R 中，$[0]_R\cup[1]_R\cup[2]_R=I$，且任意两个等价类的交为$\varnothing$，于是有下述重要定理.

【定理 4-15】集合 A 上的等价关系 R，决定了 A 的一个划分，该划分就是商集 A/R.

为证定理，我们需要证明非空集合 A 在其上的等价关系 R 下形成的等价类的全体集合的商集满足：

(1) 每一等价类都是 A 的子集，A 中任一元素均属于某一等价类，即等价类全体的并集是 A；

(2) 不同的等价类之间的交集是空集.

证明：

$\forall a \in A$，因为 $[a]_R=\{x \mid x \in A, aRx\}$，所以$[a]_R \subseteq A$，从而$\bigcup_{a \in A}[a]_R \subseteq A$.

因为 R 自反，即 aRa，所以 $a \in [a]_R$，则 $A \subseteq \bigcup_{a \in A}[a]_R$；故$\bigcup_{a \in A}[a]_R=A$.

(1) 得证.

为证明 (2)，用反证法.

设$\exists a$，$b \in A$，$[a]_R \neq [b]_R$，且$[a]_R \cap [b]_R \neq \varnothing$，则$\exists c \in [a]_R \cap [b]_R \subseteq A$，使 aRc、bRc 成立.

由对称性得 cRb，再由传递性得 aRb，据定理 4-14，必有 $[a]_R=[b]_R$，这与题设矛盾，故 (2) 得证. 所以，A/R 是 A 的对应于 R 的一个划分.

【定理 4-16】设 $S=\{S_1, S_2, \cdots, S_m\}$ 是集合 A 的一个划分，则存在 A 上的一个等价关系 R，使得 S 是 A 关于 R 的商集.

证明：

在集合 A 上定义关系 R，对任意 a，$b \in A$，aRb 当且仅当 a，b 在同一分块中. 可以证明这样定义的关系 R 是一个等价关系. 因为：

(1) a 与 a 在同一分块中，故必有 aRa，即 R 是自反的；

(2) 若 a 与 b 在同一分块中，b 与 a 也必在同一分块中，即 $aRb \Rightarrow bRa$，故 R 是对称的；

(3) 若 a 与 b 在同一分块中，b 与 c 在同一分块中，因为 $S_i \cap S_j=\varnothing$，即 b 属于且仅属于一个分块，故 a 与 c 必在同一分块中，即$(aRb) \wedge (bRc) \Rightarrow aRc$，故 R 是可传递的.

所以 R 是等价关系.

由 R 的定义可知：$S=A/R$.

由定理 4-16 可知：集合 A 的划分 $S=\{S_1, S_2, \cdots, S_m\}$ 所确定的 A 上的等价关系 R 为

$$R=S_1 \times S_1 \cup S_2 \times S_2 \cup \cdots \cup S_m \times S_m$$

定理 4-15 和定理 4-16 说明：非空集合 A 上的等价关系与 A 的划分一一对应.

【例 4-25】设 $A=\{a,b,c,d,e\}$ 的划分 $S=\{\{a,b\},\{c\},\{d,e\}\}$，试由划分 S 确定 A 上的一个等价关系 R.

解：

$R_1=\{a,b\} \times \{a,b\}=\{\langle a,a\rangle,\langle a,b\rangle,\langle b,a\rangle,\langle b,b\rangle\}$

$R_2=\{c\} \times \{c\}=\{\langle c,c\rangle\}$

$R_3=\{d,e\} \times \{d,e\}=\{\langle d,d\rangle,\langle d,e\rangle,\langle e,d\rangle,\langle e,e\rangle\}$

$R=R_1 \cup R_2 \cup R_3=\{\langle a,a\rangle,\langle a,b\rangle,\langle b,a\rangle,\langle b,b\rangle,\langle c,c\rangle,\langle d,d\rangle,\langle d,e\rangle,\langle e,d\rangle,\langle e,e\rangle\}$

显然，$S=A/R$.

【定理 4-17】设 R_1 和 R_2 为非空集合 A 上的等价关系，则

$$R_1=R_2 \Leftrightarrow A/R_1=A/R_2$$

证明：

$A/R_1=\{[a]_{R_1} \mid a \in A\}, A/R_2=\{[a]_{R_2} \mid a \in A\}$.

若 $R_1=R_2$，$\forall a \in A$，$[a]_{R_1}=\{x \mid x \in A, aR_1x\}=\{x \mid x \in A, aR_2x\}=[a]_{R_2}$，故$\{[a]_{R_1} \mid a \in A\}=\{[a]_{R_2} \mid a \in A\}$，即 $A/R_1=A/R_2$.

若 $A/R_1=A/R_2$，即$\{[a]_{R_1} \mid a \in A\}=\{[a]_{R_2} \mid a \in A\}$，则$\forall [a]_{R_1} \in A/R_1$，必有$[c]_{R_2} \in A/$

R_2，使得$[a]_{R_1}=[c]_{R_2}$，故

$$\langle a,b\rangle \in R_1 \Leftrightarrow a\in [a]_{R_1} \wedge b\in [a]_{R_1} \Leftrightarrow a\in [c]_{R_2} \wedge b\in [c]_{R_2} \Leftrightarrow \langle a,c\rangle \in R_2 \wedge \langle c,b\rangle \in R_2$$
$$\Rightarrow \langle a,b\rangle \in R_2$$

所以 $R_1\subseteq R_2$；类似地有 $R_2\subseteq R_1$，因此 $R_1=R_2$.

在实际应用中，常常比较集合的不同等价关系和不同划分的大小. 大划分含有更多的块，小等价关系序对较少. 大划分对应小等价关系，大等价关系对应小划分. 如集合 $A=\{a_1,a_2,\cdots,a_n\}$ 的最大划分$\{\{a_1\},\{a_2\},\cdots,\{a_n\}\}$对应 A 上最小的等价关系 I_A，最大的等价关系 A^2 对应最小划分 $A=\{\{a_1,a_2,\cdots,a_n\}\}$. 划分的大小一般不能由相对应的等价关系的大小确定，但下面的定理指出：若划分 S' 加细划分 S，则由 S' 生成的等价关系 R' 包含在由 S 生成的等价关系 R 中.

【定理 4-18】设 S 和 S' 是非空集合 A 的划分，R 和 R' 是分别与 S 和 S' 对应的等价关系，则 S' 加细 S 当且仅当 $R'\subseteq R$.

证明：

$$S=\{S_1,S_2,\cdots,S_m\},\ S'=\{S_1',S_2',\cdots,S_n'\}$$

设 S' 加细 S. $\forall \langle x,y\rangle \in R'$，$R'$ 由 S' 生成，则存在分块 $S_i'\in S'$，使 $x,y\in S_i'$，而且 $\exists S_j\in S$，$S_i'\subseteq S_j$. 因此，$x,y\in S_j$ 并且$\langle x,y\rangle$是 S_j^2 中的序对，即$\langle x,y\rangle \in R$，可见，$R'\subseteq R$.

设 $R'\subseteq R$. $\forall X\in S'$，X 非空，有 $a\in X$ 且 $X=[a]_{R'}=\{x \mid aR'x\}\subseteq \{x \mid aRx\}=[a]_R\in S$.

于是，S' 加细 S.

所以，S' 加细 S 当且仅当 $R'\subseteq R$.

在以非空集合 A 的划分为元素的集合上可以定义二元运算“和”与“积”. 划分 S_1 与 S_2 的和是 S_1 和 S_2 加细的最大划分，S_1 与 S_2 的积是加细 S_1 和 S_2 的最小划分.

【定义 4-14】设 S_1，S_2，S 是非空集合 A 的划分，称 $S=S_1+S_2$ 是 S_1 与 S_2 的和，如果：

（1）S_1、S_2 都加细 S；

（2）A 还有划分 S' 能被 S_1 和 S_2 加细.

那么 S 加细 S'；

称 $S=S_1\cdot S_2$ 是 S_1 与 S_2 的积，如果：

（1）S 加细 S_1 和 S_2；

（2）A 还有划分 S' 加细 S_1 和 S_2.

那么 S' 加细 S.

假定在一片圆形纸上画了红线和绿线，这些曲线它们各自或与圆周线形成闭合区域. 当沿红线剪开时产生划分 S_1，当沿绿线剪开时产生划分 S_2，那么既沿红线又沿绿线剪开时产生“积划分”$S_1\cdot S_2$；而沿共涂两色的线剪开时，就产生“和划分”S_1+S_2.

【定理 4-19】设 R_1、R_2 是由非空集合 A 的划分 S_1、S_2 分别生成的等价关系，则 $R_1\cap R_2$ 生成 S_1 与 S_2 的积 $S_1\cdot S_2$，并且 S_1 与 S_2 的积划分唯一.

证明：

（1）显然，$R_1\cap R_2$ 是 A 上的等价关系；

（2）设 $R=R_1\cap R_2$ 生成的划分是 S，则由 $R\subseteq R_1$、$R\subseteq R_2$ 及定理 4-18 知，S 加细 S_1 且 S 加细 S_2；

(3) 若 A 还有划分 S' 既加细 S_1 也加细 S_2，则 S' 生成的等价关系 R' 满足：$R' \subseteq R_1$ 且 $R' \subseteq R_2$，从而 $R' \subseteq R$，于是 S' 加细 S.

综上所述，$R_1 \cap R_2$ 生成 $S_1 \cdot S_2$.

划分 S_1 与 S_2 的积划分 $S=S_1 \cdot S_2$ 唯一. 因为如果 S_1 与 S_2 还有积划分 S'，则由定义 4-14 的(2)知，S' 加细 S 且 S 加细 S'，于是 S 与 S' 含有相同的元素，即 $S'=S$.

【定理 4-20】设 R_1、R_2 是由非空集合 A 的划分 S_1、S_2 分别生成的等价关系，则 $(R_1 \cup R_2)^+ (=t(R_1 \cup R_2))$ 生成 S_1 与 S_2 的和 S_1+S_2，并且 S_1 与 S_2 的和划分唯一.

证明：

(1) 显然 $R_1 \cup R_2$ 自反、对称且 $(R_1 \cup R_2)^+$ 是包含 $R_1 \cup R_2$ 的最小的等价关系；

(2) 因为 $R_1 \subseteq (R_1 \cup R_2)^+$，$R_2 \subseteq (R_1 \cup R_2)^+$，所以 S_1、S_2 都加细 $(R_1 \cup R_2)^+$ 生成的划分 S；

(3) 若 A 还有划分 S'，S' 由 A 上等价关系 R' 生成，S_1、S_2 都加细 S'，则 $R_1 \subseteq R'$ 且 $R_2 \subseteq R'$，于是 $R_1 \cup R_2 \subseteq R'$，进而 $(R_1 \cup R_2)^+ \subseteq R'$，因此 S 加细 S'.

综上所述，$(R_1 \cup R_2)^+$ 生成 S_1+S_2.

划分 S_1 与 S_2 的和划分 S_1+S_2 唯一. 因为若 S_1 与 S_2 还有和划分 S'，则由定义 4-14 的(2) 知，S 加细 S' 且 S' 加细 S，于是 S 的分块都是 S' 的分块的子集，S' 的分块也都是 S 的分块的子集，互为子集的块只能发生在 S 和 S' 的同一分块上，可见 S 和 S' 含有相同的元素，即 $S'=S$.

给定 n 个元素的集合 A，如何求出 A 的全部划分（全部等价关系）呢？我们记 A 的一个划分的分块数 r 为这个划分的秩，为求 A 的全部划分，须首先求得 A 的秩为 $r(r \leqslant n)$ 的不同的划分个数. 此问题有如下数学模型：将 n 个不同的球放入 $r(r \leqslant n)$ 只相同的盒中，求使无空盒的相异放法数（记为 $S(n,r)$）.

此模型的计算公式即组合数学中的第二类 Stirling 数公式，亦称第二类 Stirling 数，该公式为

$$S(n,r)=rS(n-1,r)+S(n-1,r-1)$$

且有性质：$S(n,0)=0$，$S(n,1)=1$，$S(n,2)=2^{n-1}-1$，$S(n,n-1)=C_n^2$，$S(n,n)=1$.

【例 4-26】求 4 元集合 A 上的不同的等价关系个数 E_4.

解：

设集合 A 的不同划分数为 P_4，则

$$E_4=P_4=S(4,1)+S(4,2)+S(4,3)+S(4,4)=1+(8-1)+6+1=15$$

4.5.3 相容关系

【定义 4-15】给定集合 A 上的关系 R，若 R 是自反、对称的，则称 R 是 A 上的相容关系.

相容关系 R 只要求满足自反性与对称性，因此，等价关系必定是相容关系但反之不真.

【例 4-27】设 A 是由下列英文单词组成的集合：

$$A=\{\text{cat},\text{teacher},\text{cold},\text{desk},\text{knife},\text{by}\}$$

定义关系：

$$R=\{\langle x,y\rangle \mid x,y \in A,\text{且 } x \text{ 和 } y \text{ 有相同的字母}\}$$

显然，R 是一个相容关系.

令 x_1=cat，x_2=teacher，x_3=cold，x_4=desk，x_5=knife，x_6=by. R 的关系图如图 4-9 所示.

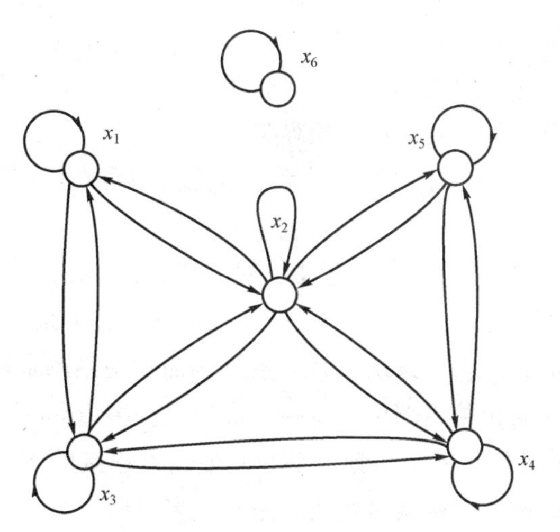

图 4-9 R 的关系图

$$R \text{ 的关系矩阵为 } \boldsymbol{M}_R=\begin{bmatrix}1&1&1&0&0&0\\1&1&1&1&1&0\\1&1&1&1&0&0\\0&1&1&1&1&0\\0&1&0&1&1&0\\0&0&0&0&0&1\end{bmatrix}.$$

由于相容关系是自反和对称的，因此，其关系矩阵的对角线元素都是 1，且矩阵是对称的. 为此我们可将矩阵用梯形表示.

同理，在相容关系的关系图中，每个节点处都有自环且每两个相关联的节点间的弧线都是成对出现的，为了简化图形，我们今后对相容关系图，不画自环，并用单线代替双向弧线，因此，上例的关系矩阵和关系图分别可简化为图 4-10（a）、（b）.

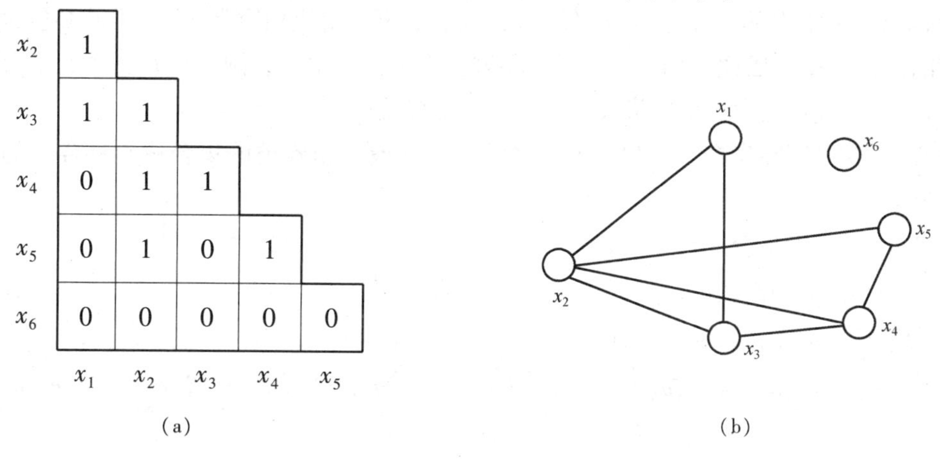

图 4-10 例 4-34 关系矩阵和关系图

（a）关系矩阵；（b）关系图

【定义 4-16】设 R 是集合 A 上的相容关系，$C \subseteq A$，如果对于 C 中任意两个元素 a_1、a_2 有 $a_1 R a_2$，就称 C 是由相容关系 R 产生的相容类.

例如，上例中相容关系 R 可产生相容类 $\{x_1,x_2\}$，$\{x_1,x_3\}$，$\{x_2,x_3\}$，$\{x_6\}$，$\{x_2,x_4,x_5\}$ 等.

对于前三个相容类，都能加进新的元素组成新的相容类，而后两个相容类，加入任一新元素，就不再组成相容类，称它们为最大相容类.

【定义 4-17】设 R 是集合 A 上的相容关系，不能真包含在任何其他相容类中的相容类，称作最大相容类，记作 C_R.

若 C_R 为最大相容类，显然它是 A 的子集，对于任意 $x \in C_R$，x 必与 C_R 中的所有元素有相容关系. 而在 $A \setminus C_R$ 中没有任何元素与 C_R 所有元素有相容关系.

根据最大相容类的定义，它可以从相容关系 R 的简化关系图求得，具体方法如下.

(1) 在相容关系 R 的简化关系图中，每一个最大完全多边形的顶点集合，就是一个最大相容类. 所谓完全多边形，就是其每个顶点都与其他顶点连接的多边形. 例如，一个三角形是完全多边形，一个四边形加上两条对角线就是完全多边形.

(2) 在 R 的简化关系图中，每一个孤立节点的单点集合，是一个最大相容类.

(3) 在 R 的简化关系图中，不在完全多边形中的边的两个端点的集合，是一个最大相容类.

由例 4-27 中相容关系 R 的简化关系图 4-10 (b) 可得其全部最大相容类为

$$\{x_1,x_2,x_3\},\{x_2,x_3,x_4\},\{x_2,x_4,x_5\},\{x_6\}$$

【定理 4-21】设 R 是集合 A 上的相容关系，C 是一个相容类，那么必存在一个最大相容类 C_R，使得 $C \subseteq C_R$.

证明:

设 $A=\{a_1,a_2,\cdots,a_n\}$，构造相容类序列 $C_0 \subset C_1 \subset C_2 \subset \cdots$，其中 $C_0=C$，且 $C_{i+1}=C_i \cup \{a_j\}$，其中 j 是满足 $a_j \notin C_i$ 且 a_j 与 C_i 中各元素都有相容关系的最小下标.

由于 A 的元素个数 $|A|=n$，所以至多经过 $n-|C|$ 步，就使这个过程终止，而此序列的最后一个相容类，就是所要找的最大相容类.

从定理 4-21 中可以看到，A 的任一元素 a，它可以组成相容类 $\{a\}$，因此必包含在一个最大相容类 C_R 中，因此，如由所有最大相容类作出一个集合，则 A 中每一个元素至少属于该集合的一个成员之中，所以最大相容类集合必覆盖集合 A.

【定义 4-18】在集合 A 上给定相容关系 R，其最大相容类的集合称作集合 A 的完全覆盖，记作 C_R (A).

【例 4-28】设集合 $A=\{a_1,a_2,a_3,a_4,a_5,a_6,a_7\}$，$A$ 上二元关系

$$\begin{aligned}R=\{&\langle a_1,a_1\rangle,\langle a_2,a_2\rangle,\langle a_2,a_3\rangle,\langle a_3,a_2\rangle,\langle a_3,a_3\rangle,\langle a_3,a_4\rangle\langle a_3,a_5\rangle,\langle a_3,a_6\rangle,\\&\langle a_3,a_7\rangle,\langle a_4,a_3\rangle,\langle a_4,a_4\rangle,\langle a_4,a_5\rangle,\langle a_5,a_3\rangle,\langle a_5,a_4\rangle,\langle a_5,a_5\rangle,\langle a_5,a_6\rangle,\\&\langle a_5,a_7\rangle,\langle a_6,a_3\rangle,\langle a_6,a_5\rangle,\langle a_6,a_6\rangle,\langle a_6,a_7\rangle,\langle a_7,a_3\rangle,\langle a_7,a_5\rangle,\langle a_7,a_6\rangle,\\&\langle a_7,a_7\rangle\}\end{aligned}$$

求 A 的完全覆盖 $C_R(A)$.

解：

R 是 A 上的相容关系（自反、对称），其简化关系图如图 4-11 所示.

R 的最大相容类是确定的，即 $\{a_1\}$，$\{a_2,a_3\}$，$\{a_3,a_4,a_5\}$，$\{a_3,a_5,a_6,a_7\}$. 因此，集合 $\{\{a_1\},\{a_2,a_3\},\{a_3,a_4,a_5\},\{a_3,a_5,a_6,a_7\}\}$ 是 A 的完全覆盖 $C_R(A)$.

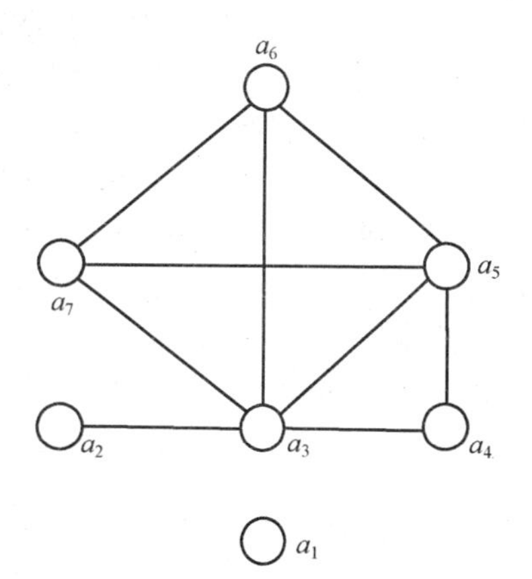

图 4-11 R 的简化关系图

【定理 4-22】 给定集合 A 的覆盖 $\{A_1,A_2,\cdots,A_n\}$，由它确定的关系

$$R=A_1\times A_1\cup A_2\times A_2\cup\cdots\cup A_n\times A_n$$

是 A 上的相容关系.

证明：

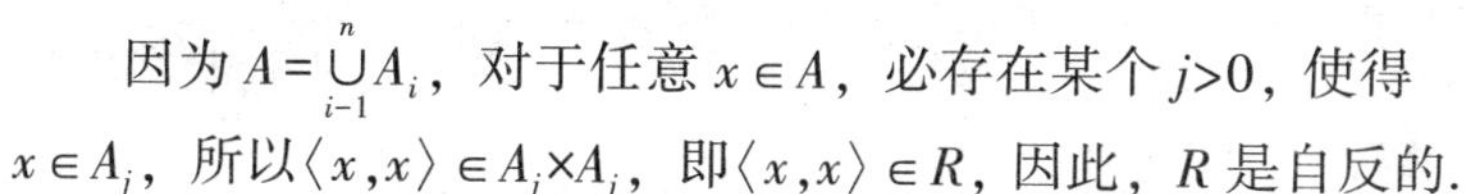

因为 $A=\bigcup_{i=1}^{n}A_i$，对于任意 $x\in A$，必存在某个 $j>0$，使得 $x\in A_j$，所以 $\langle x,x\rangle\in A_j\times A_j$，即 $\langle x,x\rangle\in R$，因此，R 是自反的.

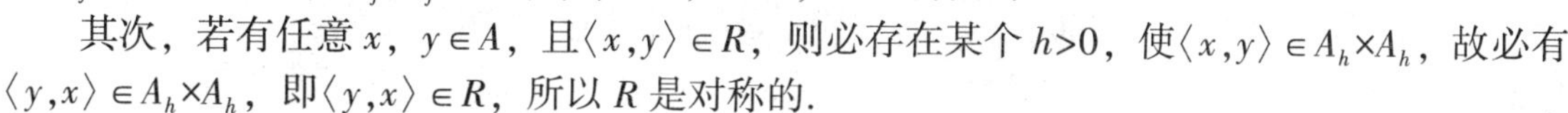

其次，若有任意 x，$y\in A$，且 $\langle x,y\rangle\in R$，则必存在某个 $h>0$，使 $\langle x,y\rangle\in A_h\times A_h$，故必有 $\langle y,x\rangle\in A_h\times A_h$，即 $\langle y,x\rangle\in R$，所以 R 是对称的.

因此，R 是 A 上的相容关系.

从上述定理可以看到，给定集合 A 上的任意一个覆盖，必可在 A 上构造对应于此覆盖的一个相容关系，且不同的覆盖也能构造相同的相容关系.

例如，设 $A=\{1,2,3,4\}$，集合 $\{\{1,2,3\},\{3,4\}\}$ 和 $\{\{1,2\},\{2,3\},\{1,3\},\{3,4\}\}$ 都是 A 的覆盖，但它们可以产生相同的相容关系：

$R=\{\langle 1,1\rangle,\langle 1,2\rangle,\langle 1,3\rangle,\langle 2,1\rangle,\langle 2,2\rangle,\langle 2,3\rangle,\langle 3,1\rangle,\langle 3,2\rangle\langle 3,3\rangle,\langle 3,4\rangle,\langle 4,3\rangle,\langle 4,4\rangle\}$

因此，相容关系与覆盖之间不是一一对应的. 但是有如下定理.

【定理 4-23】 集合 A 上相容关系 R 与完全覆盖 $C_R(A)$ 一一对应.

4.6 偏序关系

4.6.1 定义

在一个集合上，我们常常要考虑元素的次序关系，其中很重要的一类关系称作偏序关系.

【定义 4-19】 设 A 是一个集合，如果 A 上的一个关系 R 满足自反性、反对称性和可传递性，则称 R 是 A 上的一个偏序关系，并把它记为"≼". 序偶 $\langle A,\preccurlyeq\rangle$ 称作偏序集.

在实数集 R 上，小于等于关系"≤"是偏序关系. 因为：

(1) 对于任何实数 $a\in R$，有 $a\leqslant a$ 成立，故"≤"是自反的；

(2) 对任何实数 a，$b\in R$，如果 $a\leqslant b$ 且 $b\leqslant a$，则必有 $a=b$，故"≤"是反对称的；

(3) 对任何实数 a，b，$c\in R$，如果 $a\leqslant b$，$b\leqslant c$，那么必有 $a\leqslant c$，故"≤"是可传递的.

设 S 为任意非空集合，S 上的包含关系 $\subseteq=\{\langle A,B\rangle\mid A,B\in P(S),A\subseteq B\}$ 是偏序关系. 因为：

(1) 对于任意 $A\in P(S)$，有 $A\subseteq A$，所以"⊆"是自反的；

(2) 对任意 $A,B\in P(S)$，若 $A\subseteq B$ 且 $B\subseteq A$，则 $A=B$，所以"⊆"是反对称的；

(3) 对任意A, B, $C\in P(S)$, 若$A\subseteq B$且$B\subseteq C$, 则$A\subseteq C$, 所以"$\subseteq$"是可传递的.

正整数集I_+上的整除关系$|=\{\langle a,b\rangle \mid a,b\in I_+, a$整除$b\}$是偏序关系. 因为:

(1) 对于任何正整数$m\in I_+$, 有$m\mid m$成立, 故"$|$"是自反的;

(2) 对任何正整数m, $n\in I_+$, 如果$m\mid n$且$n\mid m$, 则必有$m=n$, 故"$|$"是反对称的;

(3) 对任何正整数m, n, $k\in I_+$, 如果$m\mid n$且$n\mid k$, 那么必有$m\mid k$, 故"$|$"是可传递的.

注意:

(1) 实数集R上的小于关系"$<$"不是偏序关系.

(2) 任意非空集合S的幂集$P(S)$上的真包含关系"$\subset$"不是偏序关系.

4.6.2 哈斯图

为了更清楚地描述偏序集中元素间的层次关系, 我们先介绍"盖住"的概念.

【定义 4-20】在偏序集$\langle A,\leqslant\rangle$中, 如果$x$, $y\in A$, $x\leqslant y$, $x\neq y$, 且没有其他元素Z满足$x\leqslant Z$, $Z\leqslant y$, 则称元素y盖住元素x. 并且记为

$$\mathrm{cov}\,A=\{\langle x,y\rangle \mid x,y\in A, y\text{ 盖住 } x\}$$

称$\mathrm{cov}\,A$为偏序集$\langle A,\leqslant\rangle$中的盖住关系. 显然$\mathrm{cov}\,A\subseteq\leqslant$.

【例 4-29】设$A=\{1,2,3,4,6,8,12\}$, 并设"$|$"为整除关系, 求$\mathrm{cov}\,A$.

解:

$$\text{"}|\text{"}=\{\langle 1,1\rangle,\langle 1,2\rangle,\langle 1,3\rangle,\langle 1,4\rangle,\langle 1,6\rangle,\langle 1,8\rangle,\langle 1,12\rangle,\langle 2,2\rangle,\langle 2,4\rangle,\langle 2,6\rangle,\langle 2,8\rangle,\langle 2,12\rangle,\langle 3,3\rangle\langle 3,6\rangle,\langle 3,12\rangle,\langle 4,4\rangle,\langle 4,8\rangle,\langle 4,12\rangle\langle 6,6\rangle\langle 6,12\rangle,\langle 8,8\rangle,\langle 12,12\rangle\}$$

$$\mathrm{cov}\,A=\{\langle 1,2\rangle,\langle 1,3\rangle,\langle 2,4\rangle,\langle 2,6\rangle,\langle 3,6\rangle,\langle 4,8\rangle,\langle 4,12\rangle,\langle 6,12\rangle\}$$

对于给定偏序集$\langle A,\leqslant\rangle$, 它的盖住关系是唯一的, 所以哈斯根据盖住的概念给出了偏序关系图的一种画法, 这种画法画出的图称为哈斯图, 其作图规则如下:

(1) 用小圆圈代表元素;

(2) 如果$x\leqslant y$且$x\neq y$, 则将代表y的小圆圈画在代表x的小圆圈之上;

(3) 如果$\langle x,y\rangle\in\mathrm{cov}\,A$, 则在$x$与$y$之间用直线连接. 根据这个作图规则, 例 4-29 中偏序集的一般关系图如图 4-12 所示, 哈斯图如图 4-13 所示.

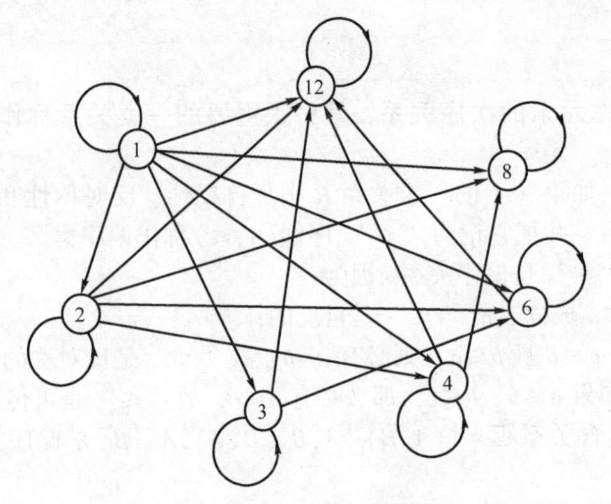

图 4-12 例 4-29 关系图

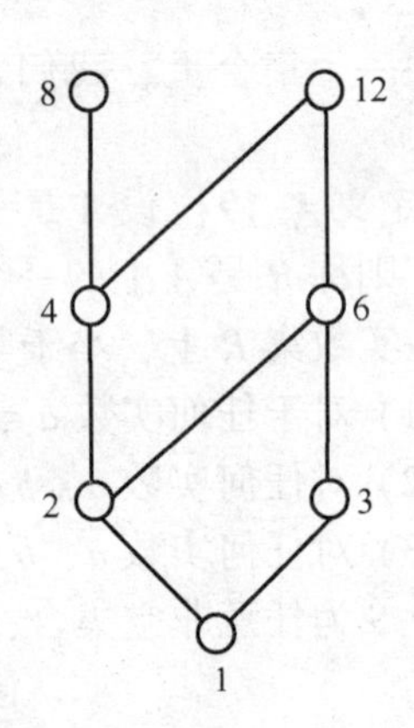

图 4-13 例 4-29 哈斯图

设 $S_1=\{a\}$，$S_2=\{a,b\}$，$S_3=\{a,b,c\}$，$S_4=\{a,b,c,d\}$，则“$\subseteq$”关系是 $P(S_i)(i=1,2,3,4)$ 上的偏序关系，它们的哈斯图分别如图 4-14、图 4-15、图 4-16 和图 4-17 所示.

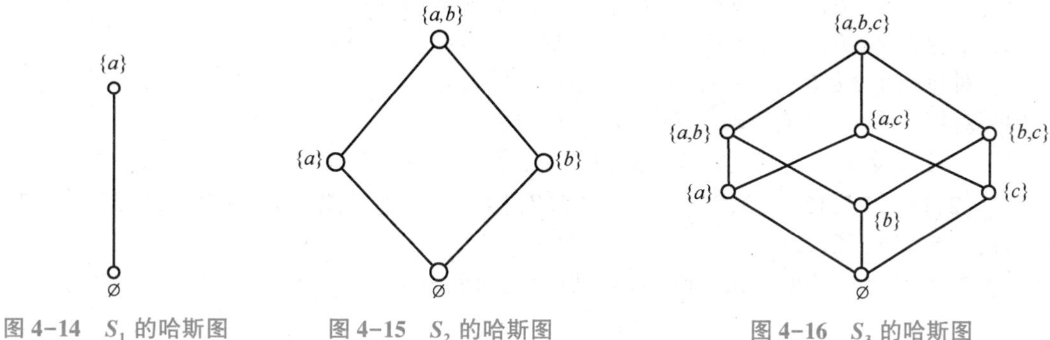

图 4-14　S_1 的哈斯图　　图 4-15　S_2 的哈斯图　　图 4-16　S_3 的哈斯图

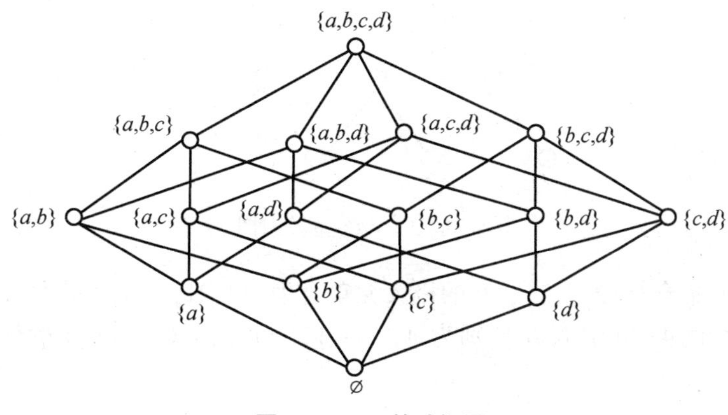

图 4-17　S_4 的哈斯图

【例 4-30】设 $A=\{2,3,6,12,24,36\}$，A 上的整除关系“$\mid$”是一偏序关系，求其哈斯图.

解：

A 的哈斯图如图 4-18 所示.

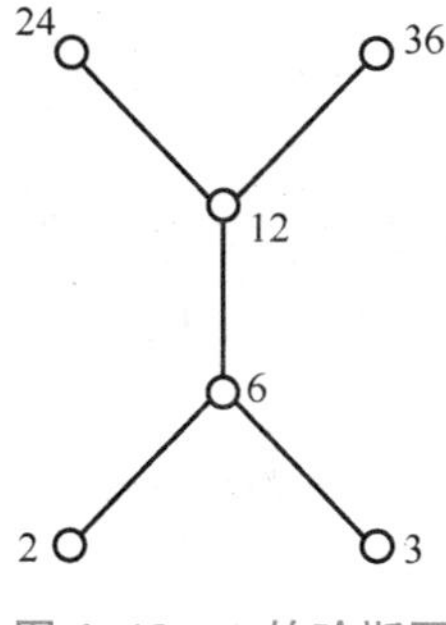

图 4-18　A 的哈斯图

4.6.3　偏序集中特殊位置的元素

从偏序集的哈斯图可以看到偏序集中各个元素之间具有分明的层次关系，则其中必有一

些处于特殊位置的元素. 下面讨论偏序集中具有特殊位置的元素.

【定义 4-21】设$\langle A,\leqslant\rangle$是一个偏序集，且 B 是 A 的子集，若有某个元素 $b\in B$，使得：

(1) 不存在 $x\in B$，满足 $b\neq x$ 且 $b\leqslant x$，则称 b 为 B 的极大元；

(2) 不存在 $x\in B$，满足 $b\neq x$ 且 $x\leqslant b$，则称 b 为 B 的极小元；

(3) 对每一个 $x\in B$ 有 $x\leqslant b$，则称 b 为 B 的最大元；

(4) 对每一个 $x\in B$ 有 $b\leqslant x$，则称 b 为 B 的最小元.

【例 4-31】设 $A=\{2,3,5,7,14,15,21\}$，其偏序关系为

$R=\{\langle 2,14\rangle,\langle 3,15\rangle,\langle 3,21\rangle,\langle 5,15\rangle,\langle 7,14\rangle,\langle 7,21\rangle,\langle 2,2\rangle,\langle 3,3\rangle\ \langle 5,5\rangle,\langle 7,7\rangle,\langle 14,14\rangle,\langle 15,15\rangle,\langle 21,21\rangle\}$

求 $B=\{2,7,3,21,14\}$ 的极大元、极小元、最大元和最小元.

解：

$\text{cov}\ A=\{\langle 2,14\rangle,\langle 3,15\rangle,\langle 3,21\rangle,\langle 5,15\rangle,\langle 7,14\rangle,\langle 7,21\rangle\}$，$\langle A,R\rangle$的哈斯图如图 4-19 所示.

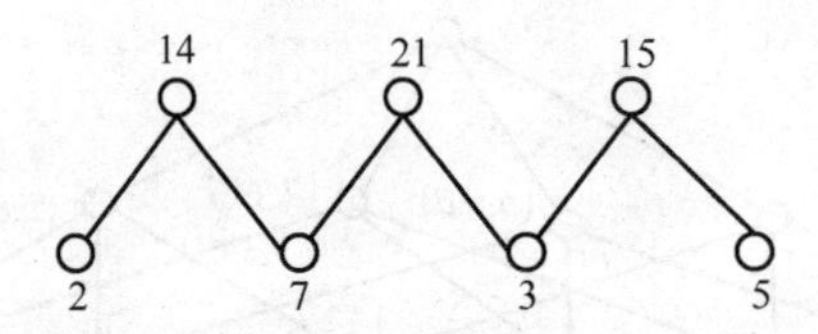

图 4-19 $\langle A,R\rangle$的哈斯图

故 B 的极小元集合是$\{2,7,3\}$，B 的极大元集合为$\{14,21\}$，B 无最大元，也无最小元.

【例 4-32】在例 4-30 中取 B 分别为 A，$\{6,12\}$ 和$\{2,3,6\}$，求 B 的极大元、极小元、最大元和最小元.

解：

B 的极大元、极小元、最大元和最小元如表 4-1 所示.

表 4-1 例 4-32 表

集合	极大元	极小元	最大元	最小元
A	24,36	2,3	无	无
$\{6,12\}$	12	6	12	6
$\{2,3,6\}$	6	2,3	6	无

【例 4-33】在图 4-16 所示的偏序集中，取 B 分别为 $P(S_3)$，$\{\{a\},\{b\},\{c\}\}$ 和$\{\{a\},\{a,b\}\}$，求 B 的极大元、极小元、最大元和最小元.

解：

B 的极大元、极小元、最大元和最小元如表 4-2 所示.

表 4-2 例 4-33 表

集合	极大元	极小元	最大元	最小元
$P(S_3)$	$\{a,b,c\}$	$\varnothing$	$\{a,b,c\}$	$\varnothing$
$\{\{a\},\{b\},\{c\}\}$	$\{a\},\{b\},\{c\}$	$\{a\},\{b\},\{c\}$	无	无
$\{\{a\},\{a,b\}\}$	$\{a,b\}$	$\{a\}$	$\{a,b\}$	$\{a\}$

从上面的 3 个例子可以看出，最大（小）元和极大（小）元有如下性质.

【定理 4-24】设$\langle A,\leqslant\rangle$为一偏序集且$B\subseteq A$，则有：

（1）B 的最大（小）元必是 B 的极大（小）元，反之不然；

（2）B 的最大（小）元不一定存在，若 B 有最大（最小）元，则必是唯一的；

（3）B 的极大（小）元不一定是唯一的，当 $B=A$ 时，则偏序集$\langle A,\leqslant\rangle$的极大元即是哈斯图中最顶层的元素，其极小元是哈斯图中最底层的元素，不同的极小元或不同的极大元之间是不可比较的.

证明：

我们证明最大（小）元的唯一性. 假定 a 和 b 都是 B 的最大元，则 $a\leqslant b$ 且 $b\leqslant a$，由$\leqslant$的反对称性，得到 $a=b$. B 的最小元情况与此类似.

【定义 4-22】设$\langle A,\leqslant\rangle$为一偏序集，对于$B\subseteq A$，如有 $a\in A$，则对 B 的任意元素 x，都满足：

（1）若 $x\leqslant a$，则称 a 为 B 的上界；

（2）若 $a\leqslant x$，则称 a 为 B 的下界；

（3）若 a 为 B 的上界，且对 B 的任一上界 a'均有 $a\leqslant a'$，则称 a 为 B 的最小上界（上确界），记作 LUB B；

（4）若 a 为 B 的下界，且对 B 的任一下界 a'，均有 $a'\leqslant a$，则称 a 为 B 的最大下界（下确界），记为 GLB B.

【例 4-34】在例 4-30 中取 B 分别为 A，$\{6,12\}$和$\{2,3,6\}$，$\{12,24,36\}$和$\{24,36\}$，求 B 的上界、下界、上确界和下确界.

解：

B 的上界、下界、上确界和下确界如表 4-3 所示.

表 4-3 例 4-34 表

集合	上界	下界	上确界	下确界
A	无	无	无	无
$\{6,12\}$	12,24,36	2,3,6	12	6
$\{2,3,6\}$	6,12,24,36	无	6	无
$\{12,24,36\}$	无	2,3,6,12	无	12
$\{24,36\}$	无	2,3,6,12	无	12

【例 4-35】在例 4-42 中的图 4-16 所示的偏序集中，取 B 分别为 $P(S_3)$，$\{\{a\},\{b\},\{c\}\}$和$\{\{a\},\{a,b\}\}$，求 B 的上界、下界、上确界和下确界.

解：

B 的上界、下界、上确界和下确界如表 4-4 所示.

表 4-4 例 4-35 表

集合	上界	下界	上确界	下确界
$P(S_3)$	$\{a,b,c\}$	$\varnothing$	$\{a,b,c\}$	$\varnothing$
$\{\{a\},\{b\},\{c\}\}$	$\{a,b,c\}$	$\varnothing$	$\{a,b,c\}$	$\varnothing$
$\{\{a\},\{a,b\}\}$	$\{a,b\},\{a,b,c\}$	$\varnothing,\{a\}$	$\{a,b\}$	$\{a\}$

从上面的 2 个例子可以看出，上（下）界和上（下）确界有如下性质.

【定理 4-25】设$\langle A,\leqslant\rangle$为一偏序集且 $B\subseteq A$，则有：

(1) B 的上（下）界不一定存在，若存在，则不一定唯一，并且它们可能在 B 中，也可能在 B 外；

(2) B 的上（下）确界不一定存在，若存在，必定是唯一的，并且若 B 有最大（小）元，则它必是 B 的上（下）确界.

4.6.4 两种特殊的偏序集

1. 全序

【定义 4-23】设$\langle A,\leqslant\rangle$为一个偏序集，若对于任意 a，$b\in A$，必有 $a\leqslant b$ 或 $b\leqslant a$，则称$\langle A,\leqslant\rangle$为全序集或线序集（有时也称为链），二元关系$\leqslant$称为全序关系或线序关系.

(1) 定义在自然数集合 $\mathbf{N}$ 上的小于等于关系“$\leqslant$”是偏序关系，且对任意 i，$j\in\mathbf{N}$，必有 $i\leqslant j$ 或 $j\leqslant i$ 成立，故“$\leqslant$”是全序关系.

(2) 实数集 $\mathbf{R}$ 上的小于等于关系“$\leqslant$”也是 $\mathbf{R}$ 上的一个全序关系.

(3) 设 $A=\{1,2,4,8,24,48\}$，则 A 上的整除关系是一个全序关系，其哈斯图如图 4-20 所示.

(4) 自然数集合 $\mathbf{N}$ 上的整除关系就仅是一个偏序而不是全序.

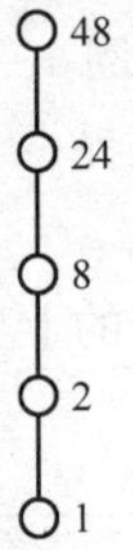

48
24
8
2
1

图 4-20 哈斯图

2. 良序

【定义 4-24】设$\langle A,\leqslant\rangle$为一个偏序集，若 A 的任意非空子集 B 均有最小元素，则称$\leqslant$为 A 上的一个良序，$\langle A,\leqslant\rangle$称为良序集.

例如：

(1) 正整数集 $\mathbf{N}_+=\{1,2,3,\cdots\}$上的小于等于关系“$\leqslant$”是良序，即$\langle\mathbf{N}_+,\leqslant\rangle$是良序集；

(2) $I_n=\{1,2,\cdots,n\}$上的小于等于关系“$\leqslant$”是良序，即$\langle I_n,\leqslant\rangle$是良序集；

(3) 整数集 $\mathbf{Z}$ 和实数集 $\mathbf{R}$ 上的小于等于关系“$\leqslant$”不是良序关系（因为 $\mathbf{Z}$ 或 $\mathbf{R}$ 本身无最小元）.

【定理 4-26】每一个良序集一定是全序集.

证明：

设$\langle A,\leqslant\rangle$为良序集，则对任意两个元素 x，$y\in A$ 可构成子集$\{x,y\}$，必存在最小元素，这个最小元素不是 x 就是 y，因此一定有 $x\leqslant y$ 或 $y\leqslant x$. 所以，$\langle A,\leqslant\rangle$为全序集.

注意：

定理 4-26 的逆不成立. 例如，整数集 $\mathbf{Z}$ 和实数集 $\mathbf{R}$ 上的小于等于关系“$\leqslant$”是全序，但不是良序. 但是有如下定理.

【定理 4-27】 每一个有限的全序集一定是良序集.

证明:

设 $A=\{a_1,a_2,\cdots,a_n\}$，且$\langle A,\leqslant\rangle$是全序集，现在假定$\langle A,\leqslant\rangle$不是良序集，那么必存在一个非空子集 $B\subseteq A$，在 B 中不存在最小元素，由于 B 是一个有限集，故一定可以找出两个元素 x 与 y 是无关的，由于$\langle A,\leqslant\rangle$是全序集 x，$y\in A$，所以 x、y 必有关系，得出矛盾，故$\langle A,\leqslant\rangle$必是良序集.

4.7 本章习题

一、选择题

1. 设 $A=\{1,2,3\}$，集合 $R=\{\langle 1,1\rangle,\langle 2,2\rangle,\langle 3,3\rangle\}$符合的关系为（　　）.

A. 既对称也反对称　　B. 既不对称也不反对称

C. 反对称而不对称　　D. 对称而不反对称

2. 已知关系 R 的关系矩阵为$\begin{bmatrix}1&1&0&0\\0&1&0&0\\0&1&1&0\\0&0&1&1\end{bmatrix}$，则 R 具有（　　）.

A. 自反性　　B. 反自反性　　C. 对称性

D. 反对称性　　E. 以上都不对

3. 若R_1为“是……的母亲”，R_2为“是……的父亲”，则（　　）为关系“是……的曾祖母”.

A. $R_2\circ R_1\circ R_1$　　B. $R_1\circ R_2\circ R_1$

C. $R_1\circ R_1\circ R_2$　　D. $R_1\circ R_2\circ R_2$

4. 实数集上的小于等于关系“$\leqslant$”具有（　　）性质.

A. 自反性　　B. 反自反性　　C. 对称性

D. 反对称性　　E. 可传递性

5. 实数集上大于关系“$>$”的对称闭包是（　　）.

A. $\geqslant$　　B. $>$　　C. $\neq$　　D. $=$

二、填空题

1. 设 $A=\{2,3,4,8\}$，$B=\{1,5,7\}$，用描述法定义由 A 到 B 的关系 $R=\{\langle a,b\rangle \mid a\leqslant b\}$，则用列举法表示为________.

2. 设 $A=\{1,2,3,4\}$，A 上的关系 $R=\{\langle x,y\rangle \mid y$ 是 x 的整数倍$\}$，则 $R=$________.

3. 设 $A=\{2,3,5\}$，$B=\{2,6,7,8,9\}$，A 到 B 的关系 R 定义为：当且仅当 a 整除 b 时，$R=\{\langle 2,2\rangle,\langle 2,6\rangle,\langle 2,8\rangle,\langle 3,6\rangle,\langle 3,9\rangle\}$，则 R 的定义域为________.

4. 若对于所有的 $a\in A$，均有 aRa，则称 R 在 A 上是________的.

5. 设 R 是定义在集合 X 上的二元关系，如果对于任意 x，$y\in X$，若 xRy，就有 yRx，则称 R 在 X 上是________的.

三、判断题

1. 关系的表示方法包括：集合表示法、矩阵表示法、关系图表示法和向量表示法.（　　）

2. 若对于所有的 $a\in A$，均有 aRa，则称 R 在 A 上是自反的. （ ）

3. 若关系 R 是对称的，则关系矩阵主对角线上的所有元素均为 1. （ ）

4. 若关系 R 是自反的，且关系图两节点之间有边，则必存在两条方向相反的边. （ ）

5. 设 $A=\{1,2,3\}$，集合 $R=\{\langle 1,1\rangle,\langle 2,2\rangle,\langle 3,3\rangle\}$ 符合的关系为既对称也反对称. （ ）

四、解答题

1. 对于集合 $A=\{1,2,3\}$ 和 $B=\{2,3,4,6\}$，求：

(1) 从 A 到 B 的小于等于关系；
(2) 从 A 到 B 的整除关系；
(3) 从 A 到 B 的大于关系；
(4) 从 B 到 A 的大于等于关系；
(5) 从 B 到 A 的小于关系；
(6) 从 B 到 A 的整除关系.

2. 对于集合 $A=\{a,b,c\}$ 和集合 $B=\{\{a\},\{a,b\},\{a,c\},\{b,c\}\}$，求：

(1) 从 $P(A)$ 到 B 的包含关系；
(2) 从 $P(A)$ 到 B 的真包含关系；
(3) 从 B 到 $P(A)$ 的包含关系；
(4) 从 B 到 $P(A)$ 的真包含关系；
(5) B 上的包含关系；
(6) B 上的恒等关系.

3. 对于集合 $A=\{3,5,7,9\}$ 和 $B=\{2,3,4,6,8,10\}$，求如下关系的关系矩阵：

(1) 从 A 到 B 的小于等于关系；
(2) 从 A 到 B 的大于关系；
(3) 从 A 到 B 的整除关系；
(4) 从 B 到 A 的大于等于关系；
(5) 从 B 到 A 的小于关系；
(6) 从 B 到 A 的整除关系.

4. 对于集合 $A=\{a,b,c\}$ 和集合 $B=\{\varnothing,\{a,b\},\{a,b,c\}\}$，求如下关系的关系矩阵：

(1) 从 $P(A)$ 到 B 的包含关系；
(2) 从 $P(A)$ 到 B 的真包含关系；
(3) 从 B 到 $P(A)$ 的包含关系；
(4) 从 B 到 $P(A)$ 的真包含关系；
(5) B 上的包含关系；
(6) B 上的恒等关系.

5. 设 $A=\{a,b,c,d,e,f,g\}$，其中 a、b、c、d、e、f 和 g 分别表示 7 个人，且 a、b 和 c 都是 18 岁，d 和 e 都是 21 岁，f 和 g 都是 23 岁. 试给出集合 A 上的同龄关系，并用关系矩阵和关系图表示.

6. 判断集合 $A=\{3,5,6,7,10,12\}$ 上的如下关系所具有的性质：

(1) A 上的小于等于关系；
(2) A 上的大于关系；
(3) A 上的全域关系；

(4) A 上的恒等关系；

(5) A 上的不等于关系；

(6) A 上的整除关系.

7. 给出集合 $A=\{1,2,3,4\}$ 上关系的例子，使它分别具有如下性质：

(1) 既不是自反的，又不是反自反的；

(2) 既是对称的，又是反对称的；

(3) 既不是对称的，又不是反对称的；

(4) 既是可传递的，又是对称的；

(5) 既是反自反的，又是可传递的；

(6) 既是反对称的，又是自反的.

8. 对于图 4-21 中给出的集合 $A=\{1,2,3\}$ 上的关系，写出相应的关系表达式和关系矩阵，并分析它们各自具有的性质.

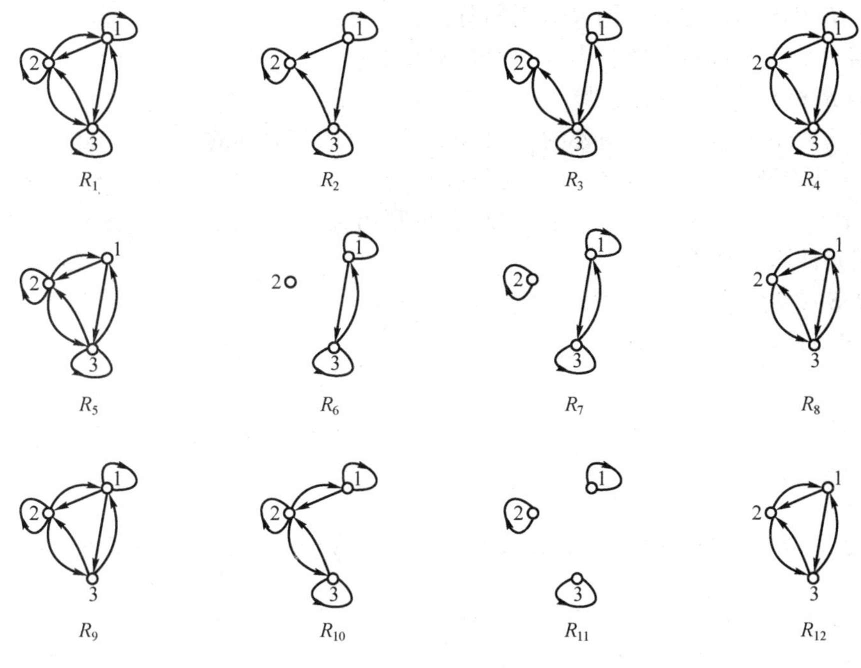

图 4-21 习题 8 的关系

9. 对于集合 A 上的自反关系 R 和 S，判断如下结论的正确性，并举例说明.

(1) $R\cup S$ 是自反关系.

(2) $R\cap S$ 是自反关系.

(3) $R\setminus S$ 是自反关系.

10. 对于集合 A 上的反自反关系 R 和 S，判断如下结论的正确性，并举例说明.

(1) $R\cup S$ 是反自反关系.

(2) $R\cap S$ 是反自反关系.

(3) $R\setminus S$ 是反自反关系.

11. 对于集合 A 上的对称关系 R 和 S，判断如下结论的正确性，并举例说明.

(1) $R\cup S$ 是对称关系.

(2) $R\cap S$ 是对称关系.

（3）$R\setminus S$ 是对称关系.

12. 对于集合 A 上的反对称关系 R 和 S，判断如下结论的正确性，并举例说明.

（1）$R\cup S$ 是反对称关系.

（2）$R\cap S$ 是反对称关系.

（3）$R\setminus S$ 是反对称关系.

13. 对于集合 A 上的可传递关系 R 和 S，判断如下结论的正确性，并举例说明.

（1）$R\cup S$ 是可传递关系.

（2）$R\cap S$ 是可传递关系.

（3）$R\setminus S$ 是可传递关系.

14. 设 R 和 S 是集合 A 上的关系，试证明或否定以下论断：

（1）若 R 和 S 是自反的，则 $R\circ S$ 是自反的；

（2）若 R 和 S 是反自反的，则 $R\circ S$ 是反自反的；

（3）若 R 和 S 是对称的，则 $R\circ S$ 是对称的；

（4）若 R 和 S 是反对称的，则 $R\circ S$ 是反对称的；

（5）若 R 和 S 是可传递的，则 $R\circ S$ 是可传递的；

（6）若 R 和 S 是自反的和对称的，则 $R\circ S$ 是自反的和对称的.

15. 对于集合 $A=\{1,2,3,4,5,6\}$ 上的关系 $R=\{\langle x,y\rangle \mid (x-y)^2\in A\}$，$S=\{\langle x,y\rangle \mid y$ 是 x 的倍数$\}$ 和 $T=\{\langle x,y\rangle \mid x$ 整除 y,y 是素数$\}$，试写出各关系中的元素、各关系的关系矩阵，画出关系图并计算下列各式：

（1）$R\circ S$；

（2）$(R\circ S)\circ T$；

（3）$(R\cap S)\circ T$；

（4）$(R\cap T)\circ S$；

（5）$(R\cup S)\circ T$；

（6）$(R\circ S)\circ R$.

16. 对于集合 $A=\{1,2,3,4\}$ 上的关系 $R=\{\langle x,y\rangle \mid y=x+1$ 或 $y=x/2\}$ 和 $S=\{\langle x,y\rangle \mid x=y+2\}$，求：

（1）R^{-1}；

（2）S^{-1}；

（3）$(R\circ S)^{-1}$；

（4）$(R)^{-1}\circ(S)^{-1}$；

（5）$(R\cup S)^{-1}$；

（6）$(R)^{-1}\cup(S)^{-1}$；

（7）$(R\cap S)^{-1}$；

（8）$(R)^{-1}\cap(S)^{-1}$；

（9）$(S)^{-1}\circ(R)^{-1}$.

17. 对于题 16 中的关系 R 和 S，求：

（1）R^2；

（2）S^2；

（3）$(R\circ S)^2$；

（4）$R^2\circ S^2$；

(5) $(R\cup S)^2$;

(6) $(R)^2\cup(S)^2$;

(7) $(R\cap S)^2$;

(8) $(R)^2\cap(S)^2$;

(9) $(S\circ R)^2$.

18. 设 R 和 S 是定义在人类集合 P 上的关系，其中：$R=\{\langle x,y\rangle \mid x$ 是 y 的父亲，$x\in P$，$y\in P\}$，$S=\{\langle x,y\rangle \mid x$ 是 y 的母亲，$x\in P$，$y\in P\}$，试问：

(1) $R\circ R$ 表示什么关系？

(2) $S^{-1}\circ R^{-1}$表示什么关系？

(3) $S\circ R^{-1}$表示什么关系？

(4) R^3表示什么关系？

(5) $\{\langle x,y\rangle \mid x$ 是 y 的祖母，$x\in P,y\in P\}$ 如何用 R 和 S 表示？

(6) $\{\langle x,y\rangle \mid x$ 是 y 的外祖母，$x\in P,y\in P\}$ 如何用 R 和 S 表示？

19. 对于集合 $A=\{a,b,c\}$ 上的关系 $R=\{\langle a,b\rangle,\langle b,c\rangle,\langle c,a\rangle\}$，求 $r(R)$、$s(R)$、$t(R)$、$rs(R)$、$rt(R)$、$st(R)$ 和 $srt(R)$，并给出所得关系的关系矩阵和关系图.

20. 设 R 是集合 A 上的关系，试证明或否定以下论断：

(1) 若 R 是自反的，则 $s(R)$、$t(R)$ 是自反的；

(2) 若 R 是反自反的，则 $s(R)$、$t(R)$ 是反自反的；

(3) 若 R 是反对称的，则 $r(R)$、$t(R)$ 是反对称的；

(4) 若 R 是可传递的，则 $r(R)$、$s(R)$ 是可传递的.

21. 对于图 4-22 中给出的集合 $A=\{1,2,3,4\}$ 上的关系，求这些关系的自反闭包和传递闭包，并画出对应关系的关系图.

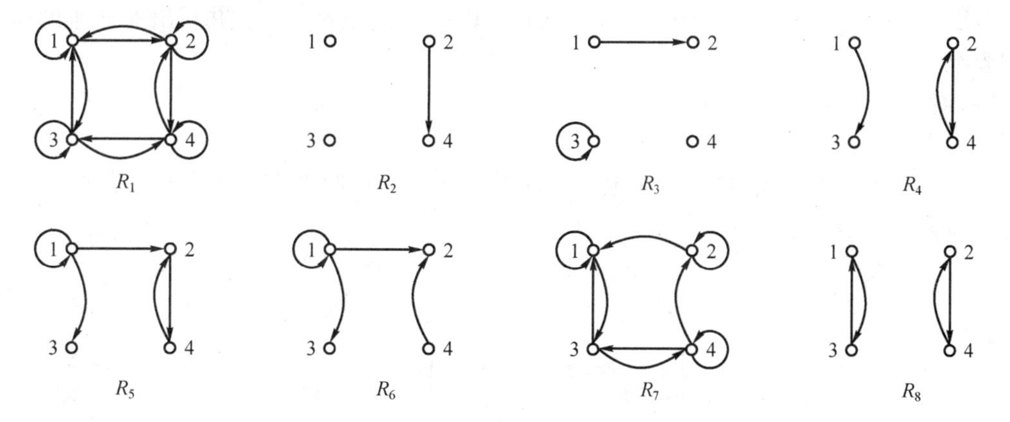

图 4-22 习题 21 的关系图

22. 对于集合 $\{0,1,2,3\}$ 上的如下关系，判定哪些关系是等价关系.

(1) $\{\langle 0,0\rangle,\langle 1,1\rangle,\langle 2,2\rangle,\langle 3,3\rangle\}$.

(2) $\{\langle 0,0\rangle,\langle 0,2\rangle,\langle 2,0\rangle,\langle 2,2\rangle,\langle 2,3\rangle,\langle 3,2\rangle,\langle 3,3\rangle\}$.

(3) $\{\langle 0,0\rangle,\langle 1,1\rangle,\langle 1,2\rangle,\langle 2,1\rangle,\langle 3,3\rangle\}$.

(4) $\{\langle 0,0\rangle,\langle 1,1\rangle,\langle 1,3\rangle,\langle 2,2\rangle,\langle 2,3\rangle,\langle 3,1\rangle,\langle 3,2\rangle,\langle 3,3\rangle\}$.

(5) $\{\langle 0,0\rangle,\langle 0,1\rangle,\langle 0,2\rangle,\langle 1,0\rangle,\langle 1,1\rangle,\langle 1,2\rangle,\langle 2,0\rangle,\langle 2,2\rangle,\langle 3,3\rangle\}$.

(6) $\varnothing$.

23. 对于人类集合上的如下关系，判定哪些是等价关系.

(1) $\{\langle x,y\rangle \mid x$ 与 y 有相同的父母$\}$.

(2) $\{\langle x,y\rangle \mid x$ 与 y 有相同的年龄$\}$.

(3) $\{\langle x,y\rangle \mid x$ 与 y 是朋友$\}$.

(4) $\{\langle x,y\rangle \mid x$ 与 y 都选修离散数学$\}$.

(5) $\{\langle x,y\rangle \mid x$ 与 y 是老乡$\}$.

(6) $\{\langle x,y\rangle \mid x$ 与 y 有相同的祖父$\}$.

24. 对于长度至少为 3 的所有二进制串的集合上的关系 $R=\{\langle x,y\rangle \mid x$ 和 y 第 3 位(不含第 3 位)之后各位相同$\}$，试证明 R 是等价关系.

25. 对于正整数集合上的关系 $R=\{\langle\langle a,b\rangle,\langle c,d\rangle\rangle \mid a\cdot b=c\cdot d\}$，试证明 R 是等价关系.

26. 对于图 4-23 中给出的集合 $A=\{a,b,c,d\}$ 上的关系，判断是否为等价关系.

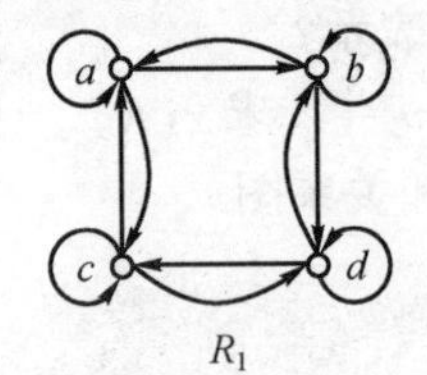

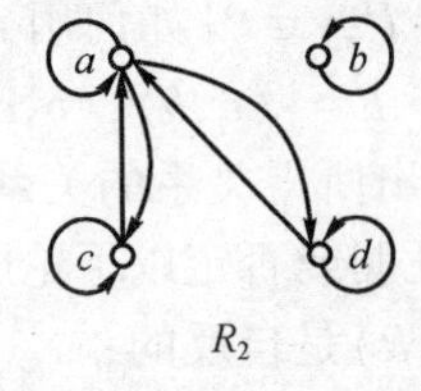

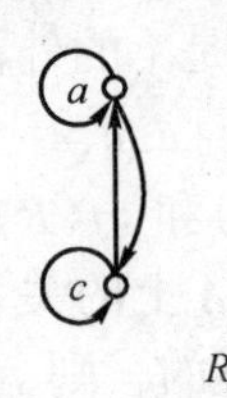

图 4-23 习题 26 的关系图

27. 设 $\mathbf{Z}$ 是整数集，当 $a\cdot b\geqslant 0$ 时，$\langle a,b\rangle\in R$，说明 R 是 $\mathbf{Z}$ 上的相容关系，但不是 $\mathbf{Z}$ 上的等价关系.

28. 集合 $A=\{$air, book, class, go, in, not, yes, make, program$\}$ 上的关系 R 定义为：当两个单词中至少有一个字母相同时，则认为是相关的. 证明 R 是相容关系，并写出 R 产生的所有最大相容类.

29. 对于集合 $A=\{a,b,c,d,e,f,g\}$ 上的覆盖 $C=\{\{a,b,c,d\},\{c,d,e\},\{d,e,f\},\{f,g\}\}$，求覆盖 C 所对应的相容关系.

30. 对于图 4-24 所示的集合 A 上的偏序关系所对应的哈斯图，求集合 A 的极大元、极小元、最大元和最小元.

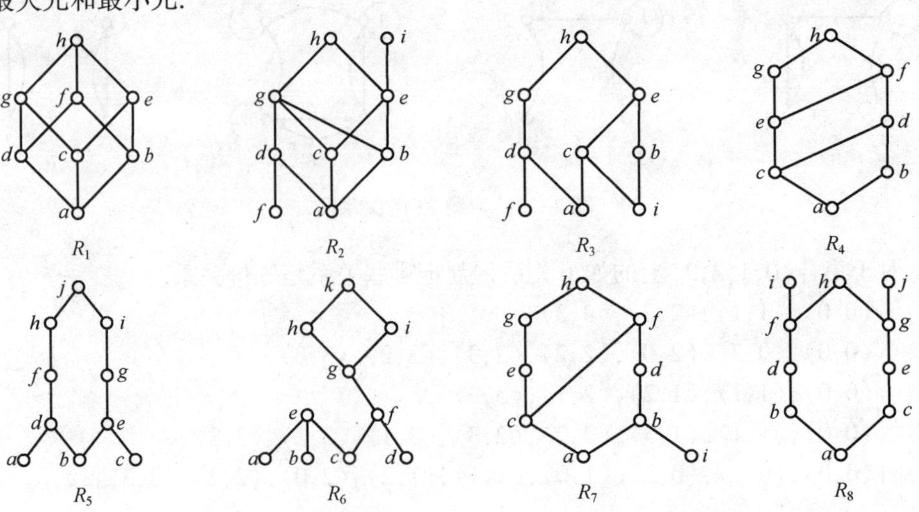

图 4-24 习题 30 的哈斯图

31. 对于集合 $A=\{\varnothing,\{1\},\{1,3\},\{1,2,3\}\}$，证明 A 上的包含关系“$\subseteq$”是全序关系，并画出其哈斯图.

32. 判断下列关系是否为偏序关系、全序关系或良序关系.

（1）自然数集 **N** 上的小于关系“$<$”.

（2）自然数集 **N** 上的大于等于关系“$\geqslant$”.

（3）整数集 **Z** 上的小于等于关系“$\leqslant$”.

（4）幂集 $P(N)$ 上的真包含关系“$\subset$”.

（5）幂集 $P(\{a\})$ 上的包含关系“$\subseteq$”.

（6）幂集 $P(\varnothing)$ 上的包含关系“$\subseteq$”.

五、实验题

1. 关系矩阵.

问题：给出两个集合 A、B 和他们的关系集合 R，试求出 R 的关系矩阵 $\boldsymbol{M}$.

输入：输入数据有多组，每组第一行为 3 个正整数 n、m 和 k，分别代表集合 A 中的元素个数、集合 B 中的元素个数和关系集合中的元素个数；接下来一行的 n 个数字代表 A 中的元素；再接下来一行的 m 个数字代表 B 中的元素；接下来 k 对数字每两个一对，代表 R 中的元素.

输出：第一行输出 case t：其中 t 为测试数据的组号；接下来的 n 行输出关系 R 的关系矩阵，每行 m 个布尔值，每两个布尔值中间有一个空格；最后一个数后面换行.

2. 关系的合成.

问题：已知集合 A 的元素，R 和 S 均为 A 上的关系，且 $R=\{\langle x,y\rangle \mid x+y=4\}$，$S=\{\langle x,y\rangle \mid y-x=1\}$，求 $S\circ R$.

输入：第一行输入整数 n，表示集合 A 中的元素个数，第二行输入 n 个元素. 处理到输入结束.

输出：每组测试数据的输出为一行，即 $S\circ R$ 的所有二元组，每两个二元组之间用逗号隔开. 如果 $S\circ R$ 不存在，则输出 NULL.

第 4 章习题答案

第 5 章

图

图论是建立和处理离散型数学模型的重要数学工具，它已发展成具有广泛应用的一个数学分支. 图论的发展已有 200 多年的历史，它最早起源于一些数学游戏的难题研究. 1736 年，瑞士数学家欧拉发表了关于解决哥尼斯堡七桥问题的一篇文章，标志着图论的正式诞生.

从 19 世纪中叶到 20 世纪中叶，图论问题大量出现，如汉密尔顿图问题、四色猜想等. 这些问题的出现进一步促进了图论的发展. 随着计算机科学的迅猛发展，在现实生活中的许多问题，如交通网络问题、运输优化问题、社会学中某类关系的研究都可以用图论进行研究和处理.

图论在计算机领域中，如算法、语言、数据库、网络理论、数据结构、操作系统、人工智能等方面都有重大贡献. 本章主要介绍图论的基本概念、基本性质和一些典型应用.

5.1 基本概念

在第 3 章集合论中已给出序偶（有序对）及笛卡尔积的概念，这里给出无序对及无序积的概念. 任意两个元素 a、b 构成的无序对，记作(a,b)，这里总有$(a,b)=(b,a)$.

设 A、B 为任意两个集合，无序对的集合 $\{(a,b) \mid a \in A \wedge b \in B\}$ 称为集合 A 与 B 的无序积，记作 $A\&B$，无序积与有序积的不同在于 $A\&B=B\&A$.

例如，设 $A=\{a,b\}$，$B=\{1,2,3\}$，则

$$A\&B=\{(a,1),(a,2),(a,3),(b,1),(b,2),(b,3)\}=B\&A$$

当集合中允许元素重复出现时称为多重集.

5.1.1 图的定义及相关概念

【定义 5-1】图 G 是一个二元组(V,E)，即 $G=(V,E)$. 其中，$V=\{v_1,v_2,\cdots,v_n\}$是一个非空集合，称 V 中的元素 $v_i(i=1,2,\cdots,n)$为图的节点或顶点，称 V 为 G 的顶点集；$E=\{(v_i,v_j) \mid v_i,v_j \in V\}$，$E$ 中的元素 $e=(v_i,v_j)$为图的边或弧，称 E 为 G 的边集. 称 $|V|$ 和 $|E|$ 为图 G 的顶点数（阶）和边数. 若图 G 的顶点数和边数都是有限集，则称 G 为有限图；否则称为

无限图. $V=\varnothing$的图称为空图；有 n 个顶点的图称为 n 阶图；$E=\varnothing$的图称为零图；仅有一个顶点的图称为平凡图，否则称为非平凡图.

如果没有特殊说明，集合 V 和 E 都假设是有限的并且假设 V 是非空的.

【定义 5-2】 在图 $G=(V,E)$中，若边 $e=(v_i,v_j)$是无序对，即$(v_i,v_j)=(v_j,v_i)$，则称 G 为无向图，其中，V 是一个非空的节点（或顶点）集；E 是无序积 $V\&V$ 的多重子集，其元素称为无向边.

在一个图 $G=(V,E)$中，为了表示 V 和 E 分别是图 G 的节点集和边集，常将 V 记成 $V(G)$，而将 E 记成 $E(G)$.

在无向图 $G=(V,E)$中，$V=\{v_1,v_2,v_3,v_4,v_5\}$，$E=\{(v_1,v_2),(v_2,v_2),(v_2,v_3),(v_1,v_3),(v_1,v_3),(v_3,v_4)\}$，$G$ 的图形如图 5-1 所示.

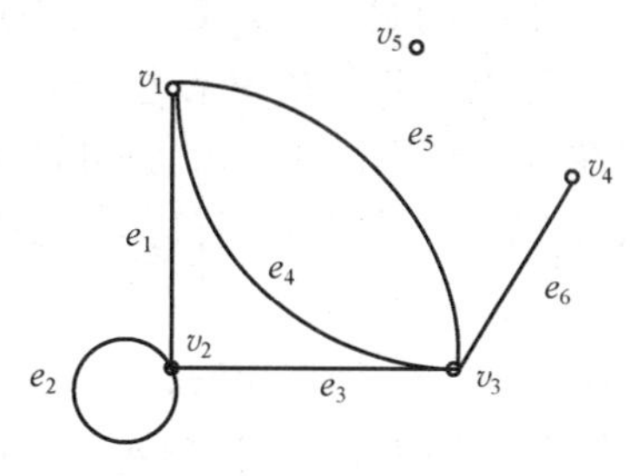

图 5-1　无向图

【定义 5-3】 在图 $G=(V,E)$中，若边 $e=\langle v_i,v_j\rangle$是有序对，即 $\langle v_i,v_j\rangle\neq\langle v_j,v_i\rangle$，则称 G 为有向图. 其中，V 是一个非空的节点（或顶点）集；E 是笛卡儿积 $V\times V$ 的多重子集，其元素为有向边，记作$\langle v_i,v_j\rangle$.

在有向图 $G=(V,E)$中，$V=\{v_1,v_2,v_3,v_4\}$，$E=\{\langle v_1,v_1\rangle,\langle v_1,v_2\rangle,\langle v_2,v_3\rangle,\langle v_3,v_2\rangle,\langle v_2,v_4\rangle,\langle v_3,v_4\rangle\}$，$G$ 的图形如图 5-2 所示.

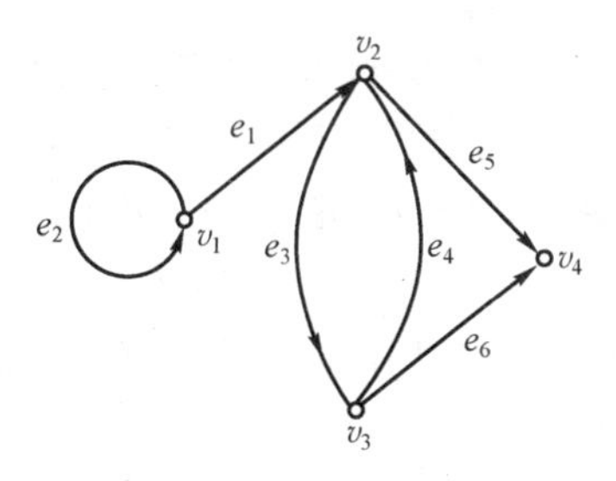

图 5-2　有向图

为了表示方便，常常把边用 e_i 来表示. 例如，图 5-1 中用 e_1 表示边(v_1,v_2)，用 e_5 表示边(v_1,v_3)等.

有向图和无向图统称为图. 由于有向图的边也称为弧，由弧构成的集记为 A，因此，为了区分有向图和无向图，有向图记为 $G=(V,A)$，而无向图记为 $G=(V,E)$. 为方便起见，在后面的论述中，有时也用 $G=(V,E)$表示有向图.

【定义 5-4】 设有无向图 $G=(V,E)$.

(1) 当 $e=(u,v)$时，称 u 和 v 是 e 的端点，并称 e 与 u 和 v 是关联的.

(2) 若 $u\neq v$，则称 e 与 u（或 v）的关联次数是 1；若 $u=v$，称 e 与 u 的关联次数为 2；

若 u 不是 e 的端点，则称 e 与 u 的关联次数为 0.

没有边关联的顶点称为孤立点.

在图 5-1 中，$e_1=(v_1,v_2)$，v_1、v_2 是 e_1 的端点，e_1 与 v_1、v_2 的关联次数均为 1，v_5 是孤立点，e_2 是环，e_2 与 v_2 的关联次数为 2.

【定义 5-5】 设有有向图 $G=(V,E)$.

(1) 当 $e=\langle u,v\rangle$ 时，e 是一条有向边，则称 u 是 e 的始点，v 是 e 的终点，也称 u、v 为 e 的端点，并称 e 与 u 和 v 是关联的.

(2) 若 $u\neq v$，则称 e 与 u（或 v）的关联次数是 1；若 $u=v$，称 e 与 u 的关联次数是 2；若 u 不是 e 的端点，则称 e 与 u 的关联次数为 0.

一条有向边的始点与终点重合，则称此条边为环.

在图 5-2 中，$e_1=\langle v_1,v_2\rangle$，$v_1$ 是 e_1 的始点，v_2 是 e_1 的终点；$e_2=\langle v_1,v_1\rangle$，$e_2$ 称为环.

【定义 5-6】 在无向图 $G=(V,E)$ 中，若存在一条边 $e=(u,v)$，则称端点 u、v 是相邻的. 若两条边 e_1、e_2 至少有一个公共端点，则称边 e_1、e_2 是相邻的. 在有向图 $G=(V,E)$ 中，若存在一条边 $e=\langle u,v\rangle$，则称始点 u 邻接到终点 v. 若边 e_1 的终点与边 e_2 的始点重合，则称 e_1、e_2 是相邻的.

在图 5-1 中，$e_1=(v_1,v_2)$，端点 v_1、v_2 是相邻的；边 e_1、e_2 是相邻的.

在图 5-2 中，$e_1=\langle v_1,v_2\rangle$，始点 v_1 与终点 v_2 是相邻的；边 e_1、e_2 是相邻的.

5.1.2 节点的度

【定义 5-7】

(1) 设 $G=(V,E)$ 为一无向图，$v\in V$，v 关联边的次数之和称为 v 的度数，简称度，记作$d(v)$.

在图 5-1 中，$d(v_1)=3$，$d(v_2)=4$，$d(v_3)=4$，$d(v_4)=1$，$d(v_5)=0$.

(2) 设 $G=(V,E)$ 为一有向图，$v\in V$，v 作为边的始点的次数之和，称为 v 的出度，记作$d^+(v)$；v 作为边的终点的次数之和称为 v 的入度，记作 $d^-(v)$；v 作为边的端点的次数之和称为 v 的度数，简称度，记作 $d(v)$，显然 $d(v)=d^+(v)+d^-(v)$.

在图 5-2 中，$d^+(v_1)=2$，$d^-(v_1)=1$；$d^+(v_2)=d^-(v_2)=2$；$d^+(v_3)=2$，$d^-(v_3)=1$；$d^+(v_4)=0$，$d^-(v_4)=2$.

(3) 称度为 1 的节点为悬挂点，与悬挂点关联的边称为悬挂边. 如图 5-1 中，v_4 是悬挂点，e_6 是悬挂边.

(4) 无向图 $G=(V,E)$ 中，最大度 $\Delta(G)=\max\{d(v)\mid v\in V(G)\}$，最小度 $\delta(G)=\min\{d(v)\mid v\in V(G)\}$.

(5) 若 $G=(V,E)$ 是有向图，则

$$\text{最大度 } \Delta(G)=\max\{d(v)\mid v\in V(G)\}$$
$$\text{最小度 } \delta(G)=\min\{d(v)\mid v\in V(G)\}$$
$$\text{最大出度 } \Delta^+(G)=\max\{d^+(v)\mid v\in V\}$$
$$\text{最大入度 } \Delta^-(G)=\max\{d^-(v)\mid v\in V\}$$
$$\text{最小出度 } \delta^+(G)=\min\{d^+(v)\mid v\in V\}$$
$$\text{最小入度 } \delta^-(G)=\min\{d^-(v)\mid v\in V\}$$

图 5-2 中，$\Delta(G)=4$，$\delta(G)=2$，$\Delta^+(G)=2$，$\delta^+(G)=0$，$\Delta^-(G)=2$，$\delta^-(G)=1$.

在图 5-1 中，$\sum_{v \in V} d(v) = d(v_1) + d(v_2) + d(v_3) + d(v_4) + d(v_5) = 3+4+4+1+0=12$，而该图有 6 条边，即节点度数和是边数的 2 倍. 事实上这是图的一个重要性质.

【定理 5-1】设任一图 $G=(V,E)$，其中 $V=\{v_1,v_2,\cdots,v_n\}$，边数 $|E|=m$，则

$$\sum_{i=1}^{n} d(v_i) = 2m$$

这就是图论中著名的握手定理.

证明：

因为每条边有 2 个端点，所有顶点的度数之和就等于所有顶点作为端点的次数之和，所以所有顶点的度数之和等于边数的 2 倍.

若 $d(v_i)$ 为奇数，则称 v_i 为奇点；若 $d(v_i)$ 为偶数，则称 v_i 为偶点.

推论　任一图中，奇点个数为偶数.

证明：

设 $V_1=\{v \mid v$ 为奇点$\}$，$V_2=\{v \mid v$ 为偶点$\}$，则 $\sum_{v \in V_1} d(v) + \sum_{v \in V_2} d(v) = \sum_{v \in V} d(v) = 2m$.

因为 $\sum_{v \in V_2} d(v)$ 为偶数，所以 $\sum_{v \in V_1} d(v)$ 也为偶数，而 V_1 中每个点的度 $d(v)$ 均为奇数，因此 $|V_1|$ 为偶数.

对有向图，还有下面的定理.

【定理 5-2】设有向图 $G=(V,E)$，$V=\{v_1,v_2,\cdots,v_n\}$，$|E|=m$，则

$$\sum_{i=1}^{n} d^{+}(v_i) = \sum_{i=1}^{n} d^{-}(v_i) = m$$

证明：

在有向图中，每条边有两个端点，一个始点和一个终点. 由握手定理知，所有顶点的入度之和等于出度之和等于边数.

在图 5-2 中，$|E|=6$，且

$$\sum_{v \in V} d^{+}(v) = d^{+}(v_1)+d^{+}(v_2)+d^{+}(v_3)+d^{+}(v_4) = 2+2+2+0=6$$

$$\sum_{v \in V} d^{-}(v) = d^{-}(v_1)+d^{-}(v_2)+d^{-}(v_3)+d^{-}(v_4) = 1+2+1+2=6$$

设 $V=\{v_1,v_2,\cdots,v_n\}$ 是图 G 的顶点集，称 $d(v_1),d(v_2),\cdots,d(v_n)$ 为 G 的度序列. 例如，图 5-1的度序列为 3，4，4，1，0；图 5-2 的度序列为 3，4，3，2.

【例 5-1】

（1）图 G 的度序列为 2，2，3，3，4，则边数 m 是多少？

（2）3，3，2，3；5，2，3，1，4 能成为图的度序列吗？为什么？

（3）图 G 有 12 条边，度数为 3 的节点有 6 个，其余节点度均小于 3，问图 G 中至少有几个节点？

解：

（1）由握手定理 $2m = \sum_{v \in V} d(v) = 2+2+3+3+4=14$，得 $m=7$.

（2）由于这两个序列中有奇数个奇点，由握手定理的推论知，它们都不能称为图的度序列.

（3）由握手定理 $\sum d(u) = 2m = 24$，度数为 3 的节点有 6 个占去 18 度，还有 6 度由其

余节点占有，其余节点的度数为 0、1、2，当均为 2 时所用节点数最少，所以应由 3 个节点占有 6 度，即图 G 中至少有 9 个节点.

5.1.3 完全图和补图

【定义 5-8】在无向图中，如果有多于 1 条的无向边关联同一对顶点，则称这些边为平行边，平行边的条数称为重数. 在有向图中，如果有多于 1 条的有向边的始点和终点相同，则称这些边为有向平行边，也简称平行边.

【定义 5-9】

(1) 简单图：既不含平行边也不含环的图. 含有平行边的图称为多重图.

(2) 设 $G=(V,E)$ 为无向简单图，若每一对节点之间都有边相连，则称 G 为（无向）完全图，具有 n 个节点的有向完全图记作 K_n.

(3) 设 $G=(V,E)$ 为有向简单图，若每对节点间均有一对方向相反的边相连，则称 G 为（有向）完全图，具有 n 个节点的有向完全图记作 D_n.

例如，在图 5-1 中，e_4、e_5 是平行边，在图 5-2 中，e_3、e_4 不是平行边. 这两个图都有环，图 5-1 中还有平行边，所以都不是简单图.

图 5-3 给出几个完全图的例子.

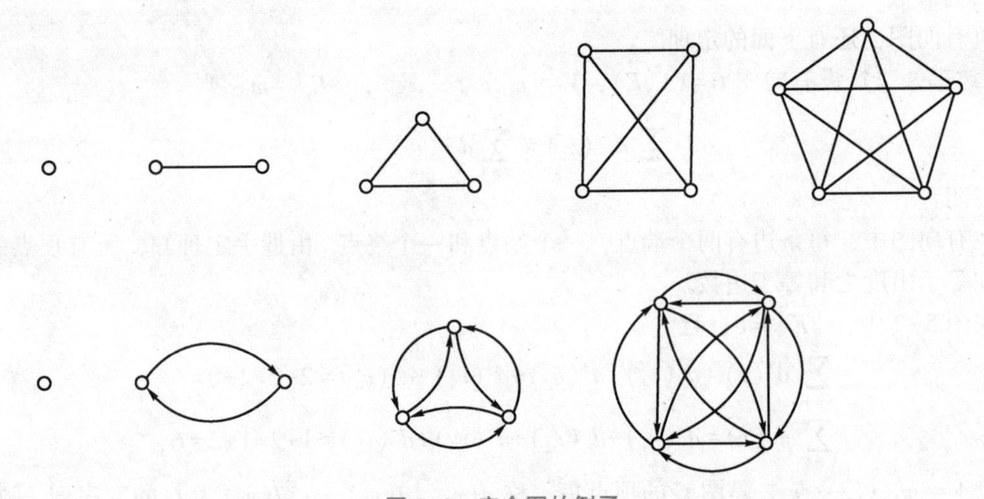

图 5-3 完全图的例子

由完全图的定义可知，无向完全图 K_n 的边数为 $|E(K_n)|=\frac{1}{2}n(n-1)$，而有向完全图的边数为 $|E(D_a)|=n(n-1)$.

图 5-3 中，上一行都是无向完全图，下一行都是有向完全图. 但都是简单图.

【定义 5-10】设 G 为 n 阶（无向）简单图，从 n 阶完全图 K_n 中删去 G 的所有边后构成的图称为 G 的补图，记作 $\overline{G}$. 类似地，可定义有向图的补图.

例如，图 5-4 中 $\overline{G}$ 是 G 的补图.

由补图的定义，显然有如下结论：

(1) G 与 $\overline{G}$互为补图，即 $\overline{\overline{G}}=G$;

(2) 若 G 为 n 阶图，则 $E(G)\cup E(\overline{G})=E(K_n)$，且 $E(G)\cap E(\overline{G})=\varnothing$.

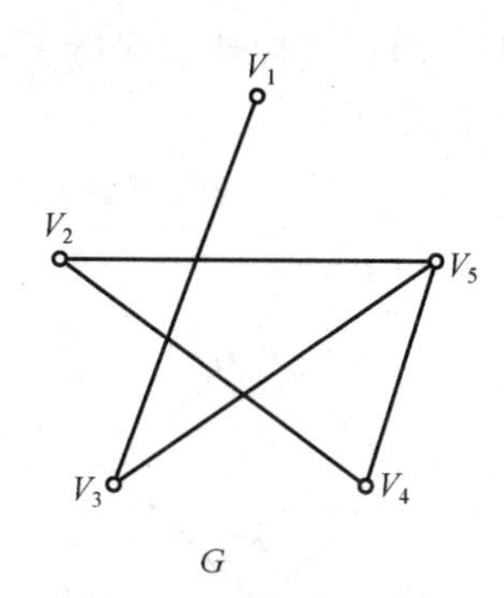

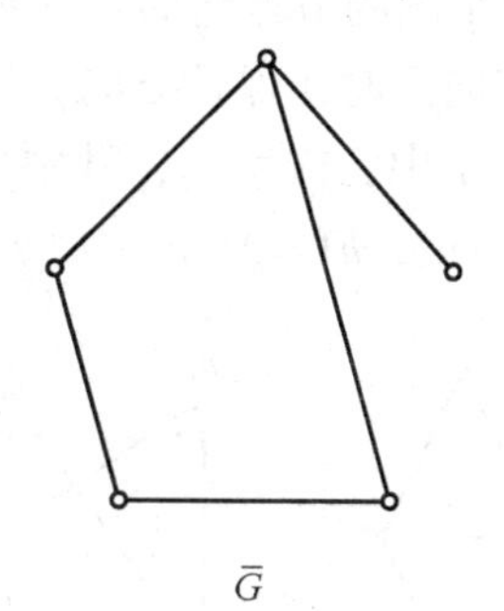

图 5-4 补图

【定义 5-11】各节点的度数均为 k 的无向简单图称为 k-正则图.

图 5-5 所示的图称为彼得森图，是 3-正则图.

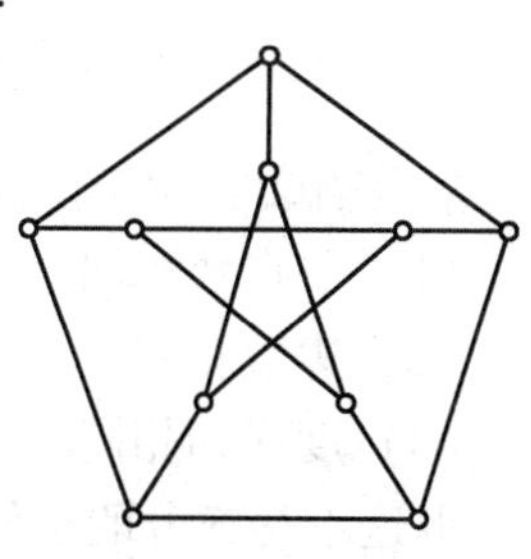

图 5-5 彼得森图

5.1.4 子图与图的同构

【定义 5-12】

(1) 设 $G=(V,E)$，$G'=(V',E')$是两个图. 若 $V'\subseteq V$，且 $E'\subseteq E$，则称 G'是 G 的子图. G 是 G'的母图，记作 $G'\subseteq G$.

(2) 若 $V'\subsetneqq V$ 或 $E'\subsetneqq E$，则称 G'是 G 的真子图.

(3) 若 $V=V'$且 $E'\subseteq E$，则称 G'是 G 的生成子图.

(4) 若 $V_1\subseteq V$ 且 $V_1\neq\varnothing$，以 V_1 为顶点集，以图 G 中两个端点均在 V_1 中的边为边集的子图，称为由 V_1 导出的导出子图，记作 $G[V_1]$.

(5) 设 $E_1\subseteq E$ 且 $E_1\neq\varnothing$，以 E_1 为边集，以 E_1 中边关联的节点为节点集的图 G 的子图，称为由 E_1 导出的导出子图，记作 $G[E_1]$.

图 5-6 中，G_1、G_2、G_3 均是 G 的真子图，其中 G_1 是 G 的生成子图，G_2 是由 $V_2=\{a,b,c,f\}$ 导出的出子图 $G[V_2]$，G_3 是由 $E_3=\{e_2,e_3,e_4\}$ 导出的导出子图 $G[E_3]$.

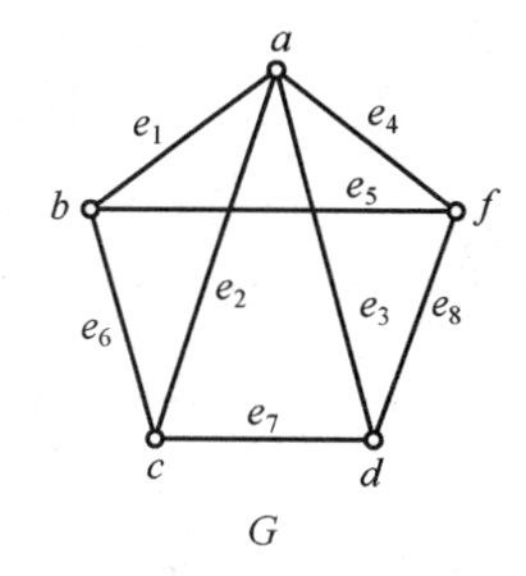

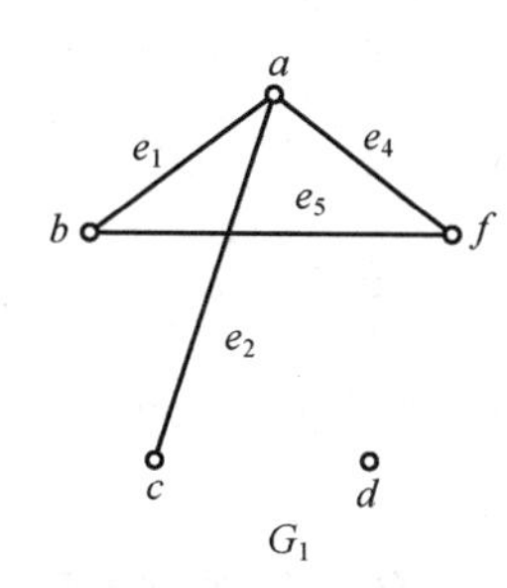

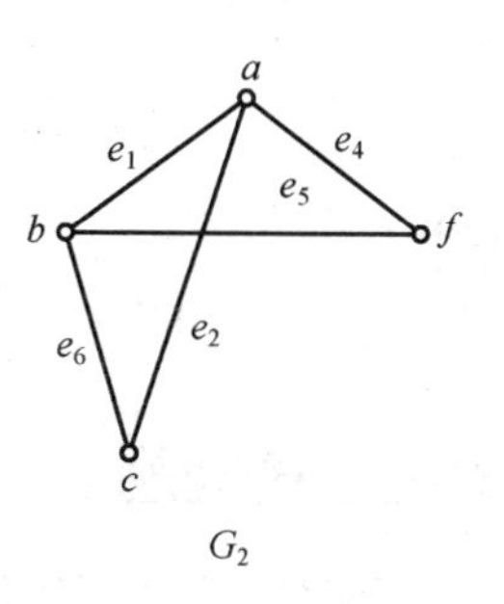

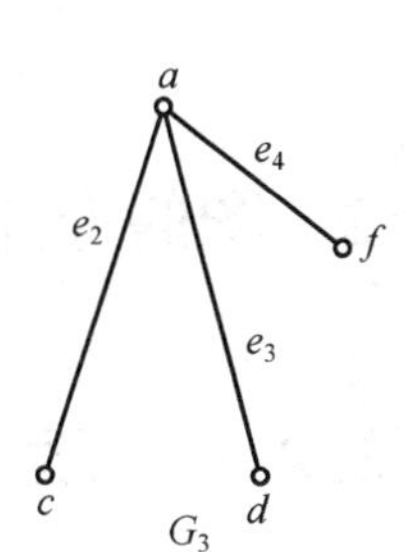

图 5-6 真子图、生成子图与导出子图

由于在画图时，节点的位置和边的几何形转是无关紧要的，因此表面上完全不同的图形可能表示的是同一个图. 为了判断不同图形是否表示同一个图形，在此我们给出图的同构的概念.

【定义 5-13】设有两个图 $G=(V,E)$，$G_1=(V_1,E_1)$，如果存在双射 h：$V\to V_1$，使得$(u,v)\in E$ 当且仅当 $(f(u),f(v))\in E_1$（或者$\langle u,v\rangle\in E$ 当且仅当 $\langle f(u),f(v)\rangle\in E_1$)，且它们的重数相同，则称图 G 与 G_1 同构，记作 $G\cong G_1$.

定义说明，两个图的节点之间，如果存在双射，而且这种映射保持了节点间的邻接关系和边的重数（在有向图时还保持方向），则两个图是同构的.

例如，在图5-7中，$G_1 \cong G_2$，其中f：$V_1 \to V_2$，$f(v_i)=u_i(i=1,2,\cdots,6)$；$G_3 \cong G_4$，其中$h$：$V_3 \to V_4$，$h(v_1)=u_3$，$h(v_2)=u_4$，$h(v_3)=u_1$，$h(v_4)=u_2$.

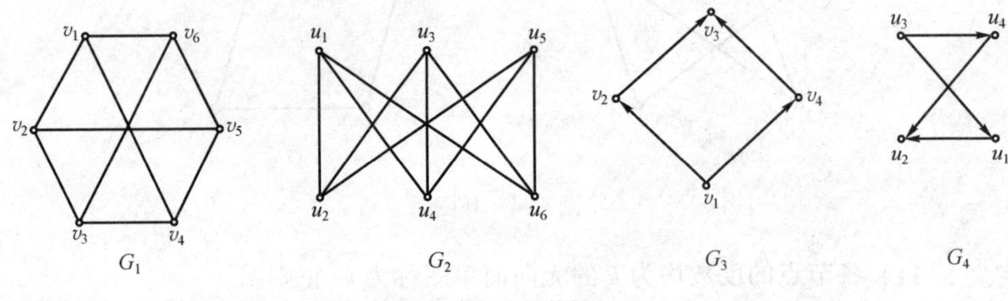

图5-7 同构图

容易看出，两个图同构的必要条件是：

(1) 节点数相同.

(2) 边数相同.

(3) 度序列相同.

但这不是充分的条件，如图5-8中图H_1、H_2虽然满足以上3个条件，但不同构. 图H_1中的4个3度节点与H_2中的4个3度节点的相互间的邻接关系显然不相同.

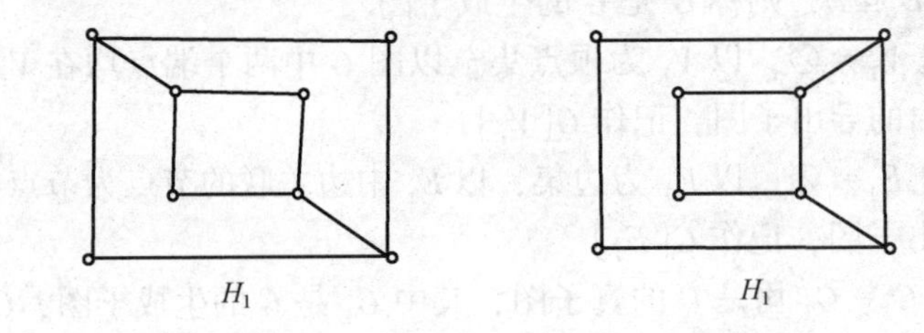

图5-8 不同构图

5.2 图的连通性

5.2.1 哥尼斯堡七桥问题

哥尼斯堡被普雷格尔河横穿，河中有两个小岛，分别为A和B，并有7座桥把两个岛和岸边连接起来，如图5-9（a）所示. 当时当地的居民有个有趣的问题：是否存在这样一种走法，要从A、B、C、D 4个地点开始，通过每座桥且恰好都经过一次，再回到起点. 这个问题就是哥尼斯堡七桥问题.

1736年，瑞士数学家欧拉（Leonhard Euler）把这个难题化成了这样的问题来看：把两岸和小岛缩成一点，桥化为边，于是“七桥问题”就等价于图5-9（b）中所画图形的一笔画问题了，这个图如果能够一笔画成的话，对应的“七桥问题”也就解决了.

经过研究，欧拉发现了一笔画的规律，他认为，能一笔画的图形必须是连通图. 连通图就是指一个图形各部分总是有边相连的，这道题中的图就是连通图.

但是，不是所有的连通图都可以一笔画的，能否一笔画是由图的奇、偶点的数目来决定的. 那么什么叫作奇、偶点呢？

前面介绍，与奇数（单数）条边相连的点称为奇点；与偶数（双数）条边相连的点称为偶点. 如图 5-10 中的①④为奇点，②③为偶点. 由此，有下面的结论.

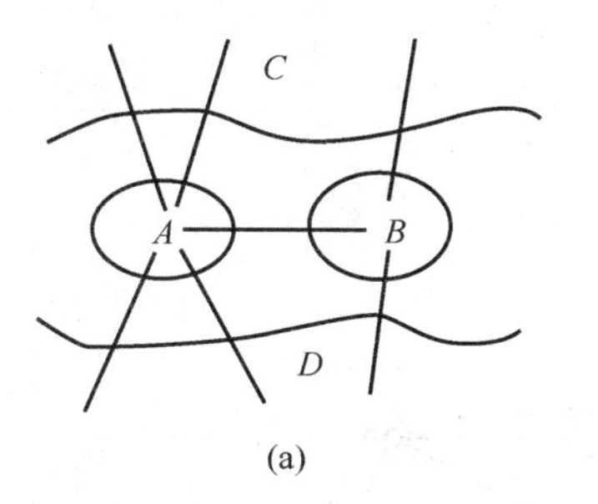

图 5-9 哥尼斯堡七桥问题

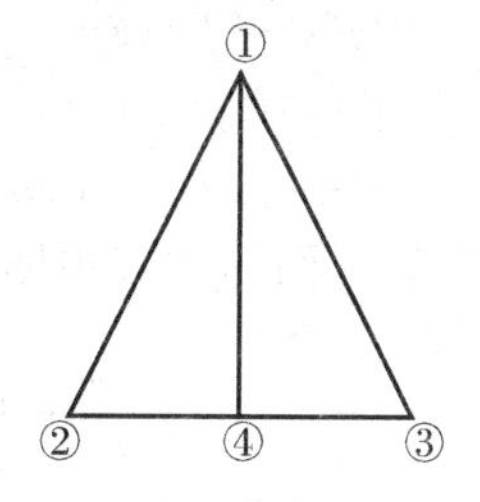

图 5-10 奇点与偶点

（1）凡是由偶点组成的连通图，一定可以一笔画成. 画时可以把任一偶点作为起点，最后一定能以这个点为终点画完此图. 例如，图 5-11 中都是偶点，画的线路可以是①→③→⑤→⑦→②→④→⑥→⑦→①.

（2）凡是只有两个奇点的连通图（其余都为偶点），一定可以一笔画成. 画时必须把一个奇点作为起点，另一个作为奇点终点. 例如，图 5-10 中，画的线路是：①→②→③→①→④.

（3）其他情况的图都不能一笔画出.

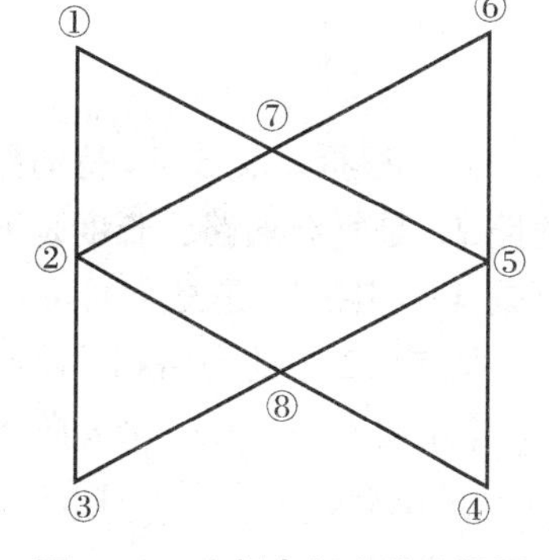

图 5-11 由偶点组成的连通图

5.2.2 通路和回路

【定义 5-14】

（1）设 $G=(V,E)$ 是图，从图中节点 v_0 到 v_n 的一条通路（路径）是图的一个点、边的交错序列 $v_0e_1v_1e_2v_2\cdots v_{n-1}e_nv_n$，称 v_0 和 v_n 是此通路的起点和终点. 此通路中边的数目称为此通路的长度.

（2）当起点和终点重合时，称此通路为回路.

（3）若通路中的所有边互不相同，则称此通路为简单通路；若此简单通路中的始点与终点相同，则此简单通路为简单回路.

（4）若通路中的所有节点互不相同，从而所有边互不相同，则称此通路为基本通路或初级通路（路径）；若此基本通路中的始点与终点相同，则称此基本通路为基本回路或初级回路（圈）.

（5）有边重复出现的通路称为复杂通路，有边重复出现的回路称为复杂回路.

说明：

（1）回路是通路的特殊情况；

（2）基本通路（基本回路）一定是简单通路（简单回路），但反之不然，因为没有重复的节点一定没有重复的边，但没有重复的边不一定没有重复的节点；

（3）有时通路（$v_0e_1v_1e_2v_2\cdots v_{n-1}e_nv_n$）也可以用边的序列 $e_1e_2\cdots e_n$ 来表示.

【例 5-2】判断图 5-12（a）中的通路

$\Gamma_1 = v_1e_1v_2e_5v_5e_7v_6$

$\Gamma_2 = v_1e_1v_2e_2v_3e_3v_4e_4v_2e_5v_5e_7v_6$

$\Gamma_3 = v_1e_1v_2e_5v_5e_6v_4e_4v_2e_5v_5e_7v_6$

是否为简单通路、基本通路和复杂通路？

图 5-12（b）中的回路

$\Gamma_1 = v_2e_4v_4e_3v_3e_2v_2$

$\Gamma_2 = v_2e_5v_5e_6v_4e_3v_3e_2v_2$

$\Gamma_3 = v_2e_4v_4e_3v_3e_2v_2e_5v_5e_6v_4e_3v_3e_2v_2$

是否为简单回路、基本回路和复杂回路？并求其长度.

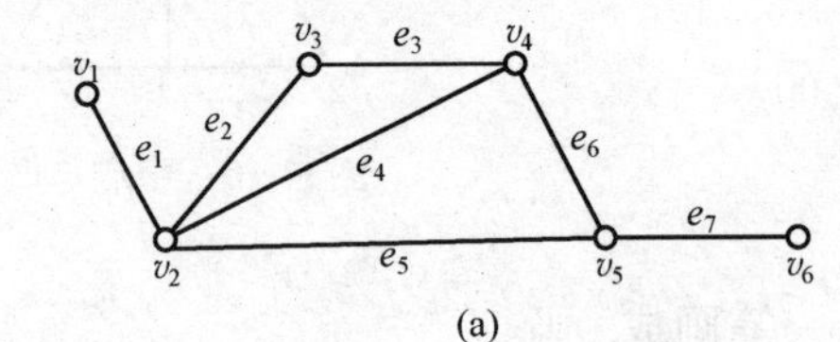

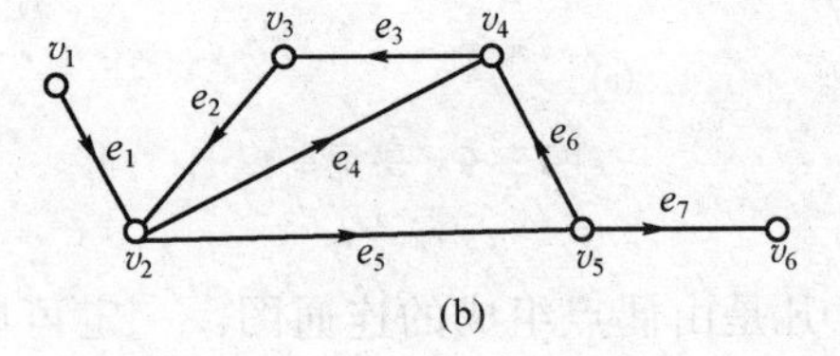

图 5-12 例 5-2 图

解：根据定义 5-14 得通路 Γ_1 是初级通路，长度是 3；通路 Γ_2 是简单通路，长度是 6；通路 Γ_3 是复杂通路，长度是 6；回路 Γ_1 是初级回路，长度是 3；回路 Γ_2 是初级回路，长度是 4；回路 Γ_3 是复杂回路，长度是 7.

图 5-12 中的通路和回路有下面的重要性质.

【定理 5-3】在一个 n 阶图 $G=(V,E)$ 中，如果从顶点 v_i 到 $v_j(v_i \neq v_j)$ 存在通路，则从 v_i 到 v_j 存在长度不大于 $n-1$ 的通路.

证明：

设 $v_0e_1v_1e_2v_2\cdots v_{l-1}e_lv_l$ 是从 $v_i=v_0$ 到 $v_j=v_l$ 的一个通路，如果 $l>n-1$，因为 n 阶图中有 n 个顶点，所以在 $v_0, v_1, \cdots, v_l$ 中一定有 2 个顶点相同. 假设顶点 $v_m=v_n$，$m<n$，那么 $v_me_mv_{m+1}e_{m+1}\cdots v_ne_n$ 是一条回路，删去这条回路，得到 $v_0e_1v_1\cdots v_me_n\cdots v_{l-1}e_lv_l$ 仍然是从 $v_i=v_0$ 到 $v_j=v_l$ 的一个通路，其长度减少 $n-m$. 如果它的长度仍大于 $n-1$，重复上述过程，直到长度不超过 $n-1$ 的通路为止.

【定理 5-4】在一个 n 阶图 $G=(V,E)$ 中，若存在顶点 v_i 到自身的回路，则存在 v_i 到自身长度小于等于 n 的回路.

证明方法类似于定理 5-3.

【定义 5-15】在图 $G=(V,E)$ 中，从节点 v_i 到 v_j 的最短通路（一定是路）称为 v_i 到 v_j 间的短程线，短程线的长度称 v_i 到 v_j 的距离，记作 $d(v_i,v_j)$. 若从 v_i 到 v_j 不存在通路，则记 $d(v_i,v_j)=\infty$.

注意：

在有向图中，$d(v_i,v_j)$ 不一定等于 $d(v_j,v_i)$，但一般有如下性质：

（1）$d(v_i,v_j)\geqslant 0$；

（2）$d(v_i,v_i)=0$；

（3）$d(v_i,v_j)+d(v_j,v_k)\geqslant d(v_i,v_k)$（通常称为三角不等式）.

5.2.3　图的连通性

【定义 5-16】在一个无向图 G 中，若存在从节点 v_i 到 v_j 的通路（当然也存在从 v_j 到 v_i 的通路)，则称 v_i 与 v_j 是连通的. 规定 v_i 到自身是连通的.

在一个有向图 G 中，若存在从节点 v_i 到 v_j 的通路，则称从 v_i 到 v_j 是可达的. 规定 v_i 到自身是可达的.

【定义 5-17】若无向图 G 中任意两节点都是连通的，则称图 G 是连通图，否则称 G 是非连通图或分离图.

显然，无向完全图 $K_n(n\geqslant 1)$ 都是连通图，而顶点数大于等于 2 的零图均为非连通图.

【定义 5-18】在无向图 G 中，节点之间的连通关系是等价关系. 设 G 为一个无向图，R 是 $V(G)$ 中节点之间的连通关系，由 R 可将 $V(G)$ 划分成 $k(k\geqslant 1)$ 个等价类，记作 $V_1,V_2,\cdots,V_k$，由它们导出的导出子图 $G[V_1],G[V_2],\cdots,G[V_k]$ 称为 G 的连通分支，其个数应为 $\omega(G)$.

例如，如图 5-13 所示的图 G_1 是连通图，$\omega(G_1)=1$；G_2 是一个非连通图，$\omega(G_2)=3$.

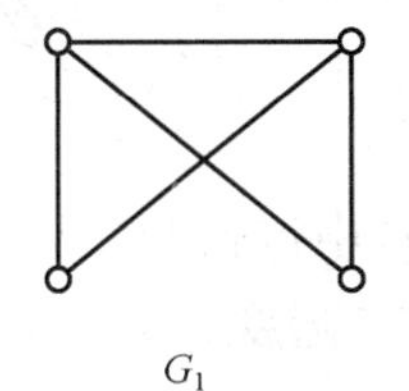

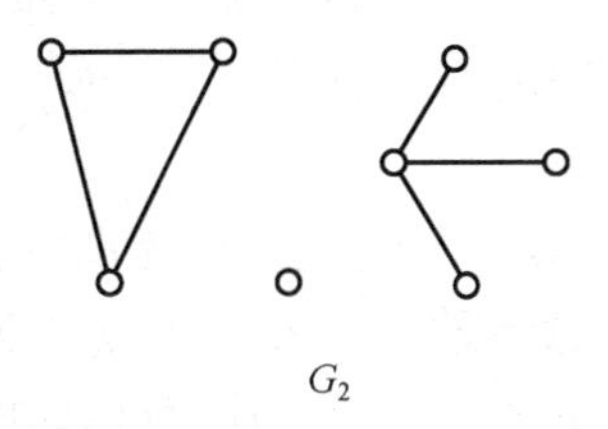

图 5-13　连通图和非连通图

【定义 5-19】

(1) 设 G 是一个有向图，若略去 G 中各有向边的方向后所得无向图是连通的，则称 G 是弱连通的.

(2) 如果 G 中任意两点 v_i、v_j 之间，V_i 到 v_j 或 v_j 到 v_i 至少一个可达，则称图 G 是单向连通的.

(3) 如果 G 中任意两 G_1 点都互相可达，则称 G 是强连通的.

例如，在图 5-14 中，G_1 是弱连通的，G_2 是单向连通的，G_3 是强连通的.

注意：

强连通一定是单向连通，单向连通一定是弱连通. 但反之不真.

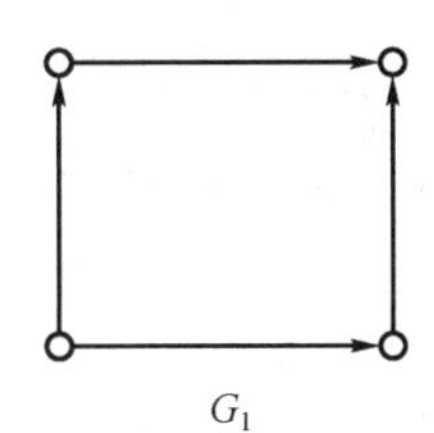

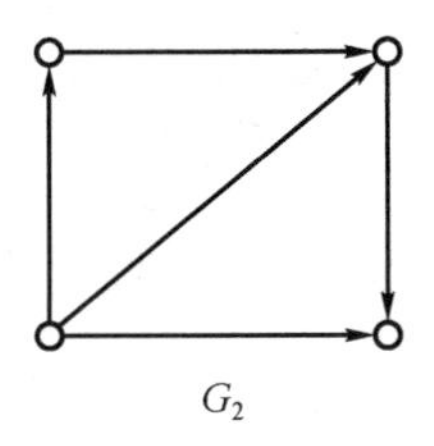

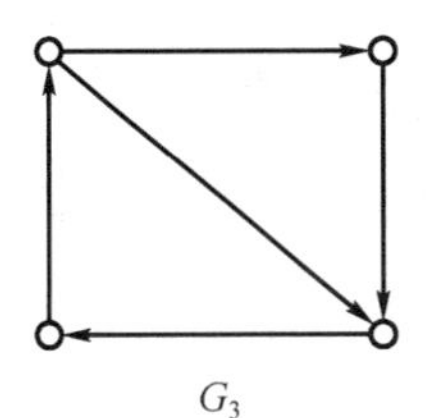

图 5-14　单向连通、弱连通和强连通

5.2.4　无向图的连通度

为了体现连通图的连通程度，引入顶点连通度和边连通度的概念，在给出这两个概念之前，先给出点割集和边割集的概念.

【定义 5-20】设无向图 $G=(V,E)$，若存在 $V'\subsetneqq V$ 且 $V'\neq\varnothing$，使得 $\omega(G-V')>\omega(G)$，且对于任意的 $V''\subsetneqq V'$，均有 $\omega(G-V'')=\omega(G)$，则称 V' 是 G 的点割集. 特别地，若点割集中只有一个顶点，即 $V'=\{v\}$，则称 v 为割点.

例如，在图 5-15 中，$\{v_2,v_7\}$，$\{v_3\}$，$\{v_4\}$ 为点割集，其中 v_3、v_4 均为割点.

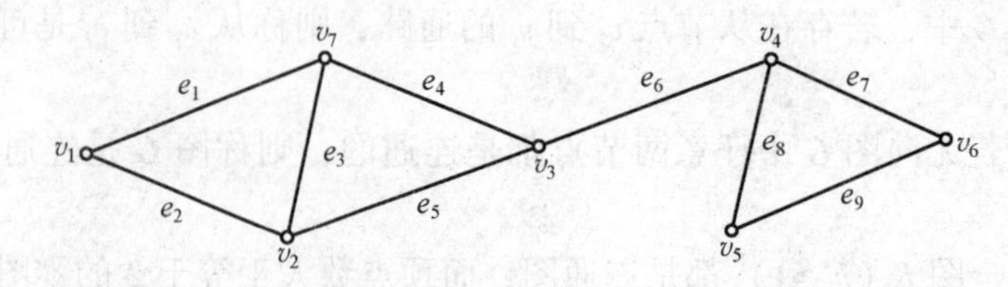

图 5-15 割点

【定义 5-21】设无向图 $G=(V,E)$，若存在 $E'\subseteq E$ 且 $E'\neq\varnothing$，使得 $\omega(G-V')>\omega(G)$，且对于任意 $E''\subsetneqq E'$，均有 $\omega(G-V'')=\omega(G)$，则称 E' 是 G 的边割集，简称割集. 特别地，若边割集中只有一条边 e，即 $E'=\{e\}$，则称 e 为割边或桥.

例如，在图 5-15 中，$\{e_1,e_2\}$，$\{e_1,e_3,e_4\}$，$\{e_6\}$，$\{e_7,e_8\}$，$\{e_2,e_3,e_4\}$ 等都是割集，其中 e_6 是桥.

【定义 5-22】设 $G=(V,E)$ 是一个无向图，要想从 G 中得到一个不连通图或平凡图所需要从 G 中去掉的最少顶点数称为 G 的顶点连通度，简称连通度，记为 $X=X(G)$.

说明：对于特殊的图，其顶点连通度是知道的.

(1) K_1-平凡图 $X(K_1)=0$；有割点的图 $X(G)=1$；

(2) 不连通的图 $X(G)=0$；完全图 $K_P(P\geqslant 2)$ 的 $X(K_P)=P-1$；

(3) 若 G 连通，则 $X(G)\geqslant 1$；若 $X(G)\geqslant 1$，则 G 是连通图或非平凡图.

不难看出在图 5-15 中，图的顶点连通度 $X=1$，该图是 1-连通图.

【定义 5-23】设 $G=(V,E)$ 是一个无向图，想要从 G 中得到一个不连通图或平凡图所需要从 G 中去掉最少边数称为 G 的边连通度，简称连通度，记为 $\lambda=\lambda(G)$.

说明：

(1) 对于连通图来说，边连通度就是割集中最小的那个；

(2) 对于一个图来说，割集可以有多个，但边连通度却只有一个；

(3) 对于非平凡图来说，割集永远也不能为零（空集），但边连通度在图不连通时却是零.

不难看出在图 5-15 中，图的边连通度 $\lambda=1$，该图是 1 边-连通图.

顶点连通度 $X(G)$、边连通度 $\lambda(G)$、最小度 $\delta(G)$ 之间有以下的关系.

【定理 5-5】对任一图 G，均有下面的不等式成立：

$$X(G)\leqslant\lambda(G)\leqslant\delta(G)$$

证明：

先证 $\lambda(G)\leqslant\delta(G)$，若 $\delta(G)=0$，则 G 不连通，从而 $\lambda(G)=0$. 所以，这时 $\lambda(G)\leqslant\delta(G)$；若 $\delta(G)\geqslant 0$，不妨设 $\deg(v)=\delta(G)$，从 G 中去掉与 v 关联的 $\delta(G)$ 条边后，得到的图中 v 是孤立顶点. 所以，这时 $\lambda(G)\leqslant\delta(G)$. 因此，对任何图 G 有 $\lambda(G)\leqslant\delta(G)$.

其次，证明对任何图 G 有 $X(G)\leqslant\lambda(G)$. 若 G 是不连通图或平凡图，则显然有 $X(G)\leqslant\lambda(G)=0$.

现设 G 是连通的且非平凡的. 若 G 有桥 x，则去掉 x 的某个端点就得到一个不连通图或平凡图，从而 $X(G)=1=\lambda(G)$. 所以，这时有 $X(G)\leqslant\lambda(G)$. 若 G 没有桥，则 $\lambda(G)\geqslant 2$. 于是，从 G 中去掉 $\lambda(G)$ 条边得到一个不连通图. 这时，从 G 中去掉这 $\lambda(G)$ 条边的每一条的某个端点后，至少去掉了这 $\lambda(G)$ 条边. 于是，产生了一个不连通图或平凡图，从而 $X(G)\leqslant\lambda(G)$. 因此，对任何 G，均有 $X(G)\leqslant\lambda(G)$.

5.3　图的矩阵表示

由图的数学定义可知，一个图可以用集合来描述；从前面的例子可以看出，图也可以用点线图来表示，图的这种图形表示直观明了，在较简单的情况下有其优越性. 但对于较为复杂的图，这种表示法具有局限性. 所以，对于节点较多的图常用矩阵来表示，这样便于用代数知识来研究图的性质，同时也便于计算机处理.

5.3.1　无向图的关联矩阵

【定义 5-24】设无向图 $G=(V,E)$，$V=\{v_1,v_2,\cdots,v_n\}$，$E=\{e_1,e_2,\cdots,e_m\}$，令

$$m_{ij}=\begin{cases}0, & \text{若 } v_i \text{ 与 } e_j \text{ 不关联}\\ 1, & \text{若 } v_i \text{ 与 } e_j \text{ 的关联次数为 } 1\\ 2, & \text{若 } v_i \text{ 与 } e_j \text{ 的关联次数为 } 2\end{cases}$$

则称 $(m_{ij})_{n\times m}$ 为 G 的关联矩阵，记作 $\boldsymbol{M}(G)$.

【例 5-3】分析图 5-16 所示图的关联矩阵.

解：

图的关联矩阵如下：

$$\boldsymbol{M}(G)=\begin{bmatrix}1&1&1&1&0&0\\1&1&0&0&0&0\\0&0&1&0&2&1\\0&0&0&1&0&1\\0&0&0&0&0&0\end{bmatrix}$$

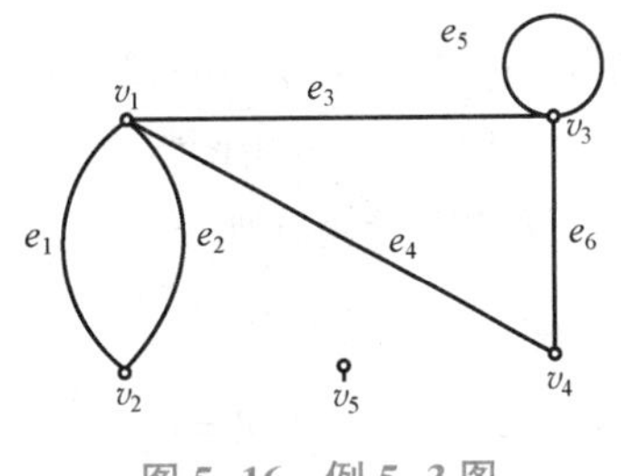

图 5-16　例 5-3 图

从关联矩阵不难看出下列性质：

（1）$\sum_{i=1}^{m} m_{ij}=2(j=1,2,\cdots,m)$，即 $\boldsymbol{M}(G)$ 每列元素的和为 2，因为每边恰有两个端点；

（2）$\sum_{j=1}^{m} m_{ij}=d(v_i)$（第 i 行元素之和为 v_i 的度）；

（3）$\sum_{j=1}^{m} m_{ij}=0$ 当且仅当 v_i 为孤立点；

（4）若第 j 列与第 k 列相同，则说明 e_j 与 e_k 为平行边.

5.3.2　有向图的关联矩阵

【定义 5-25】设 $G=(V,E)$ 是无环有向图，$V=\{v_1,v_2,\cdots,v_n\}$，$E=\{e_1,e_2,\cdots,e_m\}$，令

$$m_{ij}=\begin{cases}1, & v_i \text{ 为 } e_i \text{ 的起点}\\ 0, & v_i \text{ 与 } e_i \text{ 不关联}\\ -1, & v_i \text{ 与 } e_i \text{ 的终点}\end{cases}$$

则称$(m_{ij})_{n\times m}$为 G 的关联矩阵，记作 $\boldsymbol{M}(G)$.

【例 5-4】 分析图 5-17 所示图 G 的关联矩阵.

解：

图的关联矩阵如下：

$$\boldsymbol{M}(G)=\begin{bmatrix}-1 & 1 & 0 & 0 & 0\\ 1 & 0 & 1 & -1 & 0\\ 0 & -1 & -1 & 1 & 1\\ 0 & 0 & 0 & 0 & -1\end{bmatrix}$$

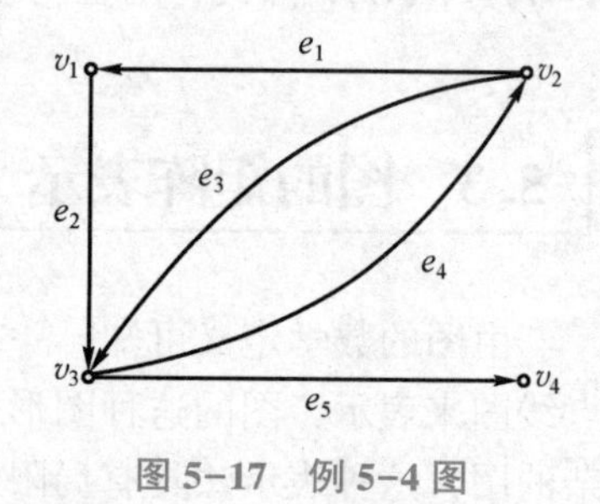

图 5-17 例 5-4 图

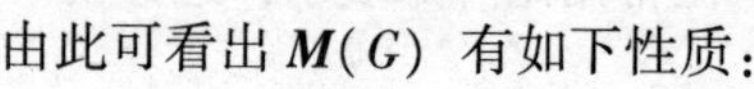

由此可看出 $\boldsymbol{M}(G)$ 有如下性质：

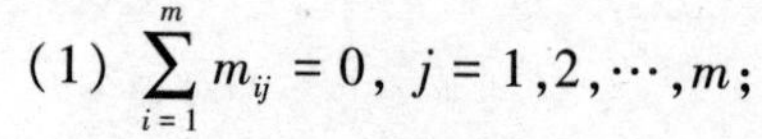

（1）$\sum\limits_{i=1}^{m} m_{ij}=0$，$j=1,2,\cdots,m$；

（2）每行中 1 的个数是该点的出度，-1 的个数是该点的入度.

5.3.3 有向图的邻接矩阵

【定义 5-26】 设 $G=(V,E)$为有向图，$V=\{v_1,v_2,\cdots,v_n\}$，令

$$a_{ij}^{(1)}=\begin{cases}k, & \text{从 } v_i \text{ 邻接到 } v_j \text{ 的边有 } k \text{ 条}\\ 0, & \text{没有 } v_i \text{ 到 } v_j \text{ 的边}\end{cases}$$

则称$(a_{ij}^{(1)})_{n\times n}$为 G 的邻接矩阵，记作 $\boldsymbol{A}(G)$，简记为 $\boldsymbol{A}$.

【例 5-5】 分析图 5-18 所示图的邻接矩阵.

图的邻接矩阵如下：

$$\boldsymbol{A}=\begin{bmatrix}1 & 0 & 1 & 0\\ 0 & 0 & 1 & 0\\ 0 & 1 & 0 & 1\\ 0 & 0 & 1 & 0\end{bmatrix}$$

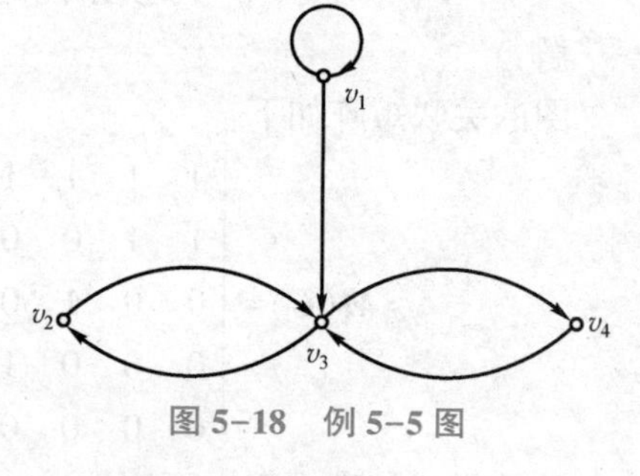

图 5-18 例 5-5 图

有向图的邻接矩阵具有下列性质：

（1）$\sum\limits_{j=1}^{n} a_{ij}^{(1)}=d^{+}(v_i)$，$i=1,2,\cdots,n$，因而 $n\sum\limits_{i=1}^{n}\sum\limits_{j=1}^{n} a_{ij}^{(1)}=\sum\limits_{i=1}^{n} d^{+}(v_i)=m$；

（2）$\sum\limits_{i=1}^{n} a_{ij}^{(1)}=d^{-}(v_i)$，$j=1,2,\cdots,n$，因而 $n\sum\limits_{j=1}^{n}\sum\limits_{i=1}^{n} a_{ij}^{(1)}=\sum\limits_{j=1}^{n} d^{-}(v_j)=m$；

（3）由（1）（2）不难看出，$\boldsymbol{A}(G)$中所有元素之和是 G 中长度为 1 的通路（含回路）数，而 $\sum\limits_{i=1}^{n} a_{ii}^{(1)}$ 为 G 中长度为 1 的回路总数.

如何利用有向图的邻接矩阵计算出有向图中长度为 $l\geqslant 2$ 的通路数和回路数？有下面定理及推论.

【定理 5-6】 设 $\boldsymbol{A}$ 为有向图 G 的邻接矩阵，$V=\{v_1,v_2,\cdots,v_n\}$，则 $\boldsymbol{A}^{l}(l\geqslant 1)$中元素 $a_{ij}^{(l)}$ 为

v_i 到 v_j 长度为 l 的通路，$\sum_{i=1}^{n}\sum_{j=1}^{n}a_{ij}^{(l)}$ 为 G 中长度为 l 的通路（含回路）总数，其中 $\sum_{i=1}^{n}a_{ii}^{(l)}$ 为 G 中长度为 l 的回路.

在图 5-18 中，计算长度为 2、3、4 的通路数和回路数. 计算 $\boldsymbol{A}^2$、$\boldsymbol{A}^3$、$\boldsymbol{A}^4$ 得

$$\boldsymbol{A}^2=\begin{bmatrix}1&1&1&1\\0&1&0&1\\0&0&2&0\\0&1&0&0\end{bmatrix}\quad \boldsymbol{A}^3=\begin{bmatrix}1&1&3&1\\0&0&2&0\\0&2&0&2\\0&0&2&0\end{bmatrix}\quad \boldsymbol{A}^4=\begin{bmatrix}1&3&3&3\\0&2&0&2\\0&0&4&0\\0&2&0&2\end{bmatrix}$$

观察各矩阵发现，$a_{13}^{(2)}=1$，$a_{13}^{(3)}=3$，$a_{13}^{(4)}=3$，即 G 中 v_1 到 v_3 长为 2、3、4 的通路分别为 1 条、3 条、3 条. 而 $a_{11}^{(2)}=a_{11}^{(3)}=a_{11}^{(4)}=1$，则 G 中以 v_1 为起点（终点）的长度为 2、3、4 的回路各有一条. 由于 $\sum_{i=1}^{n}\sum_{j=1}^{n}a_{ij}^{(2)}=10$，因此 G 中长度为 2 的通路总数为 10，其中长为 2 的回路总数为 5.

推论 设 $B_r=\boldsymbol{A}+\boldsymbol{A}^2+\cdots+\boldsymbol{A}^r(r\geqslant 1)$，则 B_r 中元素 $b_{ij}^{(r)}$ 为图 G 中 v_i 到 v_j 长度小于等于 r 的通路数，$\sum_{i=1}^{n}\sum_{j=1}^{n}b_{ij}^{(r)}$ 为图 G 中长度小于等于 r 的通路（含回路）总数，其中 $\sum_{i=1}^{n}b_{ii}^{(r)}$ 为图 G 中长度小于等于 r 的回路总数.

例如，与图 5-18 对应的矩阵为

$$\boldsymbol{B}_4=\begin{bmatrix}4&5&8&5\\0&3&3&3\\0&3&6&3\\0&3&3&3\end{bmatrix}$$

对于无向图可类似地定义邻接矩阵，对有向图的邻接矩阵得到的结论，可并行地用到无向图上.

5.3.4 有向图的可达矩阵

【定义 5-27】设 $G=(V,E)$ 是有向图，$V=\{v_1,v_2,\cdots,v_n\}$，令

$$p_{ij}=\begin{cases}1, & v_i\text{ 可达 }v_j,((i\neq j),p_{ij}=1)\\0, & \text{否则}\end{cases}\quad(i=1,2,\cdots,n)$$

则称$(p_{ij})_{n\times n}$为 G 的可达矩阵，记作 $\boldsymbol{P}(G)$，简称 $\boldsymbol{P}$.

【例 5-6】分析如图 5-19 所示图 G 的可达矩阵.

解：

图的可达矩阵为

$$\boldsymbol{P}=\begin{bmatrix}1&1&1&1&1\\1&1&1&1&1\\1&1&1&1&1\\1&1&1&1&1\\1&1&1&1&1\end{bmatrix}$$

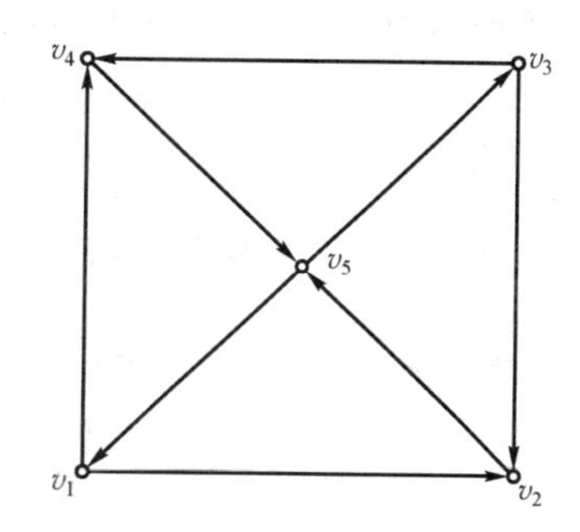

图 5-19 例 5-6 图

由于任何顶点到自身都是可达的，故可达矩阵对角线上的元素恒为 1. v_i 可达 v_j，即 v_i 到 v_j 有通路，当且仅当 $b_{ij}^{(n-1)}\neq 0(i\neq j)$. 因此，$\boldsymbol{P}(D)$中

非对角线元素确定如下：当 $b_{ij}^{(n-1)} \neq 0$ 时，$p_{ij}=1$，否则 $p_{ij}=0$，$i\neq j$，i，$j=1,2,\cdots,n$. 所以，可由有向图的邻接矩阵求可达矩阵.

类似地可以定义无向图的邻接矩阵和可达矩阵.

5.4 最短路径与关键路径

在现实生活和生产实践中，有许多管理、组织与计划中的优化问题，如在企业管理中，如何制订管理计划和设备购置计划，使收益最大或费用最小；在组织生产中，如何调整各工序之间的衔接，才能使生产任务完成的既快又好；在现有交通网路中，如何使调运的物资数量多且费用最小等. 这类问题均可借助图论中最短路径及关键路径知识来解决.

5.4.1 问题的提出

网路图中某两点的最短路径问题广泛应用于各个领域中. 例如，求交通距离最短，完成各道工序所花时间最少，或费用最省等，都可用求网路最短路径算法得到解决.

图 5-20 是一个石油流向的管网示意，v_1 代表石油开采地，v_7 代表石油汇集站，箭线旁的数字表示管线的长度，现在要从 v_1 地调运石油到 v_7 地，怎样选择管理线可使路径最短？

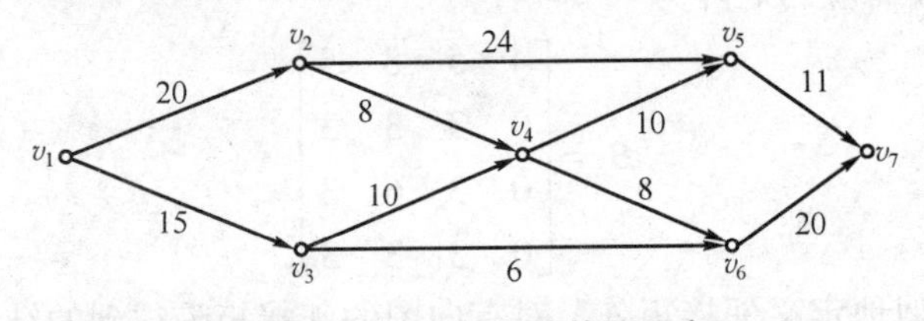

图 5-20 石油流向的管网示意

另外，也可以用点代表城市，以连接两点的连线表示城市间的道路，这样便可用图形描述城市间的交通网络. 如果连线旁标注城市间道路的距离或单位运价，就可进一步研究从一个城市到另一个城市的路径最短或运费最省的运输方案.

在动态规划中，最短路径问题可由贝尔曼最优化原理及其递推方程求解，在阶段明确情况下，用逆向逐段优化嵌套推进，这是一种反向搜索法；在阶段不明确的情况下，可用函数迭代法逐步正向搜索，直到指标函数衰减稳定得解. 这些算法都是依据同一个原理建立的. 即在网路图中，如果 $v_1\cdots v_n$ 是从 v_1 到 v_n 的最短路径，则 $v_1\cdots v_{n-1}$ 也必然是从 v_1 到 v_{n-1} 的最短路径.

那么，如何用图论来分析及求解网路最短路径问题呢？

5.4.2 最短路径

【定义 5-28】图 G 是一个三重组 (V,E,W)，其中 V 是节点集合，E 是边的集合，$W=\{w(e)\mid e\in E\}$，$w(e)$ 是附加在边 e 上的实数，称为边 e 上的权，图 G 称为带权图.

图 5-20 给出一个带权图，分析如下：

$E=\{e_1,e_2,e_3,e_4,e_5,e_6,e_7,e_8,e_9,e_{10}\}$

$V=\{v_1,v_2,v_3,v_4,v_5,v_6,v_7\}$

$=\{\langle v_1,v_2\rangle,\langle v_1,v_3\rangle,\langle v_2,v_5\rangle,\langle v_2,v_4\rangle,\langle v_3,v_4\rangle,\langle v_3,v_6\rangle,\langle v_4,v_5\rangle,\langle v_4,v_6\rangle,\langle v_5,v_7\rangle,\langle v_6,v_7\rangle\}$

$w(e_1)=20, w(e_2)=15, w(e_3)=24, w(e_4)=8, w(e_5)=10$

$w(e_6)=6, w(e_7)=10, w(a_8)=8,\ w(e_9)=11, w(e_{10})=20$

【定义 5-29】设带权图 $G=(V,E,W)$ 中，边的权也称为边的长度，一条通路的长度指的就是这条通路上各边的长度之和. 从节点 u 到 v 的所有通路中长度最小的通路，称为 u 到 v 的最短路径. u 到 v 的最短路径的长度称为 v 到 u 的距离.

下面介绍求解两个节点之间最短路径问题的一种简便有效的算法——Dijkstra 算法. 1959 年，狄克斯特拉提出了求网络最短路径的标号法，用给节点记标号来逐步形成起点到各点的最短路径及其距离值，这种方法被称为 Dijkstra 算法，是目前较好的一种算法.

算法的基本思想：先给带权图 G 的每一个节点一个临时标号（简称 T 标号）或固定标号（简称 P 标号）. T 标号表示从始点到这一点的最短路上的上界；P 标号则是从始点到这一点的最短路长. 每一步将某个节点的 T 标号改变为 P 标号，则最多经过 $n-1$ 步算法停止（n 为 G 的节点数）.

最短路径的 Dijkstra 算法如下：

（1）给始点 v_1 标上 P 标号 $P(v_1)=0$，令 $P=\{v_1\}$，$T_0=V-\{v_1\}$，给 T_0 中各节点标上 T 标号 $t_0(v_j)=w_{1j}(j=2,3,\cdots,n)$，令 $r=0$，转（2）；

（2）若$\min\limits_{v_j\in T_r}\{t_r(v_j)\}=t_i(v_k)$，则令 $P_{r+1}=P_r\cup\{v_k\}$，$T_{r+1}=T_r-\{v_k\}$. 若 $T_{r+1}=\varnothing$则结束，否则转（3）.

（3）修改 T_{r+1}中各节点 v_j 的 T 标号，即 $T_{r+1}(v_j)=\min\{t_r(v_j),t_r(v_k)+w_{kj}\}$，转（2）.

【例 5-7】求图 5-21（a）中节点 v_1 到 v_7 的最短路径.

解：

根据 Dijkstra 算法，在图 5-21（a）中用方框表示 P 标号，用圆框表示 T 标号，凡图 5-21 中无标号的点即该点的标号为$+\infty$（下同）.

（1）$P(v_1)=0$，$P_0=\{v_1\}$，$T_0=\{v_2,v_3,v_4,v_5,v_6,v_7\}$，$T_0$ 中各元素 T 标号为 $t_0(v_2)=2$，…，如图 5-21（b）所示.

（2）$\min\limits_{v_j\in T_0}\{t_0(v_j)\}=t_0(v_4)$，将 v_4 的标号 1 改为 P 标号，且 $P_1=P_0\cup\{v_4\}=\{v_1,v_4\}$.

$T_1=\{v_2,v_3,v_5,v_6,v_7\}$，修改 T_1 各节点的 T 标号为

$t_1(v_2)=\min\{t_0(v_2),\ t_0(v_4)+w_{42}\}=\min\{2,1+\infty\}=2$,

$t_1(v_3)=\min\{t_0(v_3),t_0(v_4)+w_{43}\}=\min\{8,1+7\}=8$,

$t_1(v_7)=\min\{t_0(v_7),t_0(v_4)+w_{47}\}=\min\{+\infty,1+9\}=10$,

$t_1(v_5)=\min\{+\infty,1+\infty\}=+\infty$,

$t_1(v_6)=t_1(v_7)=+\infty$.

依此类推，可得图 5-21（c）各节点的 P 标号，标号过程如图 5-21（a）~（h）所示，由图 5-21（h）可知 v_1 到 v_7 的距离为 6，v_1 到 v_7 的最短路径为 $v_1v_2v_5v_7$.

【例 5-8】以图 5-20 给出的石油流向的管网示意为例，v_1 代表石油开采地，v_7 代表石油汇集站，箭线旁的数字表示管线的长度，现在要从 v_1 地运石油到 v_7 地，怎样选择管线可使路径最短？

解：

（1）给起点 v_1 标号$(0,1)$，从 v_1 到 v_1 的距离 $p(v_1)=0$，v_1 为起点.

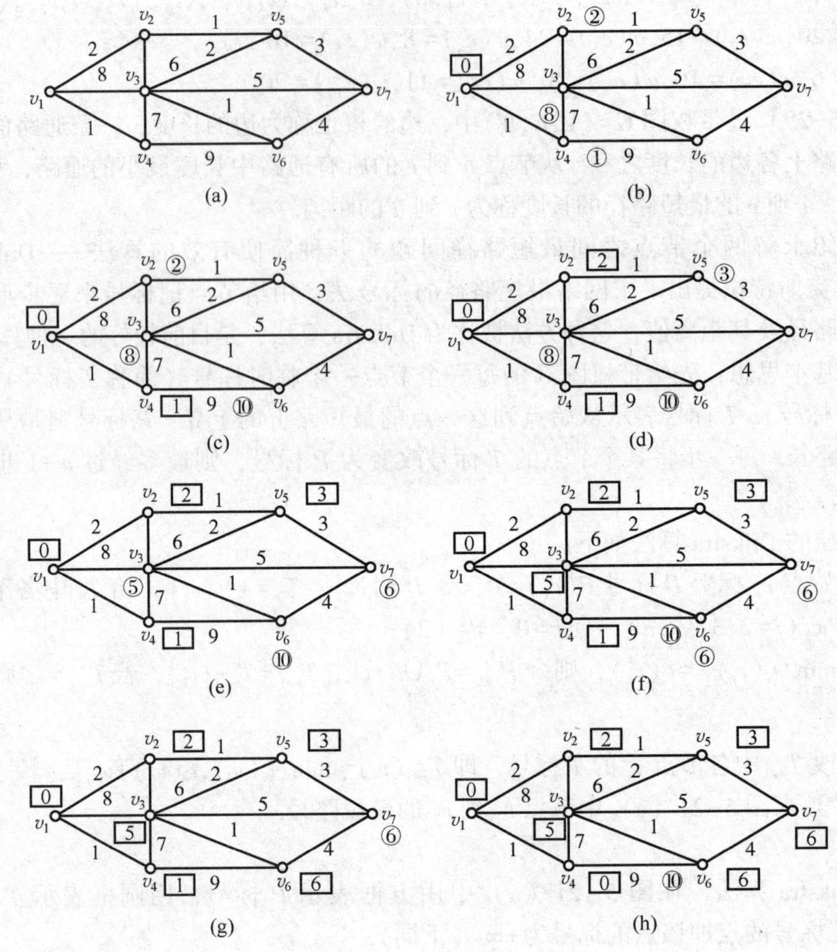

图 5-21 例 5-7 图

(2) 标号的点的集合 $P(v_0)=\{v_1\}$，没有标号的点的集合 $T_0=\{v_2,v_3,v_4,v_5,v_6,v_7\}$，边集 $A=\{(v_i,v_j)\mid v_i\in P_0,v_j\in T_0\}=\{(v_1,v_2),(v_1,v_3)\}$.且

$T_{12}=P(v_1)+\omega_{12}=0+20=20$

$T_{13}=P(v_1)+\omega_{13}=0+15=15$

$\min\{T_{12},T_{13}\}=T_{13}=15$

给边 (v_1,v_3) 的终点 v_3 以双标号 $(15,1)$.

(3) 标号的点的集合 $P_1=\{v_1,v_3\}$，没有标号的点的集合 $T_1=\{v_2,v_4,v_5,v_6,v_7\}$，边集 $A=\{(v_i,v_j)\mid v_i\in P_1,v_j\in T_1\}=\{(v_1,v_2),(v_3,v_4),(v_3,v_6)\}$.且

$T_{34}=25,T_{36}=21$

$\min\{T_{34},T_{36},T_{12}\}=T_{12}=20$

给边 (v_1,v_2) 的终点 v_2 以双标号 $(20,1)$.

(4) 标号的点的集合 $P_2=\{v_1,v_2,\gamma_3\}$，没有标号的点的集合 $T_2=\{v_4,v_5,v_6,v_7\}$，边集 $A=\{(v_i,v_j)\mid v_i\in I,v_j\in J\}=\{(v_2,v_4),(v_2,v_5),(v_3,v_4),(v_3,v_6)\}$.且

$T_{24}=P(v_2)+\omega_{24}=20+8=28$

$T_{25}=P(v_2)+\omega_{25}=20+24=44$

$\min\{T_{24},T_{25},T_{34},T_{36}\}=T_{36}=21$

给边(v_3,v_6)的终点 v_6 以双标号$(21,3)$.

(5) 标号的点的集合 $P_3=\{v_1,v_2,v_3,v_6\}$，没有标号的点的集合 $T_3=\{v_4,v_5,v_7\}$，边集 $A=\{(v_i,v_j)\mid v_i\in P_3,v_j\in T_3\}=\{(v_2,v_4),(v_2,v_5),(v_3,v_4),(v_6,v_7)\}$.且

$T_{67}=P(v_6)+\omega_{67}=21+20=41$

$\min\{T_{24},T_{25},T_{34},T_{67}\}=T_{34}=25$

给边(v_3,v_4)的终点 v_4 以双标号$(25,3)$.

(6) 标号的点的集合 $P_4=\{v_1,v_2,v_3,v_4,v_6\}$，没有标号的点的集合 $T_4=\{v_5,v_7\}$，边集 $A=\{(v_i,v_j)\mid v_i\in I,v_j\in J\}=\{(v_2,v_4),(v_2,v_5),(v_6,v_7)\}$. 且

$T_{45}=P\ (v_4)\ +\omega_{45}=25+10=35$

$\min\ \{T_{25},\ T_{45},\ T_{67}\}\ =T_{45}=35$

给边(v_4,v_5)的终点 v_5 以双标号$(35,4)$

(7) 标号的点的集合 $P_5=\{v_1,v_2,v_3,v_4,v_5,v_6\}$，没有标号的点的集合 $T_5=\{v_7\}$，边集 $A=\{(v_i,v_j)\mid v_i\in I,v_j\in J\}=\{(v_5,v_7),(v_6,v_7)\}$.且

$T_{57}=P(v_5)+\omega_{57}=35+11=46$

$\min\{T_{57},T_{67}\}=T_{67}=41$

给边(v_6,v_7)的终点 v_7 以双标号$(41,6)$.

至此，全部顶点都已得到标号，计算结束. 得到石油开采地 v_1 到汇集点 v_7 的最短路径，即 $v_1\to v_3\to v_6\to v_7$，由 v_7 的第一个标号可知路程长 41.

对于无向图上的 Dijkstra 算法. 无向图中的任一条边(v_i,v_j)均可用方向相反的两条边(v_i,v_j)和(v_j,v_i)来代替. 把原来的无向图变为有向图后，即可用上述的 Dijkstra 算法求解.

当然，也可以直接在原来的无向图上用 Dijkstra 算法求解. 在无向图上求解与在有向图上求解的区别在于寻找邻点时不同：在无向图上，只要两节点之间有连线，就是邻点. 因此，在无向图上的求解和在相应的有向图上求解相比，计算过程中的邻点个数可能增多，边集合中的边数也就随着增多. 计算结束时，一定是所有节点都得到了标号，且其最优结果不会劣于相应有向图的最优结果.

5.4.3 关键路径

在实施一个工程计划时，若将整个工程分成若干工序，则有些工序可以同时实施，有些工序必须在完成另一些工序后才能实施，工序之间的次序关系可以用有向图来表示，这种有向图称为计划评审技术（Project Evaluation and Review Technique）图，简称 PERT 图.

【定义 5-30】设有向图 $G=\langle V,E\rangle$，$v\in V$. v 的后继元集 $\Gamma+(v)=\{x\mid x\in V\Lambda\langle v,x\rangle\in E\}$，$v$ 的先继元集 $\Gamma-(v)=\{x\mid x\in V\Lambda\langle x,v\rangle\in E\}$.

【定义 5-31】设 $G=\langle V,E,w\rangle$是一个 n 阶有向带权图，满足：

(1) G 是简单图；

(2) G 中无回路；

(3) 有一个入度为 0 的顶点，称作始点，有一个出度为 0 的顶点，称作终点；

(4) 通常边$\langle v_i,v_j\rangle$的权表示时间，始点记作 v_i，终点记作 v_n，则称 G 为 PERT 图.

【定义 5-32】关键路径：PETR 图中从始点到终点的最长路径. 通过求各顶点的最早完成时间来求关键路径.

v_i 的最早完成时间 $TE(v_i)$：从始点 v_1 沿最长路径到 v_i 所需的时间.

$$TE(v_1)=0$$

$$TE(v_i)=\max\{TE(v_j)+w_{ji} \mid v_j\in\Gamma^-(v_i)\},i=2,3,\cdots,n$$

v_i 的最晚完成时间 $TL(v_i)$：在保证终点 v_n 的最早完成时间不增加的条件下，从始点 v_1 最迟到达 v_i 的时间.

$$TL(v_n)=TE(v_n)$$

$$TL(v_i)=\min\{TL(v_j)-w_{ij} \mid v_j\in\Gamma^+(v_i)\},i=n-1,n-2,\cdots,1$$

v_i 的缓冲时间 $TS(v_i)=TL(v_i)-TE(v_i),i=1,2,\cdots,n.$

v_i 在关键路径上$\Leftrightarrow TS(v_i)=0.$

因为在关键路径上，任何工序如果耽误了时间 t，整个工序就耽误了时间 t，所以在关键路径上各顶点的缓冲时间均为 0.

【例 5-9】 求图 5-22 所示的 PERT 图中各顶点的最早完成时间、最晚完成时间、缓冲时间以及关键路径.

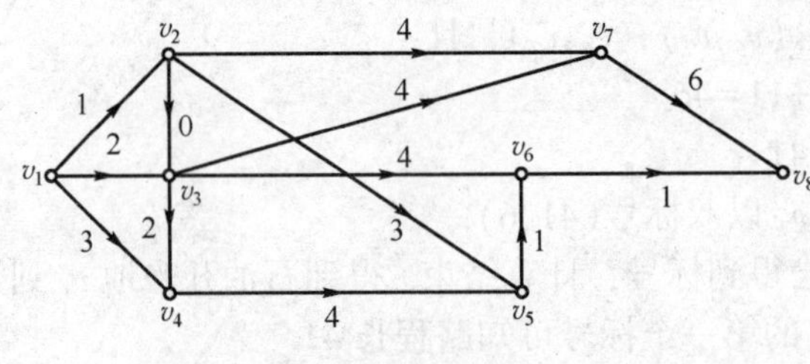

图 5-22 例 5-9 图

解：

各顶点最早完成时间：

$$TE(v_1)=0$$

$$TE(v_2)=\max\{0+1\}=1$$

$$TE(v_3)=\max\{0+2,1+0\}=2$$

$$TE(v_4)=\max\{0+3,2+2\}=4$$

$$TE(v_5)=\max\{1+3,4+4\}=8$$

$$TE(v_6)=\max\{2+4,8+1\}=9$$

$$TE(v_7)=\max\{1+4,2+4\}=6$$

$$TE(v_8)=\max\{9+1,6+6\}=12$$

各顶点最晚完成时间：

$$TL(v_8)=12$$

$$TL(v_7)=\min\{12-6\}=6$$

$$TL(v_6)=\min\{12-1\}=11$$

$$TL(v_5)=\min\{11-1\}=10$$

$$TL(v_4)=\min\{10-4\}=6$$

$$TL(v_3)=\min\{6-2,11-4,6-4\}=2$$

$$TL(v_2)=\min\{2-0,10-3,6-4\}=2$$

$$TL(v_1)=\min\{2-1,2-2,6-3\}=0$$

各点缓冲时间：

$$TS(v_1)=0-0=0$$
$$TS(v_2)=2-1=1$$
$$TS(v_3)=2-2=0$$
$$TS(v_4)=6-4=2$$
$$TS(v_5)=10-8=2$$
$$TS(v_6)=11-9=2$$
$$TS(v_7)=6-6=0$$
$$TS(v_8)=12-12=0$$

关键路径：$v_1v_3v_7v_8$.

关键路径通常（但并非总是）是决定项目工期的进度活动序列. 它是项目中最长的路径，即使很小的浮动也可能直接影响整个项目的最早完成时间. 关键路径的工期决定了整个项目的工期，任何关键路径上的终端元素的延迟在浮动时间为零或负数时将直接影响项目的预期完成时间（如在关键路径上没有浮动时间）. 但特殊情况下，如果总浮动时间大于零，则有可能不会影响项目整体进度.

5.5　欧拉图与汉密尔顿图

本节介绍两种特殊的连通图，一种是具有经过所有边的简单生成回路的图，另一种是具有生成圈的图.

5.5.1　欧拉图

欧拉图产生的背景就是前面介绍的哥尼斯堡七桥问题图. 在图中是否存在经过每条边一次且仅一次行遍所有顶点的回路？欧拉在他的论文中论证了这样的回路是不存在的.

【定义 5-33】 设有向图（无向图）$G=(V,E)$是连通的、无孤立点的图.

（1）若存在这样通路，经过图中每条边一次且仅一次就可以行遍所有顶点，则称此通路为欧拉通路.

（2）若存在这样回路，经过图中每条边一次且仅一次就可以行遍所有顶点，则称此回路为欧拉回路，具有欧拉回路的图称为欧拉图.

（3）具有欧拉通路但无欧拉回路的图称为半欧拉图.

规定：平凡图为欧拉图.

【例 5-10】 判断图 5-23 中各个图中哪些是欧拉图？哪些是半欧拉图？

解：

图 5-23（a）（b）是欧拉图，（c）是半欧拉图，（d）中不存在欧拉通路，更不存在欧拉回路. 这是因为图 5-23（a）中有欧拉回路（*abcdeca*）. 对于图 5-23（b）（c），读者可作类似的研究.

按定义来判断一个图是否是欧拉图，是否是半欧拉图很复杂，有时甚至是不可能的，因此可由下面的定理来判断.

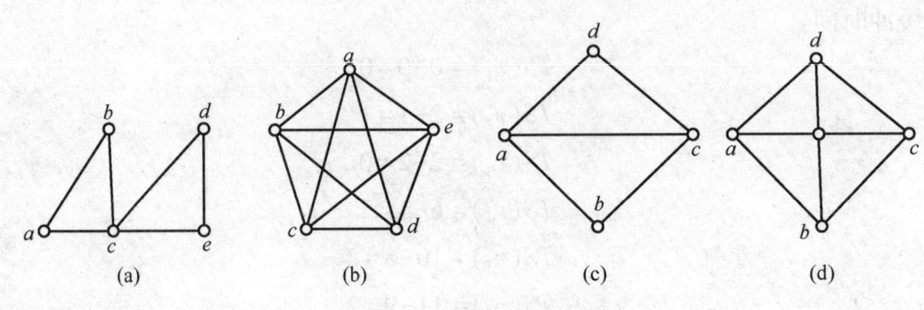

图 5-23 例 5-10 图

【定理 5-7】设 $G=(V,E)$ 是无孤立点的无向图，G 是欧拉图当且仅当 G 连通且无奇度顶点（欧拉定理）.

证明：

若 G 为平凡图，则定理显然成立. 下面讨论非平凡图.

必要性. 设 C 为 G 中一条欧拉回路，则有：

(1) 图 G 是连通的. 因为图 G 中无孤立点，所以图 G 中的每个节点都有一些边与之关联，而欧拉回路 C 包含了图 G 中的每一条边，回路 C 在通过各边的同时必通过图 G 中每个顶点. 所以，图 G 中每个节点都在回路 C 上. 因此，图 G 中任何 2 个顶点都可以通过回路 C 相互到达，故图 G 是连通图.

(2) 图 G 中无奇度顶点. $\forall v_i \in V$，v_i 在 C 上每出现 1 次获 2 度，所以 v_i 为偶度顶点. 由 v_i 的任意性，结论为真.

充分性. 对边数 m 作归纳法.

(1) $m=1$ 时，G 为一个环，则 G 为欧拉图.

(2) 设 $m \leqslant k(k \geqslant 1)$ 时结论为真，则 $m=k+1$ 时证明如下：

① 制作满足归纳假设的若干小欧拉图. 由连通及无奇度顶点可知，$\delta(G) \geqslant 2$，用扩大路径法可得 G 中长度大于等于 3 的圈 C_1. 删除 C_1 上所有的边（不破坏 G 中顶点度数的奇偶性）得 G'，则 G' 无奇度顶点，设它有 $s(s \geqslant 1)$ 个连通分支 $G'_1, G'_2, \cdots, G'_s$，它们的边数均小于等于 k，因而它们都是小欧拉图. 设 $C'_1, C'_2, \cdots, C'_s$ 是 $G'_1, G'_2, \cdots, G'_s$ 的欧拉回路.

② 将 C_1 上被删除的边还原，从 C_1 上某一顶点出发走出 G 的一条欧拉回路 C.

综上所述，定理充分性成立.

推论 设 $G=(V,E)$ 是无孤立点的无向图，G 是欧拉通路当且仅当 G 连通且恰有 2 个奇度顶点.

证明：

必要性. 设 G 是 m 条边的 n 阶无向图，因为 G 中存在欧拉通路（但不存在欧拉回路），设 $\Gamma = v_{i0} e_{j1} v_{i1} e_{j2} \cdots v_{im-1} e_{jm} v_{im}$ 为 G 中一条欧拉通路，$v_{i0} \neq v_{im}$. $\forall v \in V(G)$，若 v 不在 Γ 的端点出现，显然 $d(v)$ 为偶数，若 v 在端点出现过，则 $d(v)$ 为奇数，因为 Γ 只有两个端点且不同，因而 G 中只有两个奇度顶点. 另外，G 的连通性是显然的.

充分性（利用欧拉定理）. 设 u、v 为 G 中的两个奇度顶点，令 $G' = G \cup (u,v)$，则 G' 连通且无奇度顶点，由欧拉定理知 G' 为欧拉图，因而存在欧拉回路 C，令 $\Gamma = C-(u,v)$，则 Γ 为 G 中的欧拉通路.

【例 5-11】图 G 如图 5-24 所示，其是否为欧拉图？若是，求其欧拉回路.

解：

由于图 G 中的 6 个顶点度数都为偶数且图 G 连通，根据欧拉定理可知 G 为欧拉图.

在图 G 中任意找一个简单回路 $C(1,2,3,1)$. 还有 7 条边不在该回路中，边 $(3,4)$ 不在 C 中且与回路中的顶点 3 相关联，由顶点 3 出发经过 $(3,4)$ 可得到一简单回路 $C'(3,4,5,3)$，将 C' 并入 C 得到了一个新的更长的简单回路 $C(1,2,3,4,5,3,1)$.

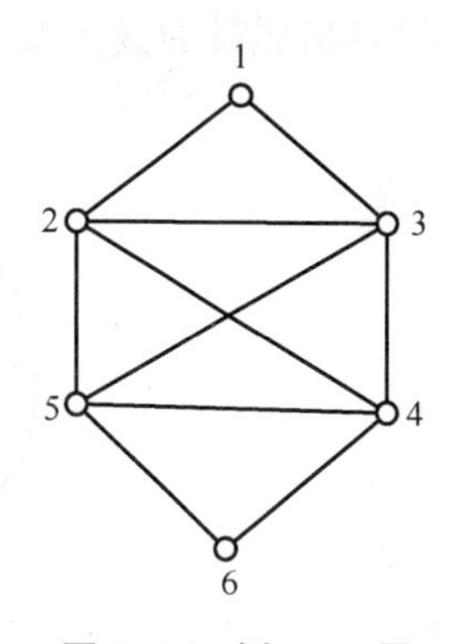

图 5-24 例 5-11 图

此时，仍有 4 条边不在回路 C 中，边 $(4,6)$ 不在 C 中且与顶点 4 相关联，由 4 出发经过边 $(4,6)$ 又可得到一个简单回路 $C''(4,6,5,2,4)$. 将 C'' 并入 C 得到一个更长的简单回路 $C(1,2,3,4,6,5,2,4,5,3,1)$. 可以看到，G 中所有的边已全部在 C 中了，故得此回路为 G 中的一条欧拉回路.

【定理 5-8】有向图 G 是欧拉图当且仅当 G 是弱连通的且每个顶点的入度等于出度.

本定理的证明类似于定理 5-7. 读者可以自己证明.

推论 有向图 G 有欧拉通路当且仅当 G 是单向连通的且 G 中恰有 2 个奇度顶点，其中一个的入度比出度大 1，另一个的出度比入度大 1，而其余顶点的入度都等于出度.

本推论定理的证明类似于定理 5-7.

定理 5-7 和定理 5-8 提供了欧拉通路与欧拉回路的十分简便的判别准则.

根据定理 5-7 和定理 5-8 再判断例 5-11 中各个图，哪些图是欧拉图？哪些图是半欧拉图？

欧拉图的应用——一笔画问题.

所谓“一笔画问题”就是画一个图形，笔不离纸，每条边只画一次而不许重复地画完该图. “一笔画问题”本质上就是一个无向图是否存在欧拉通路（回路）的问题. 如果该图为欧拉图，则能够一笔画完该图，并且笔又回到出发点.

【例 5-12】图 5-25 所示的 3 个图能否一笔画？为什么？

解：

因为图 5-25（a）和（b）中分别有 0 个和 2 个奇数节点，所以它们分别是欧拉图和存在欧拉通路的图，因此能够一笔画，并且在图 5-25（a）中笔能回到出发点，而图 5-25（b）中笔不能回到出发点. 图 5-25（c）中有 4 个度数为 3 的节点，所以不存在欧拉通路，因此不能一笔画.

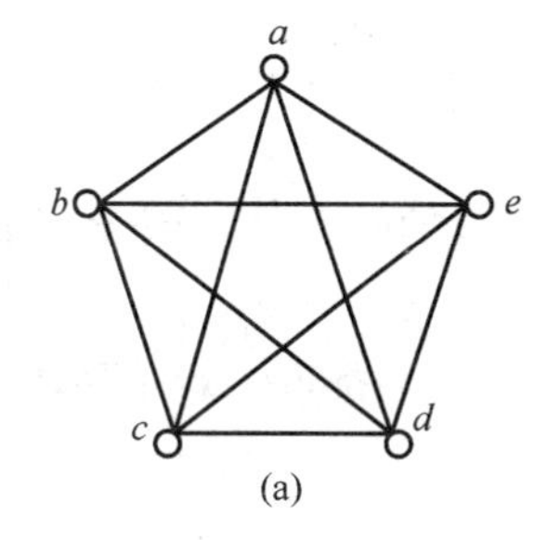

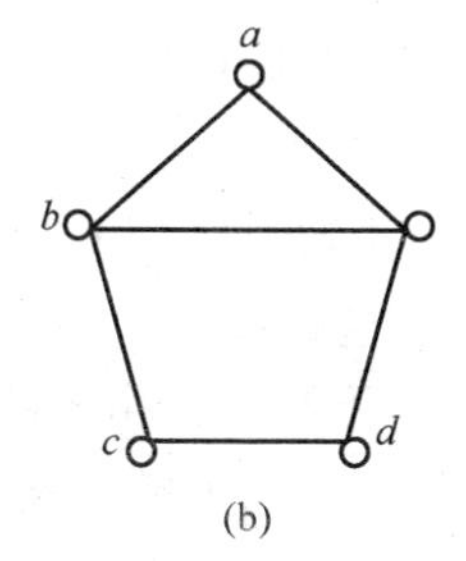

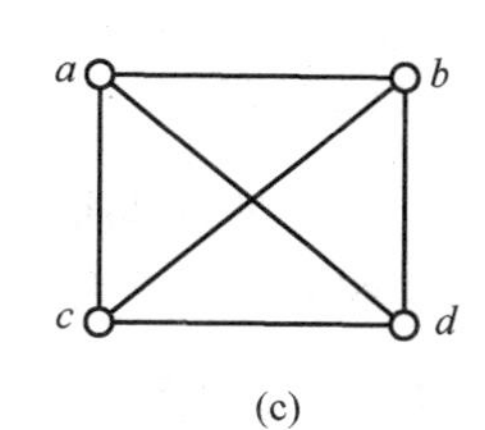

图 5-25 例 5-12 图

计算机磁鼓的设计如图 5-26 所示.

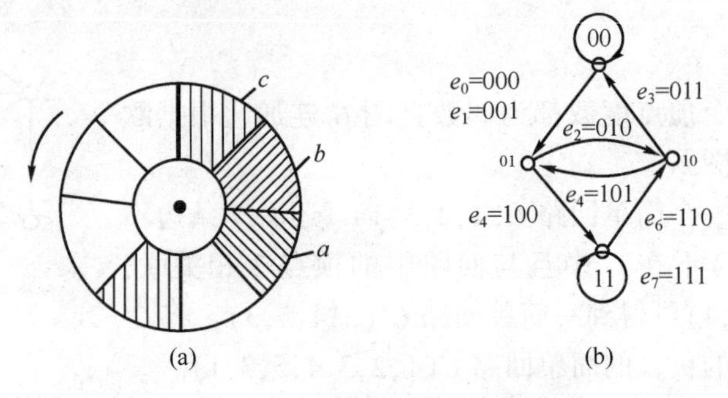

图 5-26 计算机磁鼓的设计

计算机旋转磁鼓的表面被等分成 2^n 个部分，与 n 个电刷相接触. 绝缘体（空白部分）不通电表示信号 0；导体（阴影部分）通电表示信号 1. 从而与 n 个电刷上就产生一个 n 位二进制信号. 鼓轮上的 8 个扇区应如何安排导体或绝缘体，使鼓轮旋转一周，触点输出一组不同的二进制信号？

每转一个扇区，信号 $a_1a_2a_3$ 变成 $a_2a_3a_4$，前者右两位决定后者左两位. 因此，把所有两位二进制数作节点，从每一个节点 a_1a_2 到 a_2a_3 引一条有向边表示 $a_1a_2a_3$ 这个 3 位二进制数，作出表示所有可能数码变换的有向图，如图 5-26（b）所示. 于是，问题转化为在这个有向图上求一条欧拉回路，这个有向图的 4 个节点的度数都是出度、入度各为 2，图 5-26（b）中有欧拉回路存在，如$(e_1,e_2,e_5,e_3,e_7,e_6,e_4)$是一欧拉回路，对应于这一回路的布鲁因序列为 00010111，因此材料应按此序列分布.

用类似的论证可以证明，存在一个 2^n 个二进制的循环序列，其中 2^n 个由位二进 n 位二进制数组成的子序列都互不相同. 此序列称为布鲁因序列，于 1946 年由 Good 提出. 例如，16 个二进制数的布鲁因序列是 0000101001101111.

5.5.2 欧拉图应用

1962 年，我国的管梅谷首先提出并研究了如下的问题：邮递员从邮局出发经过他投递的每一条街道，然后返回邮局，邮递员希望找出一条行走距离最短的路线. 这个问题被外国人称为中国邮递员问题.

把邮递员的投递区域看作一个连通的带权无向图 G，其中 G 的顶点看作街道的交叉口和端点，街道看作边，权看作街道的长度. 解决中国邮递员问题，就是在连通带权无向图中，寻找经过每边至少一次且权和最小的回路.

如果对应的图 G 是欧拉图，那么从对应于邮局的顶点出发的任何一条欧拉回路都是符合上述要求的邮递员的最优投递路线.

如果图 G 只有两个奇点 x 和 y，则存在一条以 x 和 y 为端点的欧拉链，因此，由这条欧拉链加 x 到 y 最短路即是所求的最优投递路线.

如果连通图 G 不是欧拉图也不是半欧拉图，由于图 G 有偶数个奇点，对于任两个奇点 x 和 y，在 G 中必有一条路连接它们. 将这条路上的每条边改为二重边得到新图 H_1，则 x 和 y 就变为 H_1 的偶点，在这条路上的其他顶点的度数均增加 2，即奇偶数不变，于是 H_1 的奇点个数比 G 的奇点个数少 2. 对 H_1 重复上述过程得 H_2，再对 H_2 重复上述过程得 H_3，……，经若干次后，可将 G 中所有顶点变成偶点，从而得到多重欧拉图 G'（在 G' 中，若某两点 u 和 v 之间连接的边数多于 2，则可去掉其中的偶数条多重边，最后剩下连接 U 与 V 的边仅有 1 或 2 条边，这样得到的图 G' 仍是欧拉图）. 这个欧拉图 G' 的一条欧拉回路就相应于中国邮递员问题的一个可行解，且欧拉回路的长度等于 G 的所有边的长度加上由 G 到 G' 所添加的边的长度之和. 但怎样才能使这样的欧拉回路的长度最短呢？如此得到的图 G' 中最短的欧拉回路称为图 G 的最优环游.

5.5.3　汉密尔顿图

汉密尔顿图是由威廉·汉密尔顿（Sir Willian Hamilton）于 1856 年在解决关于正十二面体的一个数学游戏时首次提出的.

1856 年，汉密尔顿发明了一种数学游戏：一个人在（实心的）正十二面体的任意 5 个相继的顶点（正十二面体是由 12 个相同的正五边形组成，有 20 个顶点，30 条棱）上插上 5 个大头针，形成一条路，要求另一个人扩展这条路，以形成一条过每个顶点一次且仅一次的圈.

汉密尔顿在 1859 年将他的正十二面体数学游戏重新叙述为：能否在全球选定的 20 个都会城市（据说有中国 3 个城市：北京、上海、西安）中，从任一城市出发，作全球航行，经过 20 个城市一次且仅一次（不能去其他城市），然后回到出发点？这就是著名的环球航行问题或周游世界问题. 汉密尔顿给出了这个问题的肯定的答案，如图 5-27 所示.

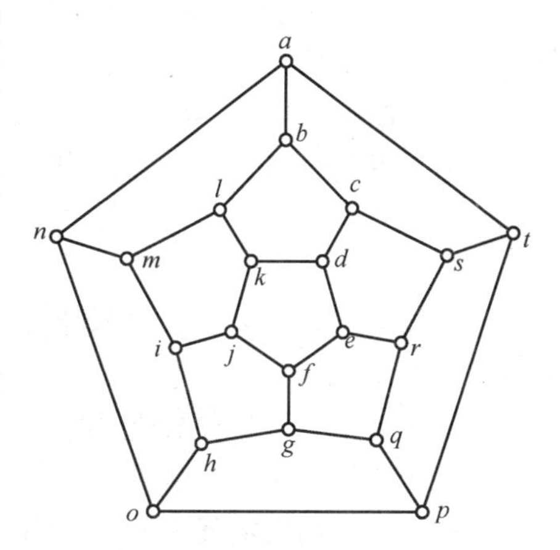

图 5-27　环球航行问题

按照图 5-27 中所给城市的编号行走，可得所要求的回路，对于一般的连通图 G 也可以提出这样的问题，即能否找到一条含图中所有顶点的初级通路或回路.

【定义 5-34】设有图 $G=(V,E)$.

(1) 汉密尔顿通路——经过图中所有顶点一次仅一次的通路.

(2) 汉密尔顿回路——经过图中所有顶点一次仅一次的回路.

(3) 汉密尔顿图——具有汉密尔顿回路的图.

(4) 半汉密尔尔顿图——具有汉密尔顿通路且无汉密尔顿回路的图.

说明：

(1) 平凡图是汉密尔顿图；

(2) 汉密尔顿通路是初级通路，汉密尔顿回路是初级回路；

(3) 环与平行边不影响汉密尔顿性；

(4) 汉密尔顿图的实质是能将图中的所有顶点排在同一圈上.

【例 5-13】判断图 5-28 中哪些图是汉密尔顿图？哪些图是半汉密尔顿图？

解：

(a) 和 (b) 是汉密尔顿图；(c) 是半汉密尔顿图；(d) 既不是汉密尔顿图，也不是半汉密尔顿图.

到目前为止，还没有简明的条件作为判断一个图是否为汉密尔顿图的充要条件，因此，

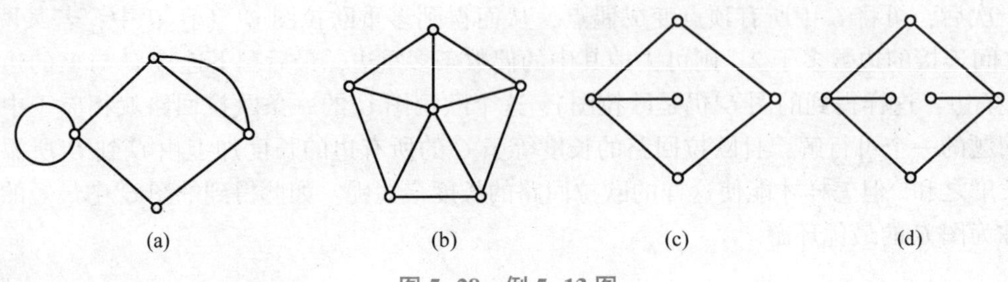

图 5-28 例 5-13 图

研究汉密尔顿图要比研究欧拉图难些. 下面给出一些汉密尔顿通路、回路存在的必要条件或充分条件.

【定理 5-9】设无向图 $G=(V,E)$ 是汉密尔顿图，对于任意 $V_1 \subsetneqq V$ 且 $V_1 \neq \varnothing$，均有

$$p(G-V_1) \leqslant |V_1|$$

其中 $p(G-V_1)$ 是从 G 中删除 V_1 后所得到的连通分支数.

证明:

设 C 为 G 中任意一条汉密尔顿回路，当 V_1 中顶点在 C 中均不相邻时，$p(G-V_1)=|V_1|$ 最大，其余情况下均有 $p(G-V_1)<|V_1|$，所以有 $p(G-V_1) \leqslant |V_1|$. 而 C 是 G 的生成子图，所以 $p(G-V_1) \leqslant p(C-V_1) \leqslant |V_1|$.

推论　设无向图 $G=(V,E)$ 是半汉密尔顿图，对于任意的 $V_1 \subsetneqq V$ 且 $V_1 \neq \varnothing$，均有

$$p(G-V_1) \leqslant |V_1|+1$$

证明:

令 $\Gamma(uv)$ 为 G 中汉密尔顿通路，令 $G'=GU(u,v)$，则 G' 为汉密尔顿图. 于是

$$p(G-V_1)=p(G'-V_1-(u,v)) \leqslant |V_1|+1$$

本定理的条件是汉密尔顿图的必要条件，但不是充分条件. 可以利用本定理的必要条件来判定某些图不是汉密尔顿图.

【例 5-14】利用定理 5-9 判定图 5-29 中的图不是汉密尔顿图.

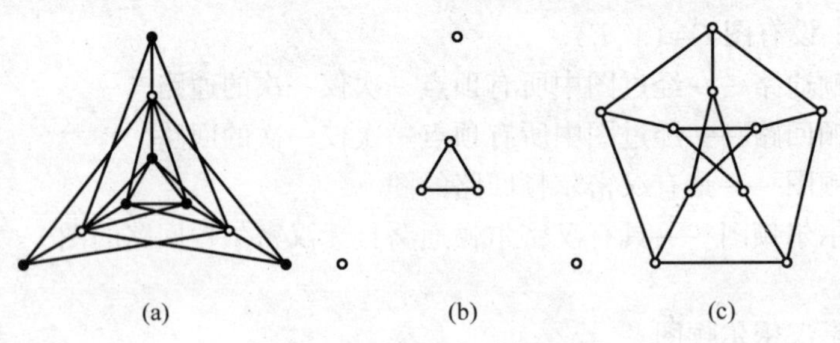

图 5-29 例 5-14 图

解：图 5-29（a）不是汉密尔顿图.

图 5-29（a）中共有 9 个节点，如果取节点子图 $V_1=\{3$ 个白点$\}$，删除 V_1. 而这时图 5-29（a）的连通图分支为 $\omega(G-S)=4$（见图 5-29（b））. 根据定理 5-9 的逆否命题得图 5-29（a）不是汉密尔顿图. 但要注意若一个图满足定理 5-9 的条件也不能保证这个图一定是汉密尔顿图. 可以验证彼得森图（见图 5-29（c））满足定理的条件，但它不是汉密尔顿图. 若一个图不满足定理中的条件，则它一定不是汉密尔顿图.

在彼得森图中存在汉密尔顿通路不存在汉密尔顿回路，所以彼得森图是半汉密尔顿图.

下面给出一些图具有汉密尔顿回路或通路的一些充分条件.

【定理 5-10】 设 G 是 n 阶无向简单图，若对于任意不相邻的顶点 v_i、v_j，均有

$$d(v_i)+d(v_j)\geqslant n-1$$

则 G 中存在汉密尔顿通路.

证明：

（1）首先证明 G 是连通的. 假设 G 不连通，G 至少有两个连通分支，设 G_1、G_2 是顶点数分别为 n_1 和 $n_2(n_1\geqslant 1,n_2\geqslant 1)$ 的连通分支，设 $v_1\in V(G_1)$，$v_2\in V(G_2)$，由于 G 是简单图，因此

$$d_G(v_1)+d_G(v_2)=d_{G_1}(v_1)+d_{G_2}(v_2)\leqslant n_1-1+n_2-1\leqslant n-2$$

这与定理中条件 $d(v_i)+d(v_j)\geqslant n-1$ 是矛盾的，所以 G 是连通的.

再证明 G 中存在汉密尔顿通路.

（2）设 $\Gamma=v_1v_2\cdots v_l$ 为 G 中极大路径，$l\leqslant n$，若 $l=n$，则 Γ 为 G 中经过所有顶点的路径，即为汉密尔顿通路.

若 $l<n$，说明 G 中还有 Γ 以外的顶点，但此时可以证明存在经过 Γ 上所有顶点的回路.

① 若在 Γ 上 v_1 与 v_l 相邻，则 $v_1v_2\cdots v_lv_1$ 为过 Γ 上所有顶点的回路.

② 若在 Γ 上 v_1 与 v_l 不相邻，假设 v_1 在 Γ 上与 $v_{i_1}=v_2,v_{i_2},v_{i_3},\cdots,v_{ik}$相邻，其中 k 必大于等于 2，否则 $d(v_1)+d(v_t)\leqslant 1+l-2<n-1$.此时，$v_l$ 必与 $v_{i_2},v_{i_3},\cdots,v_{i_k}$相邻的顶点 $v_{i_2-1},v_{i_3-1},\cdots,v_{i_k-1}$至少之一相邻（否则 $d(v_1)+d(v_l)\leqslant k+l-2-(k-1)=l-1<n-1$）. 设 v_l 与 $v_{i_r-1}(2\leqslant r\leqslant k)$ 相邻，如图 5-30（a）所示，删除边(v_{i_r-1},v_{i_r})，得到回路 $C=v_1v_{t_1}\cdots v_{t_r-1}v_tv_{t-1}\cdots v_{i_k}\cdots v_{t_r}v_1$.

③ 证明存在比 Γ 更长的路径.

由连通性，可得比 Γ 更长的路径（见图 5-30（b）），对它在扩大路径，重复（2），最后得汉密尔顿通路.

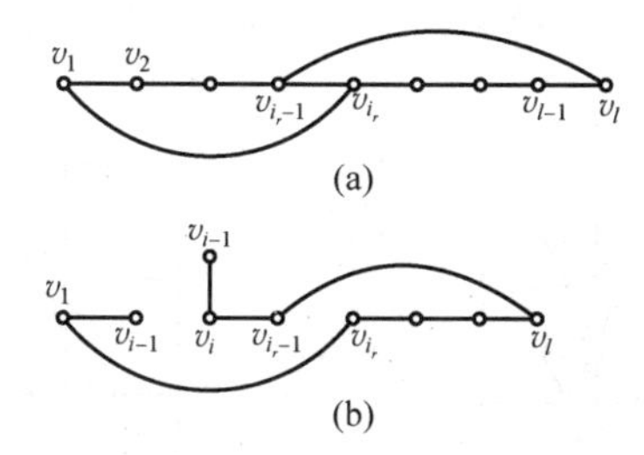

图 5-30　汉密尔顿通路存在的充分条件

推论 1　设 G 为 $n(n\geqslant 3)$阶无向简单图，若对于 G 中任意两个不相邻的顶点 v_i、v_j，均有$d(v_i)+d(v_j)\geqslant n$，则 G 中存在汉密尔顿回路，从而 G 为汉密尔顿图.

证明：

由定理 5-10 得 $\Gamma=v_1v_2\cdots v_n$ 为 G 中汉密尔顿通路.

若$(v_1,v_n)\in E(G)$，则得证. 否则利用推论条件 $d(v_i)+d(v_j)\geqslant n$ 证明存在过 $v_1,v_2,\cdots,v_n$ 的汉密尔顿回路.

推论 2　设 G 为 $n(n\geqslant 3)$ 阶无向简单图，若对任意的 $v\in V(G)$，均有 $d(v)\geqslant\dfrac{n}{2}$，则 G 为汉密尔顿图.

利用推论 1 可证推论 2.

【定理 5-11】 设 u、v 为 n 阶无向简单图 G 中两个不相邻的顶点，且 $d(u)+d(v)\geqslant n$，则

G 为汉密尔顿图当且仅当 $G\cup(u,v)$ 为汉密尔顿图.

本定理的证明留给读者.

以上定理及推论都是针对无向图的条件，下面讨论有向图中的汉密尔顿通路.

讨论一类一定含有汉密尔顿通路（回路）的有向图——竞赛图.

【定义 5-35】 竞赛图：无向完全图的定向图称为竞赛图.

注：竞赛图中任何两个节点间都有且仅有一条有向边.

图 5-31 给出了 3 个具有 4 个节点的竞赛图.

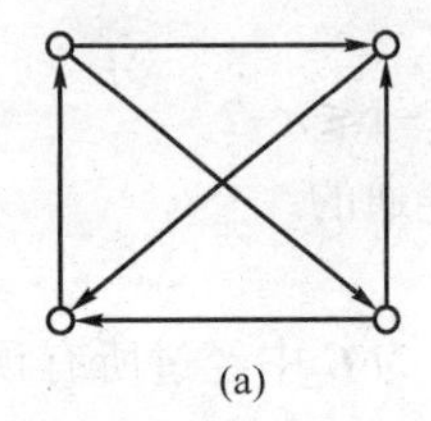

(a)

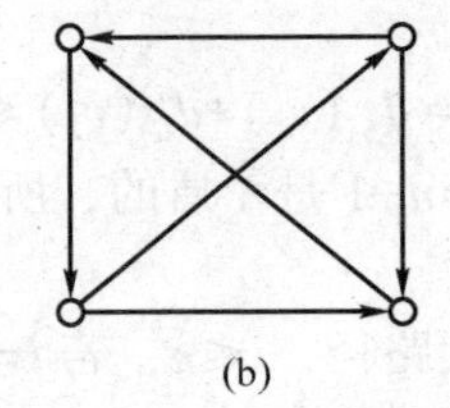

(b)

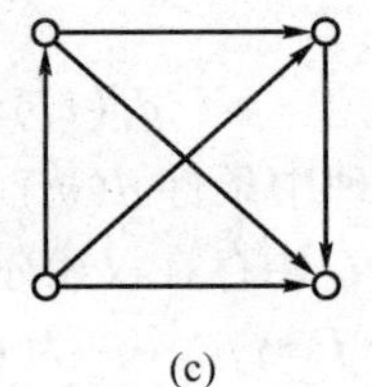

(c)

图 5-31 竞赛图

【定理 5-12】 若 G 为 $n(n\geqslant 2)$ 阶竞赛图，则 G 中具有汉密尔顿通路.

证明：略.

5.5.4 汉密尔顿图应用

（1）周游世界问题（见图 5-27）.

易知 $a\ b\ c\ d\ e\ f\ g\ h\ i\ j\ k\ l\ m\ n\ p\ q\ r\ s\ t\ a$ 为图 5-27 中的一条汉密尔顿回路.

注意：

此图不满足定理 5-10 推论 1 的条件.

（2）在四分之一国际象棋盘（4×4 方格组成）上跳马无解（见图 5-32）. 在国际象棋盘上跳马有解.

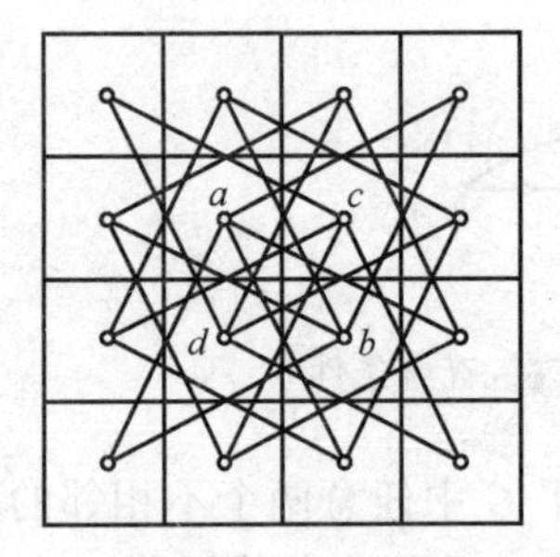

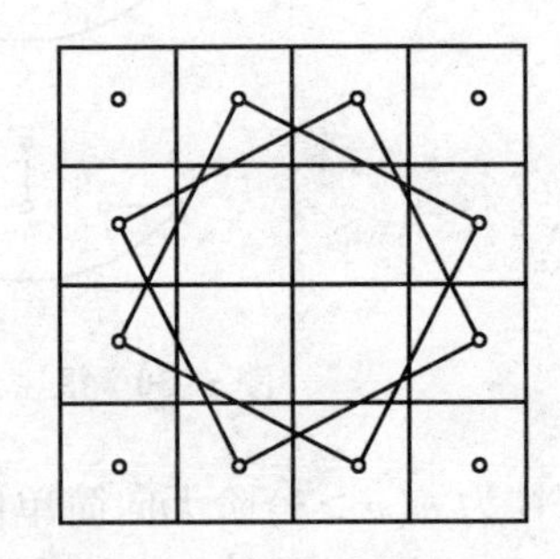

图 5-32 国际象棋盘跳马

令 $V_1=\{a,b,c,d\}$，则 $p(G-V)=6>4$，由定理 5-9 可知图 5-32 中无汉密尔顿回路. 在国际象棋盘上跳马有解，请读者尝试求解.

（3）旅行售货员问题是在加权完全无向图中，求经过每个顶点恰好一次的（边）权和最小的汉密尔顿圈，又称之为最优汉密尔顿圈. 如果将加权图中的节点看作城市，加权边看作距离，旅行售货员问题就成为找出一条最短路线，使得旅行售货员从某个城市出发，遍历每个城市一次，最后再回到出发的城市的问题.

若选定出发点，对 n 个城市进行排列，因第 2 个顶点有 $n-1$ 种选择，第 3 个顶点有 $n-2$ 种选择，以此类推，共有 $(n-1)!$ 个汉密尔顿圈. 考虑到一个汉密尔顿圈可以用相反两个方向来遍历，因而只需检查$\frac{1}{2}(n-1)!$个汉密尔顿圈，从中找出权和最小的一个. 我们知道$\frac{1}{2}(n-1)!$随着 n 的增加而增长得极快，如有 20 个顶点，需考虑$\frac{1}{2}\times 19!$（约为 6.08×10^{16}）个不同的汉密尔顿圈. 用最快的计算机也需大约一年的时间才能求出该图中长度最短的一个汉密尔顿圈.

因为旅行售货员问题同时具有理论和实践的重要性，所以已经投入了巨大的努力来设计解决它的有效算法. 目前还没有找到一个有效算法！因此，解决旅行售货员问题的实际方法是使用近似算法.

5.6　平面图

在一些实际问题中，常常需要考虑一些图在平面上的画法，希望图的边与边不相交或尽量少相交，如印制电路板上的布线、线路或交通道路的设计以及地下管道的铺设等.

例如，一个工厂有 3 个车间和 3 个仓库，为了工作需要，车间与仓库之间将设专用的车道，为避免发生车祸，应尽量减少车道的交叉点，最好是没有交叉点，这是否可能呢？

如图 5-33（a）所示，A、B、C 是 3 个车间；M、N、P 是 3 座仓库. 经过研究表明，要想建造不相交的道路是不可能的，但可以使交叉点最少，如图 5-33（b）所示. 此类实际问题涉及到平面图的研究. 近年来，大规模集成电路的发展也促进了平面图的研究.

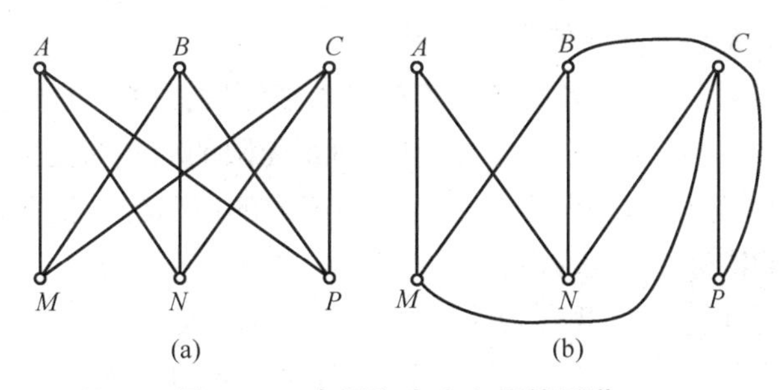

图 5-33　车间和仓库之间的通道

5.6.1　平面图的定义

【定义 5-36】 $G=(V,E)$ 是一无向图. 如果能把 G 的所有节点和边画在平面上，使得任何两条边除公共端点外没有其他的交点，则称 G 是一个平面图或称该图能嵌入平面；否则，称 G 是一个非平面图.

直观上说，所谓平面图就是可以画在平面上，使边除端点外，彼此不相交的图. 应当注意，有些图从表面上看，它的某些边是相交的，但是不能就此肯定它不是平面图.

例如，图 5-34 中，图（a）是无向完全图 K_3，它是平面图. 图（b）是无向完全图 K_4，它表面上看有相交边，但是把它画成图（c），则可以看出它是一个平面图. 图（d）是平面图. 图（e）经改画后得到图（f），图（g）经改画后得到图（h），由定义知它们都是平面图. 而图（i）（j）是无向完全图 K_5，K_5 和图 5-33 中的两个图，无论怎样调整边的位置，都不能使任何两边除公共端点外没有其他的交点，所以它们不是平面图，它们是两个最基本、最重要的非平面图，在平面图理论的研究中有非常重要的作用.

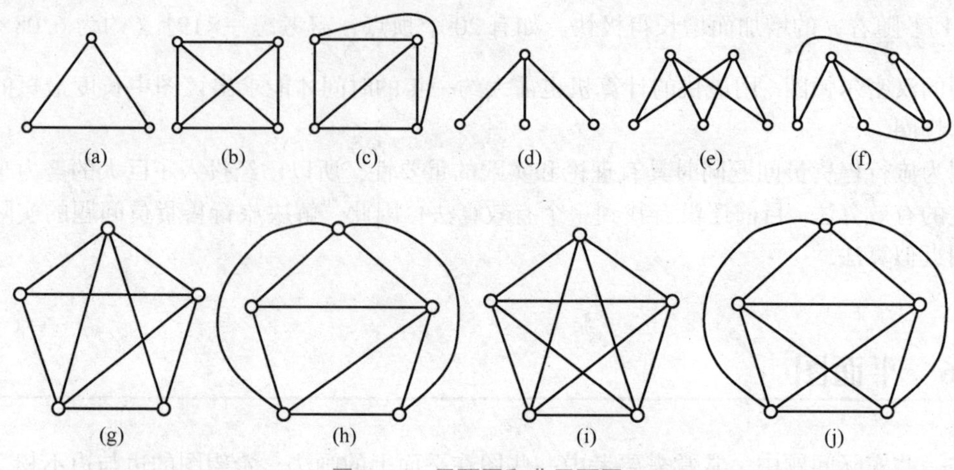

图 5-34　平面图和非平面图

设 G 是平面图，G 的以无交边的方式画在平面上的图称为平面图 G 的平面嵌入. 如图 5-34（c）（f）（h）分别为图 5-34（b）（e）（g）的平面嵌入.

关于平面图，以下两个结论是显然的.

【定理 5-13】若 G 是平面图，则 G 的任何子图都是平面图.

【定理 5-14】若 G 是非平面图，则 G 的任何母图都是非平面图.

推论　无向完全图 $K_n(n\geqslant5)$ 是非平面图.

【定义 5-37】设 $G=(V,E)$ 是平面图. 将 G 嵌入平面后，由 G 的边将 G 所在的平面划分为若干区域，每个区域称为 G 的一个面. 其中，面积无限的面称为无限面或外部面，面积有限的面称为有限面或内部面. 包围每个面的所有边组成的回路称为该面的边界，边界长度称为该面的次数，面 R 的次数记为 $\deg(R)$.

例如，图 5-34 中，图（a）共有两个面，每个面的次数均为 3；图（c）共有 4 个面，每个面的次数均为 3；图（f）共有 3 个面，每个面的次数均为 4；图（h）共有 6 个面，每个面的次数均为 3. 图 5-35 所示平面图 G 有 4 个面，$\deg(R_1)=3$，$\deg(R_2)=3$，R_3 的边界为 e_{10}，e_7，e_8，e_9，e_{10}，$\deg(R_3)=5$，R_0 的边界为 e_1，e_6，e_7，e_9，e_8，e_6，e_5，e_4，e_2，$\deg(R_0)=9$.

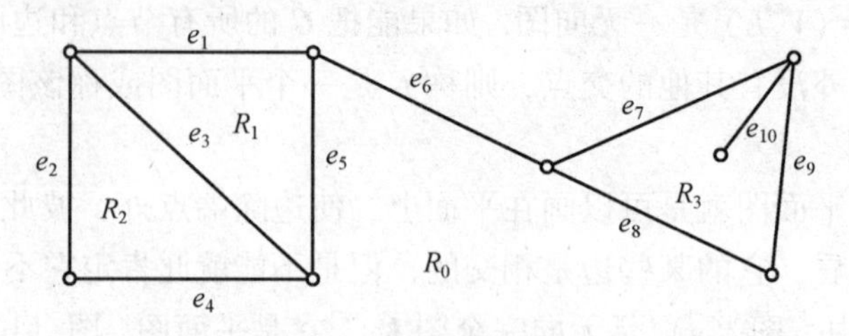

图 5-35　平面图

关于面的次数，有下述定理.

【定理 5-15】在一个有限平面图 G 中，所有面的次数之和等于边数的 2 倍，即

$$\sum_{i=1}^{r} \deg(R_i) = 2m$$

其中，r 为 G 的面数，m 为边数.

证明：

注意到等式的左端表示 G 的各个面次数的总和，在计数过程中，G 的每条边或者是两个面的公共边界，为每一个面的次数增加 1；或者在一个面中作为边界重复计算两次，为该面的次数增加 2. 因此，在计算面的次数总和时，每条边都恰好计算了两次，故等式成立.

推论　在任何平面图中，次数为奇数的面的个数是偶数.

G 的不同平面嵌入的面的次数数列可能是不同的. 图 5-36 中的 G_1、G_2 是同一个图的平面嵌入，但它们的面的次数数列分别是 3、3、5、5 和 3、3、4、6.

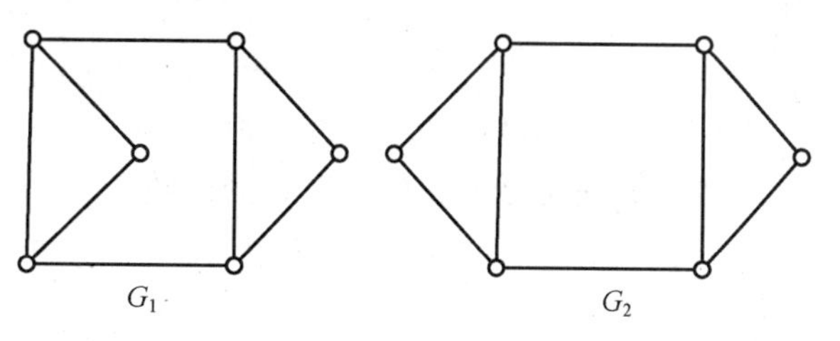

图 5-36　同一个图的平面嵌入

5.6.2　欧拉公式

数学家欧拉在 1750 年发现，任何一个凸多面体的顶点数 n，棱数 m 和面数 r 之间满足关系式：

$$n-m+r=2$$

这就是著名的欧拉公式. 更一般地，对任意平面图，欧拉公式依然成立. 这就是下面的定理和推论.

【定理 5-16】 设 G 为一个连通平面图，它有 n 个节点，m 条边和 r 个面，则有 $n-m+r=2$.

证明：

对 G 的边数 m 进行归纳证明.

当 $m=0$ 时，由于 G 是连通的，因此 G 只能是平凡图. 这时，$n=1$，$m=0$，$r=1$，$n-m+r=2$成立.

设 $m=k(k\geqslant 1)$时，结论成立，下面证明当 $m=k+1$ 时，结论也成立.

易见，一个具有 $k+1$ 条边的连通平面图可以由 k 条边的连通平面图添加一条边后构成. 因为一个含有 k 条边的连通平面图上添加一条边后仍为连通图，则有以下 3 种情况.

（1）所增边为悬挂边，如图 5-37（a）所示，此时 G 的面数不变，节点数增 1，边数增 1，欧拉公式成立.

（2）所增边为一个环，此时 G 的面数增 1，如图 5-37（b）所示，此时边数增 1，但节点数不变，欧拉公式成立.

（3）在图的任意两个不相邻节点间增加一条边，如图 5-37（c）所示，此时 G 的面数增 1，边数增 1，但节点数不变，欧拉公式成立.

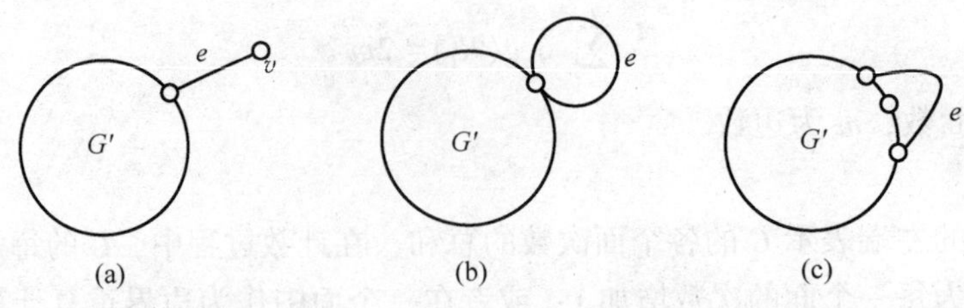

图 5-37　定理 5-16 证明

【定理 5-17】 设 G 是连通的 (n,m) 平面图，且每个面的次数至少为 $l(l\geqslant 3)$，则

$$m\leqslant\frac{l}{l-2}(n-2)$$

证明：

由定理 5-15 知

$$2m\sum_{i=1}^{r}\deg(R_1)\geqslant lr（r\text{ 为 }G\text{ 的面数}）$$

再由欧拉公式得

$$r=2+m-n\leqslant\frac{2m}{l}$$

故

$$m\leqslant\frac{l}{l-2}(n-2)$$

推论 1　平面图 G 的平面嵌入的面数与 G 的嵌入方法无关.

于是 G 的一个平面嵌入的面数，可直接称为平面图 G 的面数.

推论 2　设 G 是有 n 个节点（$n\geqslant 3$），m 条边的简单平面图，则 $m\leqslant 3n-6$.

证明：

不妨设 G 是连通的，否则可在 G 的连通分支间加边而得到连通图 G'，G' 的节点数仍为 n，边数 $m\geqslant m$，所以若定理对 G' 成立，则对 G 也成立.

由于 G 是有 n 个节点（$n\geqslant 3$）的简单连通平面图，所以 G 的每一个面至少由 3 条边围成. 如果 G 中有 r 个面，则面的总次数

$$2m\geqslant 3r$$

即有

$$r\leqslant\frac{2m}{3}$$

代入欧拉公式，可得

$$n-m+\frac{2m}{3}\geqslant 2$$

从而得到

$$m\leqslant 3n-6$$

推论 2 也可直接由定理 5-17 推出，只需令 $l=3$ 即可.

推论 3　若有 n 个节点（$n\geqslant 3$）的简单连通平面图 G 不以 K_3 为子图，则 $m\leqslant 2n-4$.

证明：

由于 G 是有 n 个节点（$n \geqslant 3$）的简单连通平面图，且 G 中不含 K_3，所以 G 的每个面至少由 4 条边围成，即 $l \geqslant 4$，代入定理 5-16，即得

$$m \leqslant 2n-4$$

推论 4　若 G 是一个简单平面图，则 G 至少有一个节点的度数小于等于 5.

证明：

当 G 的节点数小于等于 6 时，结论显然成立. 当 G 的节点数大于等于 7 时，设 G 的最小度节点的度数为 δ，若 $\delta \geqslant 6$，由握手定理知

$$2m = \sum_{v \in V} \deg(v) \geqslant 6n$$

故

$$m \geqslant 3n$$

与推论 2 矛盾，所以图 G 中至少有一个节点的度数小于等于 5.

【例 5-15】 证明 K_5 不是平面图.

证明：

K_5 的节点数 $n=5$，边数 $m=10$，若它是平面图，则由推论 2 得 $m \leqslant 3n-6$，即 $10 \leqslant 3 \times 5-6$，这是一个矛盾不等式，故 K_5 不是平面图.

上面给出的定理 5-16 和推论 2、推论 3、推论 4 都是一个图是平面图的必要条件，它们可用来判断某个图不是平面图. 我们希望找出一个图是平面图的充分必要条件. 经过几十年的努力，波兰数学家库拉托夫斯基于 1930 年给出了平面图的一个非常简洁的充分必要条件. 下面就来介绍库拉托夫斯基定理. 为此先导入同胚的概念.

【定义 5-38】 设 G 为一个无向图，$e=(u,v)$ 是 G 的一条边，在 G 中删去边 e，增加新的节点 W，使 U、V 均与 W 相邻接，则称在 G 中插入一个 2 度节点，如图 5-38（a）所示；设 W 为 G 的一个 2 度节点，W 与 U、V 相邻接，在 G 中删去节点 W 及与 W 相连接的边 (W,U)，(W,V)，同时增加新边 (U,V)，则称在 G 中消去一个 2 度节点 W，如图 5-38（b）所示.

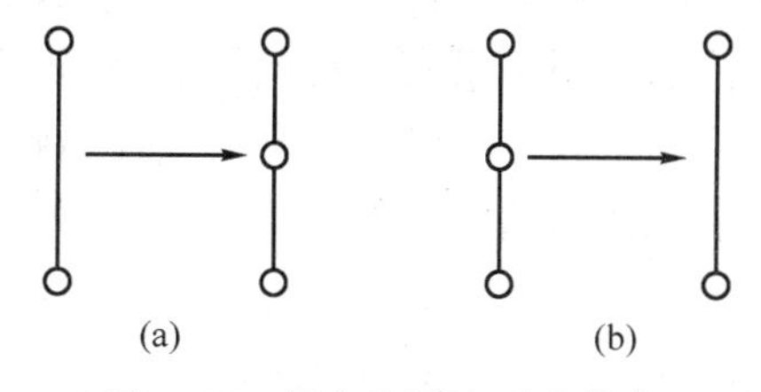

图 5-38　插入和消去 2 度节点

【定义 5-39】 如果 2 个无向图 G_1 与 G_2 同构或通过反复插入或消去 2 度节点后是同构的，则称 G_1 与 G_2 是同胚的.

例如，图 5-39 所示的 4 个图是同胚的.

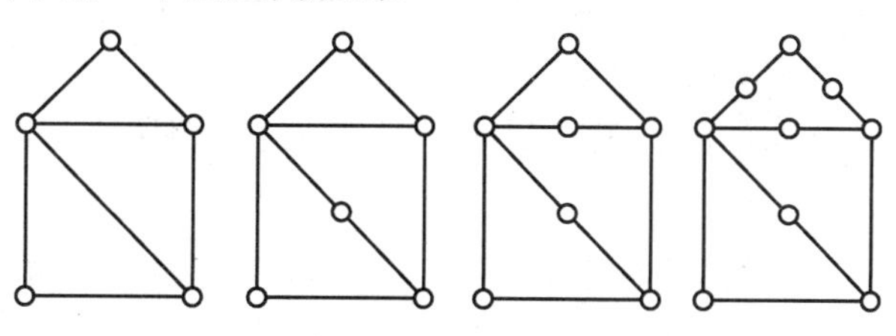

图 5-39　同胚图

【定理 5-18】一个无向图是平面图当且仅当它不含有与 K_5 或 $K_{3,3}$ 同胚的子图（库拉托夫斯基定理）.

库拉托斯基定理的必要性容易看出，因为 K_5 不是平面图，因此与 K_5 同胚的图也不是平面图. 一个无向图若是平面图，则它自然不会含有非平面图作为它的子图. 库拉托夫斯基定理的充分性证明较复杂，这里不再引述.

【例 5-10】证明图 5-40（a）（彼得森图）是非平面图.

证明：

在图 5-40（a）中有同胚于图 5-40（b）（c）的子图，由库拉托夫斯基定理知，彼得森图不是平面图.

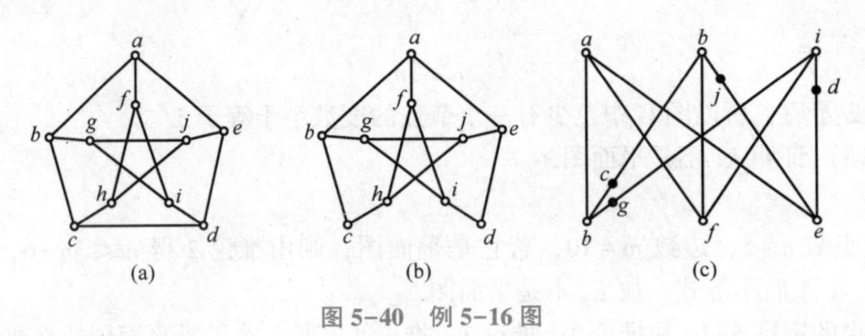

图 5-40　例 5-16 图

5.6.3　平面图着色

平面图的着色问题最早起源于地图的着色. 在一张地图中，若相邻国家着以不同的颜色，那么最少需要多少种颜色呢？1852 年，英国青年盖思瑞（Guthrie）提出了用 4 种颜色可以对地图着色的猜想（简称四色猜想）. 1879 年肯普给出了这个猜想的第一个证明，但到 1890 年希伍德发现肯普证明是有错误的，然而他指出了肯普的方法虽不能证明地图着色用 4 种颜色就够了，但却可以证明用 5 种颜色就够了，即五色定理成立. 此后四色猜想一直成为图论中的难题. 许多人试图证明猜想都没有成功. 直到 1976 年美国数学家阿佩尔和哈肯利用计算机分析了近 2 000 种图形和 100 万种情况，花费了 1 200 个机时，进行了 100 多亿个逻辑判断，证明了四色猜想. 从此四色猜想便被称为四色定理. 但是，不依靠计算机而直接给出四色定理的证明，仍然是数学界一个令人困惑的问题.

为了叙述图形着色的有关定理，下面先给出对偶图的概念.

【定义 5-40】给定平面图 $G=(V,E)$，其面的集合 $F(G)=\{f_1,f_2,\cdots,f_n\}$. 若有图 $G^*=(V^*,E^*)$ 满足下列条件：

（1）对于任意一个面 $f_i=F(G)$，其内部有且仅有一个节点 $v_i^*\in V^*$；

（2）对于 G 中的对面 f_i 和 f_j 的公共边 e_k，有且仅有一条边 $e_k^*\in E^*$，使得 $e_k^*=(v_i^*,v_j^*)$，且 e_k^* 与 e_k 相交；

（3）当且仅当 e_k 只是一个面 f_i 的边界时，v_i^* 存在一个环 e_k^*，且 e_k^* 与 e_k 相交，则称 G^* 是 G 的对偶图.

例如，在图 5-41 中，G 的边和节点分别用实线和“∘”表示，而它的对偶图 G^* 的边和节点分别用虚线和“·”表示.

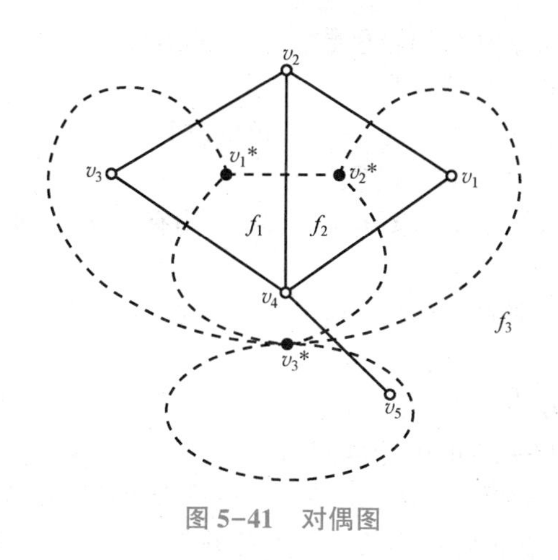

图 5-41　对偶图

从对偶图的定义可以看出，若 $G^*=(V^*,E^*)$ 是平面图 $G=(V,E)$ 的对偶图，则 G 也是 G^* 的对偶图.

【定理 5-19】一个连通平面图 G 的对偶图 G^* 也是平面图，而且有 $m^*=m$，$n^*=r$，$r^*=n$，$\deg_{G^*}(v_i)=\deg_G(f_i)$，$f_i\in F(G)$，$v_i^*\in V^*$，其中 n、m、r 和 n^*、m^*、r^* 分别是 G 和 G^* 的节点数、边数和面数.

证明：

由定义 5-40 对偶图的构造过程可知，G^* 也是连通的平面图，且 $n^*=r$，$m^*=m$ 和 $\deg_{G^*}(v_i^*)=\deg_G(f_i)$ 显然成立，下证 $r^*=n$. 因为 G 和 G^* 均是连通的平面图，所以由欧拉公式有

$$n-m+r=2，\ n^*-m^*+r^*=2$$

由 $n^*=r$，$m^*=m$ 可得 $r^*=n$.

【定义 5-41】若图 G 的对偶图 G^* 同构于 G，则称 G 是自对偶图.

例如，图 5-42 给出了一个对偶图.

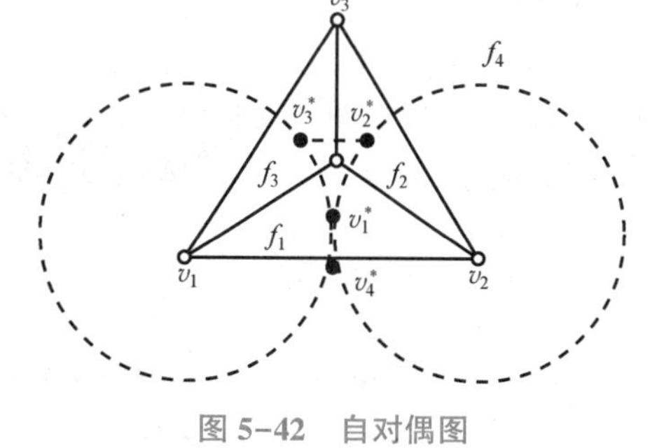

图 5-42　自对偶图

【定理 5-20】若平面图 $G=(V,E)$ 是自对偶图，且有 n 个节点，m 条边，则 $m=2(n-1)$.

证明：

由欧拉公式知

$$n-m+r=2$$

由图 $G=(V,E)$ 是自对偶图，则有 $n=r$，从而有

$$2n-m=2$$

即

$$m=2(n-1)$$

从对偶图的定义易知，对于地图的着色问题，可以化为一种等价的对于平面图的节点的着色问题. 因此，四色问题可归结为证明：对任意平面图一定可以用 4 种颜色对节点进行着色，使得相邻节点都有不同颜色.

【定义 5-42】平面图 G 的正常着色，简称着色，是指对 G 的每个节点指派一种颜色，使得相邻节点都有不同的颜色. 若可用 n 种颜色对图 G 着色，则称 G 是 n-可着色的. 对图 G

着色时，需要的最少颜色数称为 G 的着色数，记为 $X(G)$.

于是，四色定理可简单地叙述如下.

【定理 5-21】任何简单平面图都是 4-可着色的（四色定理）.

证明一个简单平面图是 5-可着色的很容易.

【定理 5-22】对于任何简单平面图 $G=(V,E)$，均有 $X(G)\leqslant 5$（五色定理）.

证明：

只需考虑连通简单平面图 G 的情形. 对 $|V|$ 施行归纳证明.

当 $|V|\leqslant 5$ 时，显然，$X(G)\leqslant 5$.

假设对所有的平面图 $G=(V,E)$，当 $|V|\leqslant k$ 时有 $X(G)\leqslant 5$. 现在考虑图 $G_1=(V_1,E_1)$，$|V|=k+1$ 的情形. 由定理 5-17 的推论 4 可知，存在 $v_0=\in V_1$，使得 $\deg(v_0)\leqslant 5$. 在图 G_1 中删去 v_0，得图 G_1-v_0. 由归纳假设知，G_1-v_0 是 5-可着色的，即 $X(G_1-v_0)\leqslant 5$. 因此，只需证明在 G_1 中，节点 v_0 可用 5 种颜色中的一种着色并与其邻接点的着色都不相同即可.

若 $\deg(v_0)<5$，则与 v_0 邻接的节点数不超过 4，故可用与 v_0 的邻接点不同的颜色对 v_0 着色，得到一个最多是五色的图 G_1.

若 $\deg(v_0)=5$，但与 v_0 邻接的 5 个节点的着色数不超过 4，这时仍然可用与 v_0 的邻接点不同的颜色对 v_0 着色，得到一个最多是五色的图 G_1.

若 $\deg(v_0)=5$，且与 v_0 邻接的 5 个节点依顺时针排列为 v_1、v_2、v_3、v_4 和 v_5，它们分别着不同的颜色红、白、黄、黑和蓝，如图 5-43 所示.

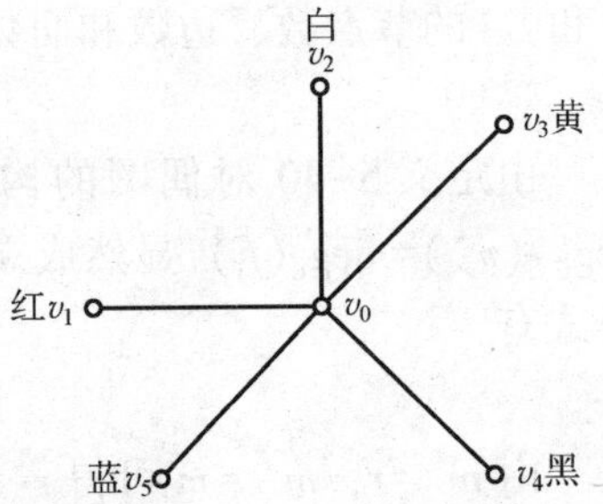

考虑由节点集合 $V_{13}=\{v\mid v\in V(G_1-v_0)\wedge v$ 着红色或黄色$\}$ 所诱导的 G_1-v_0 的子图 G_{13}. 若 v_1、v_3 属于 G_{13} 的不同连通分支，如图 5-44 所示.

白 v_2 ／ v_3黄 ／ 红v_1 ／ v_0 ／ 蓝v_5 ／ v_4黑

图 5-43　用 5 种颜色着色

则将 v_1 所在的连通分支中的红色与黄色对调，这样并不影响 G_1-v_0 的正常着色，然后将 v_0 涂上红色即可得到 G_1 的一种五着色.

若 v_1 和 v_3 属于 G_{13} 的同一个连通分支，则由节点集 $V_{13}\cup\{v_0\}$ 所诱导的 G_1 的子图（$v_{13}\cup\{v_0\}$，E'_{13}）中含有一个圈 C，而 v_2 和 v_4 不能同时在该圈的内部或外部，即 v_2 与 v_4 不是邻接点，如图 5-45 所示.

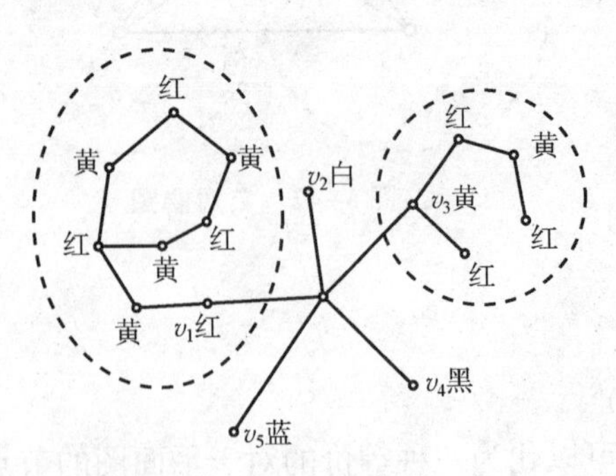

图 5-44　v_1、v_3属于G_{13}的不同连通分支

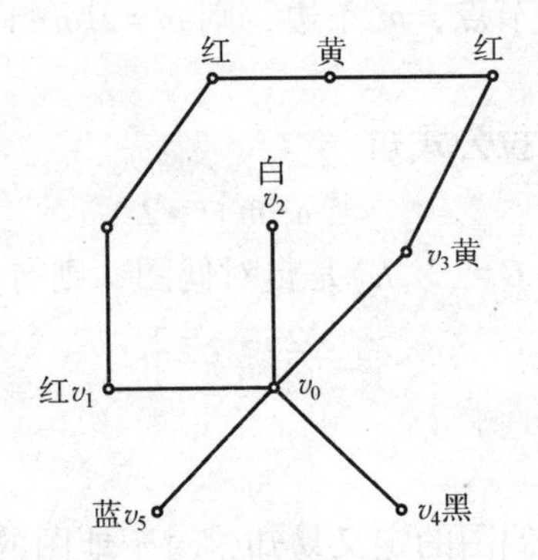

图 5-45　v_1、v_3属于G_{13}的一个连通分支

于是，考虑由节点 $V_{24}=\{v\mid v\in V(G_1-v_0)\wedge v\}$ 着白色或黑色所诱导子图 G_{24}，由于圈 C 的存在，G_{24}至少有两个连通分支，一个在 C 的内部，一个在 C 的外部（否则图 G_1 中将有边

相交，与图 G_1 是平面图的假设矛盾)，则 V_2 和 V_4 必属于 G_{24} 的不同连通分支，作与上面类似的调整，又可得到 G_1 的一种五着色. 故 $X(G)\leqslant 5$，由归纳原理，定理得证.

5.7 本章习题

一、选择题

1. 图 G 的度序列为2，2，3，3，4，则边数为（　　）.

A. 2　　B. 3　　C. 4　　D. 7

2. 只有一个节点的图是（　　）.

A. 平凡图　　B. 无向完全图

C. 有向完全图　　D. 连通图

3. 以下图中，属于强连通图的是（　　）.

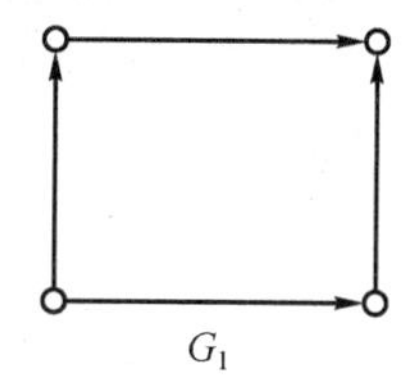
G_1

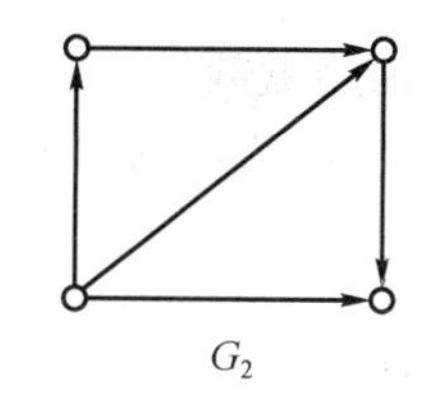
G_2

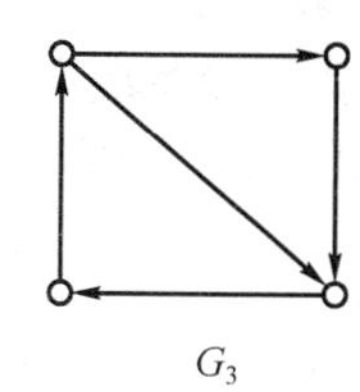
G_3

A. G_1　　B. G_2　　C. G_3　　D. 以上都不是

4. 关于邻接矩阵，说法正确的是（　　）.

A. 邻接矩阵是对称的

B. 有向图的邻接矩阵行表示出度，列表示入度

C. 无向图的邻接矩阵是对称的

D. 无向图的邻接矩阵行和列互换不影响图的结构

5. 已知图 $G=(V,E)$，$V=\{v_1,v_2,\cdots,v_n\}$，$E=\{e_1,e_2,\cdots,e_m\}$ 的关联矩阵为 $\begin{bmatrix}1&1&0&1&0\\1&1&0&1&1\\0&0&2&0&1\\0&1&0&0&0\end{bmatrix}$，则下列说法正确的是（　　）.

A. G 中有5个节点　　B. G 为无向图

C. G 中有4条边　　D. G 中有两条平行边

二、填空题

1. 有向图的邻接矩阵中每列元素之和为该节点的________度.
2. 有向图的邻接矩阵中每行元素之和为该节点的________度.
3. 无向图的关联矩阵的第 j 列和第 k 列完全相同，说明 e_j 和 e_k 是________.
4. 有向图的关联矩阵每列元素的和为________.
5. 有边重复出现的回路称为________.

三、判断题

1. 如果 G 中任意两点 v_i、v_j 之间，v_i 到 v_j 或 v_j 到 v_i 至少一个可达，则称图 G 是单向连通的.（　　）

2. 强连通一定是单向连通，单向连通一定是弱连通. ( )

3. 3，2，3，5，2，3，1，4 可以成为图的序列. ( )

4. 一个图由点和线组成，其中线集常用 E 表示，E 为空集的图称为平凡图. ( )

5. 一个图有两个基本成分：点和线. 点集为空集的图称为空图. ( )

四、解答题

1. 画出下面各图形：

(1) $G=\langle V,E\rangle$，其中 $V=\{a,b,c,d,e\}$，$E=\{(a,b),(a,b),(b,c),(c,b),(b,d),(d,c),(d,d),(d,e)\}$；

(2) $G=\langle V,E\rangle$，其中 $V=\{a,b,c,d,e\}$，$E=\{\langle a,b\rangle,\langle a,b\rangle,\langle b,c\rangle,\langle c,b\rangle,\langle b,d\rangle,\langle d,c\rangle,\langle d,d\rangle,\langle d,e\rangle\}$.

2. 设无向图 G 有 10 条边，3 度与 4 度顶点各 2 个，其余顶点的度数均小于 3，问 G 中至少有几个顶点？在最少顶点的情况下，写出 G 的度数序列、$\Delta(G)$、$\delta(G)$.

3. 在一次象棋比赛中，n 名选手中的任意两名选手之间至多只下一盘，又每人至少下一盘，试证总能找到两名选手，他们下棋的盘数相同.

4. 下面两组数，是否是可以简单图化的？若是，请给出尽量多的非同构的无向简单图以它为度数列.

(1) 2，2，2，3，3，6；

(2) 2，2，2，2，3，3.

5. 画出完全图 K_4 的所有非同构的子图.

6. 设无向图 G 中只有两个奇度顶点 u 与 v，试证明 u 与 v 必连通.

7. 求图 5-46 在连通关系下各个顶点的等价类.

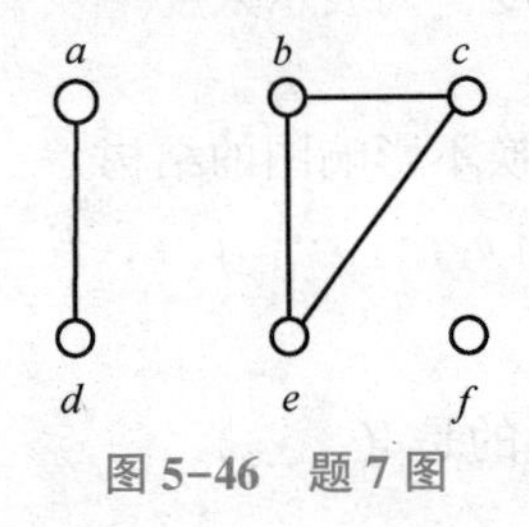

图 5-46 题 7 图

8. 给彼得森图的边加方向：

(1) 使之成为强连通图；

(2) 使之成为单向连通图，而不是强连通图.

9. 如图 5-47 所示的图中，哪几个是强连通图？哪几个是单向连通图？哪几个是弱连通图？

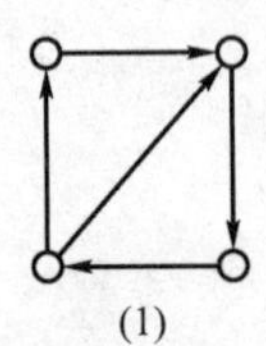
(1)
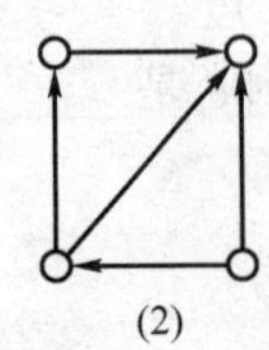
(2)
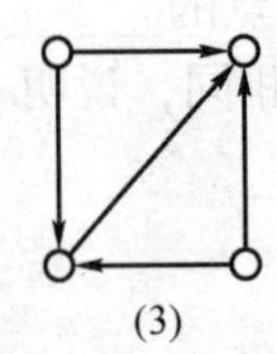
(3)
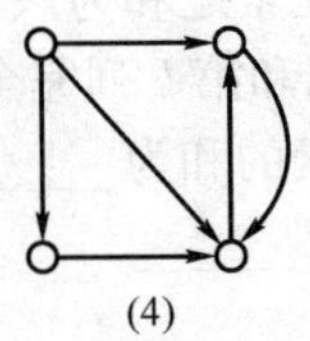
(4)
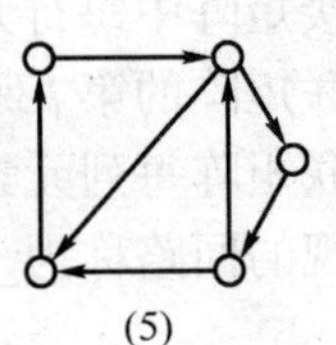
(5)
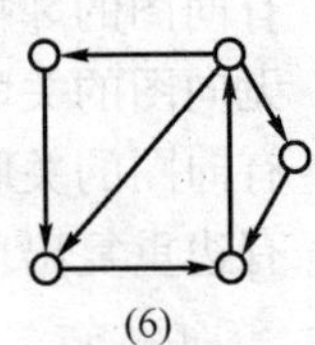
(6)

图 5-47 题 9 图

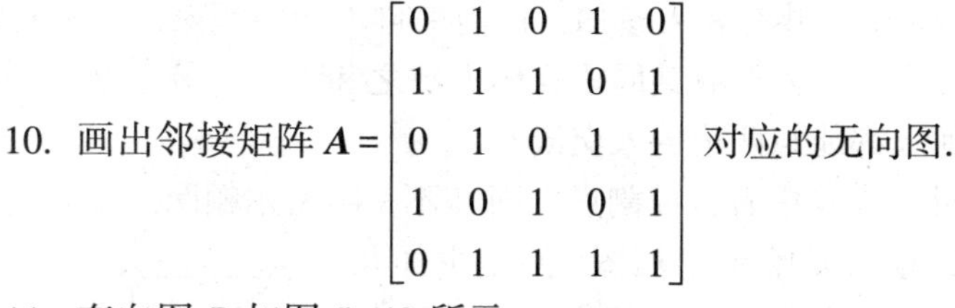

10. 画出邻接矩阵 $\boldsymbol{A}=\begin{bmatrix}0&1&0&1&0\\1&1&1&0&1\\0&1&0&1&1\\1&0&1&0&1\\0&1&1&1&1\end{bmatrix}$ 对应的无向图.

11. 有向图 D 如图 5-48 所示.

（1）D 中有几种非同构的圈？

（2）D 中有几种非圈的非同构的简单回路？

（3）D 是哪类连通图？

（4）D 中 v_1 到 v_4 长度为 1、2、3、4 的通路各有多少条？并指出其中有几条是非初级的简单通路？

（5）D 中长度为 4 的通路（不含回路）有多少条？

（6）写出 D 的可达矩阵.

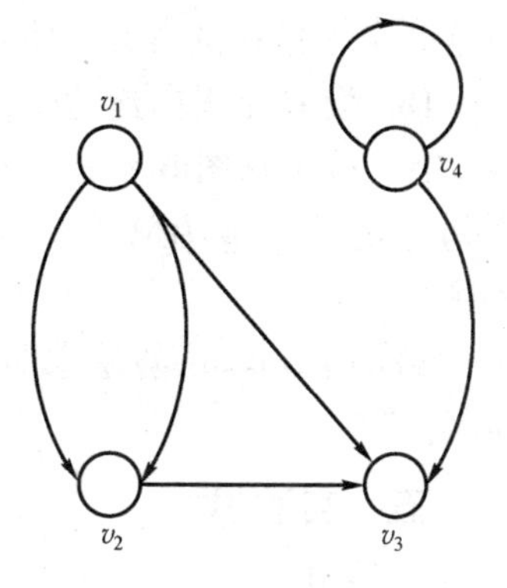

图 5-48　题 11 图

12. 有 6 位教师：张、王、李、赵、孙、周，学校要安排他们去教 6 门课程：语文、英语、数学、物理、化学和程序设计. 张老师会教数学、程序设计和英语；王老师会教语文和英语；李老师会教数学和物理；赵老师会教化学；孙老师会教物理和程序设计；周老师会教数学和物理. 应如何安排课程才能使每门课都有老师教，每位老师都只教一门课并且不至于使任何老师去教他不懂的课程？

13. 判断下列命题是否为真.

（1）完全图$K_n(n\geqslant 3)$ 都是欧拉图.

（2）$n(n\geqslant 2)$ 阶有向完全图都是欧拉图.

14. 画一个无向欧拉图，使它具有：

（1）偶数个顶点，偶数条边；

（2）偶数个顶点，奇数条边；

（3）奇数个顶点，偶数条边；

（4）奇数个顶点，奇数条边.

15. 画一个无向图，使它：

（1）既是欧拉图，又是哈密尔顿图；

（2）是欧拉图，不是哈密尔顿图；

（3）不是欧拉图，是哈密尔顿图；

（4）既不是欧拉图，也不是哈密尔顿图.

16. 图 5-49 中的图形能否一笔画？

(1)

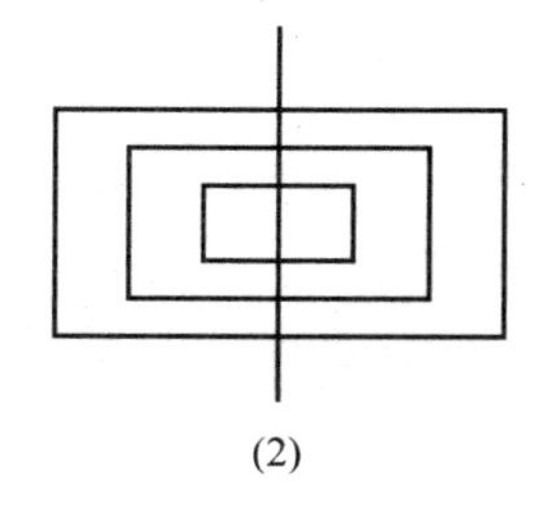

(2)

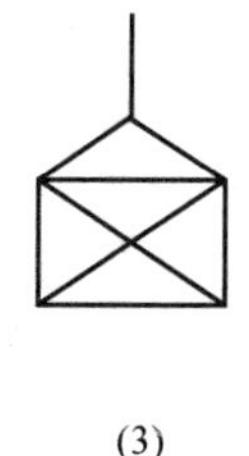

(3)

图 5-49　题 16 图

17. 在某次国际会议的预备会议中，共有 8 人参加，他们来自不同的国家. 已知他们中任何两个无共同语言的人中的每一个，与其余有共同语言的人数之和大于或等于 8，问能否将这 8 个人排在圆桌旁，使其任何人都能与两边的人交谈？

18. 设 G 是无向连通图，证明：若 G 中有桥或割点，则 G 不是哈密尔顿图.

19. 彼得森图既不是欧拉图，也不是哈密尔顿图. 问至少加几条边才能使它成为欧拉图？又至少加几条边才能使它成为哈密尔顿图？

20. 用 Dijkstra 算法求图 5-50 所示的带权图中从 a 到 b 的最短路径.

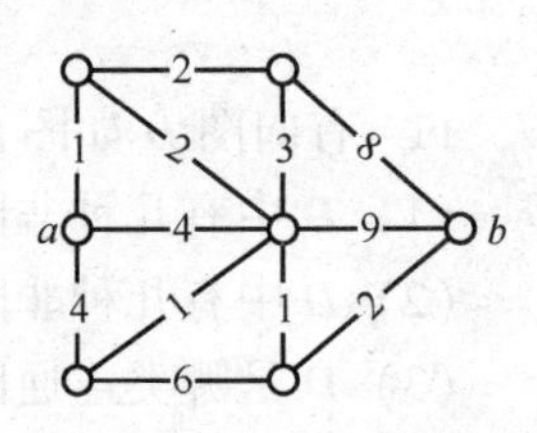

图 5-50 题 20 图

五、实验题

1. 简单图.

问题：给定一个无向图 $G=\langle V,E\rangle$，其中 V 为顶点集，E 为无向边的集合，$V=\{1,2,3,\cdots,n\}$，判断图 G 是否为简单图.

输入：第一行是两个正整数 n 和 m，其中 n 表示 G 的顶点数，m 表示 G 的边数；接下来的 m 行，每行两个整数 a 和 b，表示 G 的一条无向边.

输出：每组测试数据输出一行，如果是简单图输出 Yes，否则输出 No.

2. 度数列.

问题：给定一个无向图 $G=\langle V,E\rangle$，其中 V 为顶点集，E 为无向边的集合，$V=\{1,2,3,\cdots,n\}$，按 G 的顶点顺序输出其度数列.

输入：第一行是两个正整数 n 和 m，其中 n 表示 G 的顶点数，m 表示 G 的边数；接下来的 m 行，每行两个整数 a 和 b，表示 G 的一条无向边.

输出：每组数据输出一行，该行为 G 的顶点的度数列，数与数之间有一个空格，最后一个数后面换行.

第 5 章习题答案

第 6 章

树

树是图论中的一个重要概念，它是一类简单而非常重要的特殊图，在算法分析、数据结构等计算机科学及其他许多领域都有广泛而重要的应用. 1847 年，基尔霍夫就用树的理论来研究电网络；1857 年，凯莱在计算有机化学中 C_2H_{2n+2} 的同分异构物数目时也用到了树的理论. 本章主要介绍无向树和根树的定义、性质及其典型应用.

6.1　树与生成树

6.1.1　无向树

【定义 6-1】一个连通无圈无向图称为无向树（简称为树），记作 T. 树 T 中度数为 1 的节点称为树叶（或叶节点），度数大于 1 的节点称为分枝点（或内点）. 一个无圈图称为森林.

显然若图 G 是森林，则 G 的每个连通分支是树. 例如，图 6-1（a）、（b）所示的图是树，图 6-1（c）所示的图是森林.

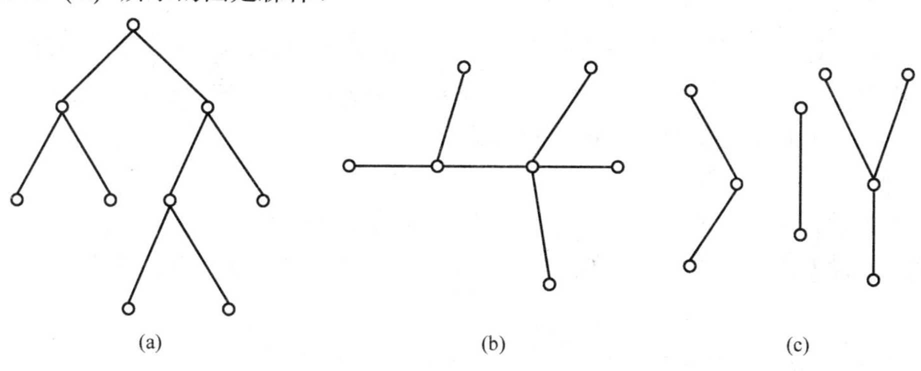

图 6-1　树和森林示意图

【定理 6-1】设 T 是一个无向(n,m)图，则以下关于 T 的命题是等价的：

(1) T 是树；

(2) T 无圈且 $m=n-1$；

(3) T 连通且 $m=n-1$；

(4) T 无圈，但增加任一新边，得到且仅得到一个圈；

(5) T 连通，但删去任一边便不连通（$n\geqslant 2$）；

(6) T 的每一对节点间有唯一的一条通路（$n\geqslant 2$）.

证明：

(1) ⇒ (2).

由树的定义可知 T 无圈. 下证 $m=n-1$，对 n 进行归纳证明.

当 $n=1$ 时，$m=0$，显然 $m=n-1$.

假设 $n=k$ 时结论成立，现证明 $n=k+1$ 时结论也成立.

由于树是连通而无圈的，所以至少有一个度数为 1 的节点 V，在 T 中删去 V 及其关联边，便得到 k 个节点的连通无圈图. 由归纳假设它有 $k-1$ 条边. 再将顶点 V 及其关联边加回得到原图 T，所以 T 中含有 $k+1$ 个顶点和 k 条边，故结论 $m=n-1$ 成立.

所以，树是无圈且 $m=n-1$ 的图.

(2) ⇒ (3).

用反证法. 若 T 不连通，设 T 有 k 个连通分支$(k\geqslant 2)$ $T_1,T_2,\cdots,T_k$，其节点数分别是 $n_1,n_2,\cdots,n_k$，边数分别为 $m_1,m_2,\cdots,m_k$，于是

$$\sum_{i=1}^{k} n_i = n,\quad \sum_{i=1}^{k} m_i = m$$

$$m = \sum_{i=1}^{k} m_i = \sum_{i=1}^{k} (n_i-1) = n-k<n-1$$

得出矛盾. 所以，T 是连通且 $m=n-1$ 的图.

(3) ⇒ (4).

首先证明 T 无圈. 对 n 作归纳证明.

当 $n=1$ 时，$m=n-1=0$，显然无圈.

假设节点数为 $n-1$ 时无圈，今考察节点数是 n 时的情况. 此时，至少有一个节点 V 其度数 $\deg(v)=1$. 我们删去 V 及其关联边得到新图 T'，根据归纳假设 T' 无圈，再加回 V 及其关联边又得到图 T，则 T 也无圈.

其次，若在连通图 T 中增加一条新边(v_i,v_j)，则由于 T 中由 v_i 到 v_j 存在一条通路，故必有一个圈通过 v_i、v_j. 若这样的圈有两个，则去掉边(v_i,v_j)，T 中仍存在通过 v_i、v_j 的圈，与 T 无圈矛盾，故加上边(v_i,v_j)得到一个且仅一个圈.

(4) ⇒ (5).

若 T 不连通，则存在两个节点 v_i 和 v_j，在 v_i 和 v_j 之间没有路，若加边(v_i,v_j)不会产生圈，但这与假设矛盾，故 T 是连通的. 又由于 T 无圈，所以删去任一边，图便不连通.

(5) ⇒ (6).

由连通性知，任意两点间有一条路径，于是有一条通路. 若此通路不唯一，则 T 中含有圈，删去此回路上任一边，图仍连通，这与假设不符，所以通路是唯一的.

(6) ⇒ (1).

显然 T 连通. 下证 T 无圈，用反证法. 若 T 有圈，则圈上任意两点间有两条通路，此与通路的唯一性矛盾. 故 T 是连通无圈图，即 T 是树.

【定理 6-2】任一棵树 T 中，至少有 2 片树叶（节点数 $n \geqslant 2$ 时）.

证明：

设 T 是一棵 (n, m) 树 $(n \geqslant 2)$，由定理 6-1，有

$$\sum_{i=1}^{n} \deg(v_i) = 2m = 2(n-1) = 2n-2 \tag{1}$$

若 T 中无树叶，则 T 中每个节点的度数大于等于 2，则

$$\sum_{i=1}^{n} \deg(v_i) \geqslant 2n \tag{2}$$

若 T 中只有一片树叶，则 T 中只有一个节点度数为 1，其他节点度数大于等于 2，所以

$$\sum_{i=1}^{n} \deg(v_i) > 2(n-1) = 2n-2 \tag{3}$$

(2)(3) 都与 (1) 矛盾，所以 T 中至少有 2 片树叶.

由定理 6-1 所刻画的树的特征可见：在节点数给定的所有图中，树是边数最少的连通图，也是边数最多的无圈图. 由此可知，在一个 (n, m) 图 G 中，若 $m<n-1$，则 G 是不连通的；若 $m>n-1$，则 G 必定有圈.

【例 6-1】设 T 是一棵树，它有 2 个 2 度节点，1 个 3 度节点，3 个 4 度节点，求 T 的树叶数.

解：

设树 T 有 x 片树叶，则 T 的节点数

$$n = 2+1+3+x$$

T 的边数

$$m = n-1 = 5+x$$

又由

$$2m = \sum_{i=1}^{n} \deg(v_i)$$

得

$$2(5+x) = 2\times2+3\times1+4\times3+x$$

所以 $x=9$，即树 T 有 9 片树叶.

6.1.2　无向图中的生成树与最小生成树

1. 无向图中的生成树

【定义 6-2】若无向图（连通图）G 的生成子图是一棵树，则称该树是 G 的生成树或支撑树，记为 T_G. 生成树 T_G 中的边称为树枝，图 G 中其他边称为 T_G 的弦，所有这些弦的集合称为 T_G 的补.

例如，图 6-2 (b)、(c) 所示的树 T_1、T_2 是图 6-2 (a) 的生成树，图 6-2 (d) 所示的树 T_3 不是图 6-2 (a) 的生成树. 图 6-2 (f)、(g) 所示的树是图 6-2 (e) 的生成树. 一般地，一个图的生成树不唯一.

考虑生成树 T_2，可知 e_1、e_2、e_3、e_4 是 T_1 的树枝，e_5、e_6、e_7 是 T_1 的弦，集合$\{e_5,e_6,e_7\}$是 T_1 的补. 生成树有其一定的实际意义，以下举例说明.

【例 6-2】 某地要兴建 5 个工厂，拟修筑道路连接这 5 处. 经勘测其道路可依如图 6-2（a）所示的无向边铺设. 为使这 5 处都有道路相通，问至少要铺几条路?

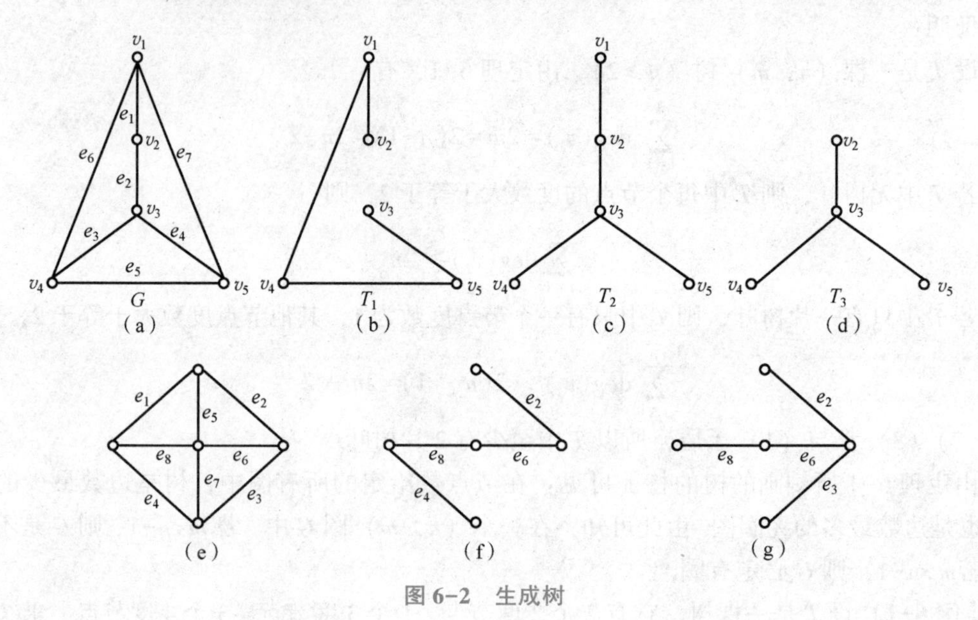

图 6-2 生成树

解:

这实际上是求 G 的生成树的边数问题.

一般情况下，设连通图 G 有 n 个节点，m 条边. 由树的性质知，T 有 n 个节点，$n-1$ 条树枝，$m-n+1$ 条弦.

在图 6-2（a）中，$n=5$，则 $n-1=5-1=4$，所以至少要修 4 条路才行.

由图 6-2 可见，要在一个连通图 G 中找到一棵生成树，只要不断地从 G 的回路上删去一条边，最后所得无回路的子图就是 G 的一棵生成树. 于是有以下定理.

【定理 6-3】 无向图 G 有生成树的充分必要条件是 G 为连通图.

证明:

先采用反证法来证明必要性.

若 G 不连通，则它的任何生成子图也不连通，因此不可能有生成树，与 G 有生成树矛盾，故 G 是连通图.

再证充分性.

设 G 连通，则 G 必有连通的生成子图，令 T 是 G 的含有边数最少的生成子图，于是 T 中必无回路（否则删去回路上的一条边不影响连通性，与 T 含边数最少矛盾），故 T 是一棵树，即生成树.

2. 无向图中的最小生成树

【定义 6-3】 设 $G=(V,E)$是一连通的带权图，则 G 的生成树 T_G 为带权生成树，T_G 的树枝所带权之和称为生成树 T_G 的权，记为 $C(T_G)$. G 中具有最小权的生成树 T_G 称为 G 的最小生成树.

最小生成树有很广泛的应用. 例如，要建造一个连接若干城市的通信网络，已知城市 v_i 和 v_j 之间通信线路的造价，设计一个总造价为最小的通信网络，就是求最小生成树 T_G.

下面介绍求最小生成树 T_G 的克鲁斯克尔（Kruskal）算法.

此方法又称为“避圈法”. 其要点是，在与已选取的边不成圈的边中选取最小者. 具体步骤如下：

（1）在 G 中选取最小权边，置边数 $i=1$；

（2）当 $i=n-1$ 时结束，否则转（3）；

（3）设已选择边为 $e_1,e_2,\cdots,e_i$，在 G 中选取不同于 $e_1,e_2,\cdots,e_i$ 的边 e_{i+1}，使 $\{e_1,e_2,\cdots,e_i,e_{i+1}\}$ 无圈且 e_{i+1} 是满足此条件的最小权边；

（4）置 i 为 $i+1$，转（2）.

证明：

设 T_0 为由上述算法构造的一个 G 的子图，它的节点是 G 的 n 个节点，T_0 的边是 $e_1,e_2,\cdots,e_{n-1}$，且 T_0 无圈. 由定理 6-1 可知 T_0 是一棵树，且为图 G 的生成树.

下面证明 T_0 是最小生成树.

设图 G 的最小生成树是 T. 若 T 与 T_0 相同，则 T_0 是图 G 的最小生成树. 若 T 与 T_0 不同，则在 T_0 中至少存在一条边 e_{i+1}，使得 e_{i+1} 不是 T 的边，但 $e_1,e_2,\cdots,e_i$ 是 T 的边. 因为 T 是树，我们在 T 中加上边 e_{i+1}，必有一个圈 C，而 T_0 是树，所以 C 中必存在某条边 e 不在 T_0 中. 对于树 T，若以边 e_{i+1} 置换 e，则得到一棵新树 T'，树 T' 的权 $C(T')=C(T)+C(e_{i+1})-C(e)$，因为 T 是最小生成树，故 $C(T)\leqslant C(T')$，即 $C(e_{i+1})-C(e)\geqslant 0$ 或 $C(e_{i+1})\geqslant C(e)$. 因为 $e_1,e_2,\cdots,e_i,e_{i+1}$ 是 T' 的边，且在 $\{e_1,e_2,\cdots,e_i,e_{i+1}\}$ 中无圈，故 $C(e_{i+1})>C(e)$ 不可能成立，否则在 T_0 中，自 $e_1,e_2,\cdots,e_i$ 之后将取 e 而不能取 e_{i+1}，与题设矛盾. 于是 $C(e_{i+1})=C(e)$，因此 T' 也是 G 的最小生成树，但是 T' 与 T_0 的公共边比 T 与 T_0 的公共边数多 1，用 T' 置换 T，重复上述过程直到得到与 T_0 有 $n-1$ 条公共边的最小生成树，这时 T' 就是 T_0，故 T_0 是最小生成树.

【例 6-3】 某单位建设局域网需要铺设光缆，如图 6-3 所示，图中单位为 m，请问如何铺设才能使光缆的总长度最短？

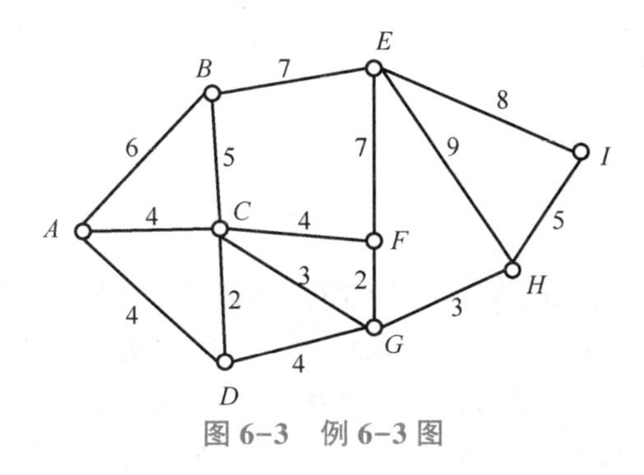

图 6-3 例 6-3 图

解：

根据题目的要求，应该按照图 6-3 的一棵最小生成树铺设光缆. 用克鲁斯克尔算法依次取边如下：(C,D)，(F,G)，(C,G)，(G,H)，(A,C)，(B,C)，(H,I)，(B,E)，求得图的最小生成树运算过程如图 6-4 所示，光缆总长度为：$(2+2+3+3+4+5+5+7)$ m = 31 m. 当然，最小生成树不是唯一的，如可以用用(A,D)代替(A,C)，用(E,F)代替(B,E)，总长度不变.

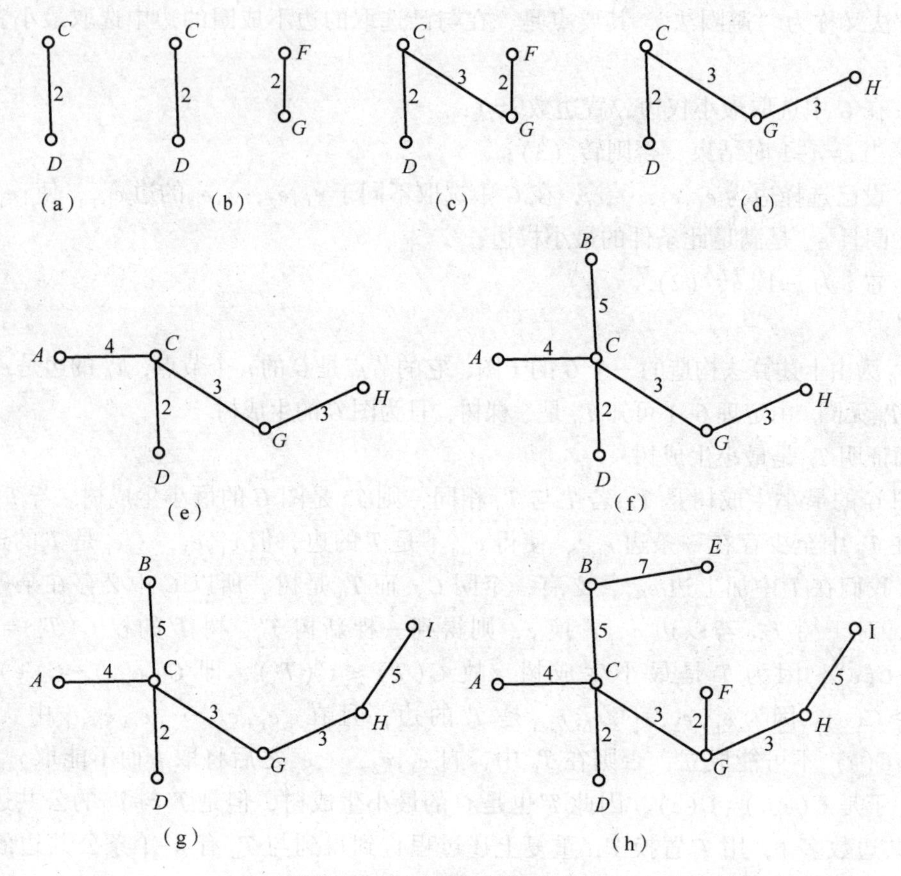

图 6-4　最小生成树运算过程

6.2　根树及其应用

6.2.1　有向树

【定义 6-4】如果一个有向图在不考虑边的方向时是一棵树，那么，这个有向图称为有向树. 一棵有向树，如果恰有一个顶点的入度为 0，其余所有顶点的入度都为 1，则称为根树. 入度为 0 的顶点称为根，出度为 0 的顶点称为叶，入度为 1、出度不为 0 的顶点称为分枝点. 根和分枝点统称为内点，从树根到顶点 v 的路径的长度（路径中的边数）称为 v 的层数，所有顶点的最大层数称为树高.

对于一棵根树，如果用图形来表示，可以有树根在下或树根在上的两种画法. 但通常将树根画在上方，有向边的方向向下或斜向下方，并省去各边的箭头，如图 6-5 所示.

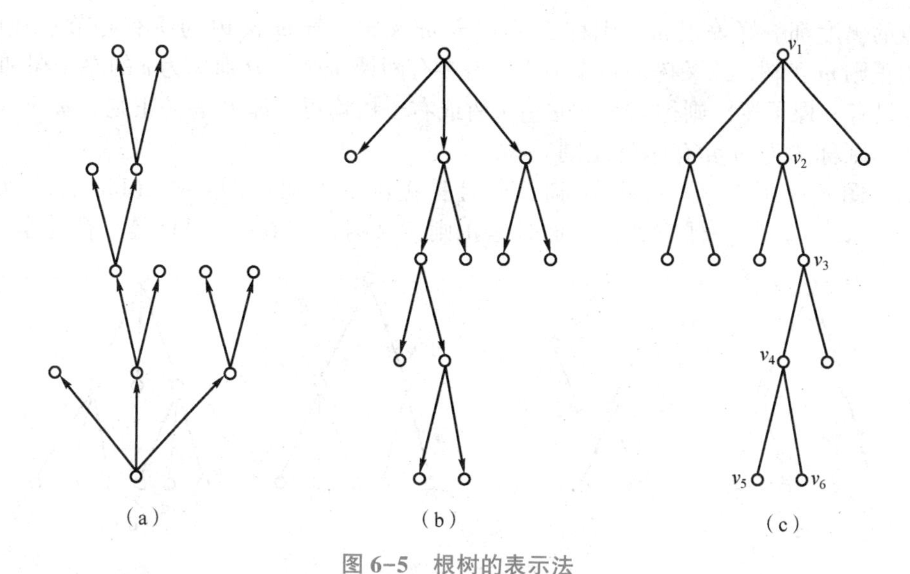

图 6-5 根树的表示法

(a) 自然表示法；(b) 倒置表示法；(c) 节点次序与 (b) 相反的表示法

图 6-5 (a) 为根树自然表示法，即树从它的树根向上生长，而图 6-5 (b)、(c) 都是由树根往下生长，它们是同构图，其差别仅在于每一层上的顶点从左到右出现的次序不同，为此今后要用明确的方式指明根树中的顶点或边的次序，这种树称为有序树. 在图 6-5 (c) 中，v_1 为根，有 4 个分枝点，7 片叶子，树的高度为 4. 从根树的结构可以看出，树中每一个顶点可以看作原来树中的某一棵子树的根.

设顶点 a 是根树中的一个分枝点，若从顶点 a 到顶点 b 有一条边，则顶点 a 称为顶点 b 的"父亲"，而顶点 b 称为顶点 a 的"儿子". 假若顶点 a 可达 c，则顶点 a 称为顶点 c 的"祖先"，而顶点 c 称为顶点 a 的"后裔"，同一个分枝点的"儿子"称为"兄弟".

图 6-5 (c) 中，v_5 和 v_6 是"兄弟"，v_4 是它们的"父亲"，v_5 和 v_6 是 v_4 的"儿子"，v_1、v_2、v_3 和 v_4 都是 v_5 和 v_6 的"祖先".

【定义 6-5】在根树中，任一节点 v 及其所有后代和从 v 出发的所有有向路中的边构成的子图称为以 v 为根的子树. 根树中的节点 u 的子树是以 u 的儿子为根的子树.

在现实的家族关系中，兄弟之间是有大小顺序的，为此我们引入有序树的概念.

【定义 6-6】如果在根树中规定了每一层次上节点的次序，这样的根树称为有序树. 在有序树中规定同一层次节点的次序是从左至右. 例如，图 6-6 (b) 是有序树.

【定义 6-7】一个有向图，如果它的每个连通分支是有向树，则称该有向图为（有向）森林；在森林中，如果所有树都是有序树且给树指定了次序，则称此森林是有序森林. 例如，图 6-6 是一个有序森林.

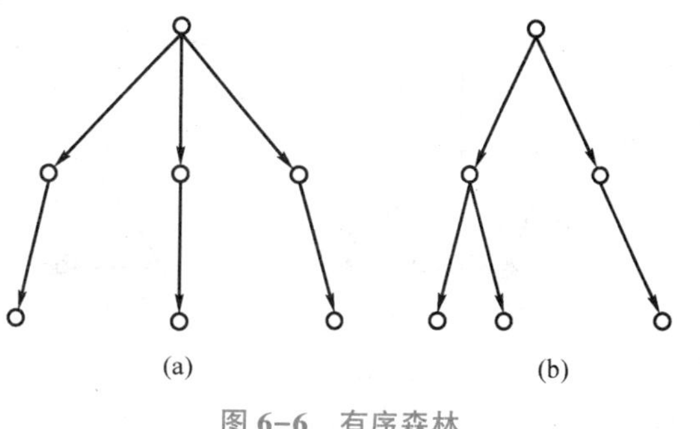

图 6-6 有序森林

6.2.2 m 叉树

在树的实际应用中，我们经常研究完全 m 叉树.

【定义 6-8】在根树 T 中，若节点的最大出度为 m，则称 T 为 m 叉树. 如果 T 的每个分枝点的出度都恰好等于 m，则称 T 为完全 m 叉树. 若 m 叉树的所有叶节点在同一层，则称它为正则 m 叉树. 二叉树的每个节点 v 至多有两棵子树，分别称为 v 的左子树和右子树. 若节点 v 只有一棵子树，则称它为 v 的左子树或右子树均可. 若 T 是（正则）m 叉树，并且是有序树，则称 T 为 m 元有序（正则）树.

例如，图 6–7（a）是一棵二叉树，而且是正则二叉树；图 6–7（b）是一棵完全二叉树；图 6–7（c）是一棵三叉树，而且是正则三叉树；图 6–7（d）是一棵完全三叉树.

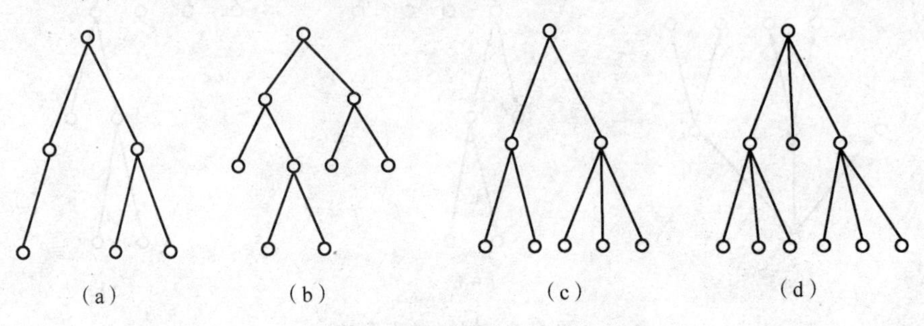

图 6–7　m 叉树

（a）二叉树；（b）完全二叉树；（c）三叉树；（d）完全三叉树

有很多实际问题可用二叉树或 m 叉树表示.

【例 6–4】 甲、乙两队进行足球比赛，规定三局两胜. 图 6–8 表示了比赛可能出现的各种情况，图中节点标甲者表示甲队胜，标乙者表示乙队胜，可以看出，这是一棵完全二叉树.

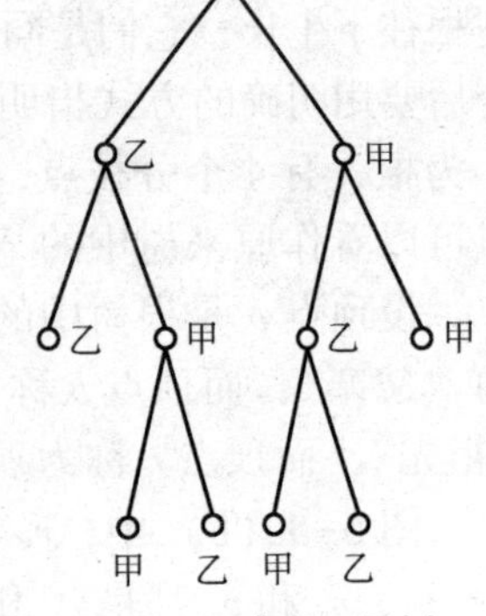

图 6–8　球赛二叉树

m 叉树中，应用最广泛的是二叉树. 由于二叉树在计算机中最易处理，所以常常需要把一棵有序树转换为二叉树. 其一般步骤如下.

（1）从根开始，保留每个父亲与其最左边儿子的连线，删除与别的儿子的连线.

（2）兄弟间用从左向右的有向边连接.

（3）用如下方法选定二叉树的左儿子和右儿子：直接处于给定节点下面的节点作为左儿子；对于同一水平线上与给定节点右邻的节点作为右儿子，以此类推.

【例 6–5】 将图 6–9（a）所示的三叉树转换为一棵二叉树.

解：

对图（a）执行步骤（1）（2）得图 6–9（b），再按步骤（3）得图 6–9（c），图 6–9（c）即为所求的二叉树. 反过来，我们也可将图 6–9（c）还原为图 6–9（a）.

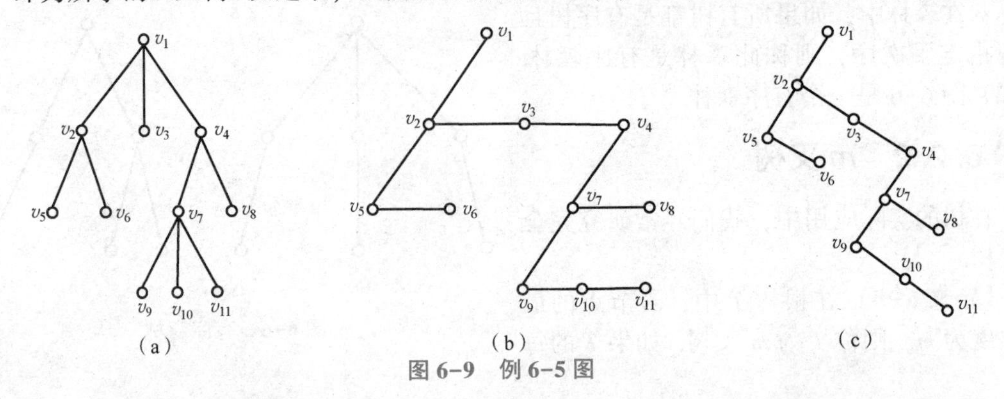

图 6–9　例 6–5 图

用二叉树表示有序树的方法，可以推广到有序森林，只是将森林中每棵树的根看作兄弟. 其步骤为：

（1）先把森林中的每一棵树表示成一棵二叉树；

（2）除第一棵二叉树外，依次将每棵二叉树作为左边二叉树的根的右子树，直到所有的二叉树都连成一棵二叉树为止.

【例 6-6】 将图 6-10（a）所示的有序森林转换为一棵二叉树.

解：

按上述方法得到的二叉树如图 6-10（b）所示.

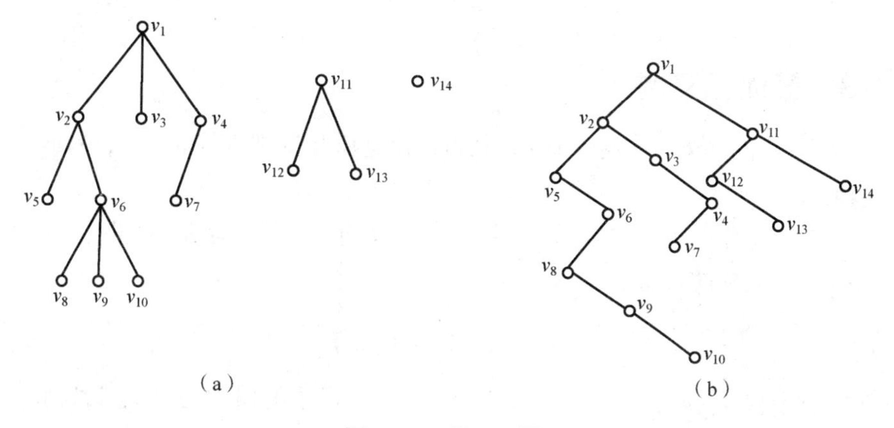

图 6-10　例 6-6 图

关于完全 m 叉树，有如下定理.

【定理 6-4】 在完全 m 叉树中，若树叶数为 t，分枝点数为 i，则有

$$(m-1)i=t-1$$

证明：

由假设知，该树有 $i+t$ 个节点，由定理6-1 知，该树边数为 $i+t-1$. 因为所有节点出度之和等于边数，所以根据完全 m 叉树的定义可知：

$$mi=i+t-1$$

即

$$(m-1)i=t-1$$

【例 6-7】 设有 30 盏灯，拟共用一个电源插座，需用多少块具有 4 种插座的接线板？

解：

将 4 叉树的每个分枝点看作具有 4 个插座的接线板，树叶看作电灯，则 $(4-1)i=30$，$i=10$，所以需要 10 块具有 4 个插座的接线板.

【例 6-8】 若有 8 枚硬币 a、b、c、d、e、f、g、h，其中 7 枚重量相等，只有 1 枚稍轻. 现要求以天平为工具，用最少的比较次数挑出轻币来.

解：

可用图 6-11 所示的树表示判断过程. 从图中可知，只需称 2 次即可挑出轻币. 这种用于描述判断过程的树称为判定树，其在人工智能和程序设计中有非常重要的应用.

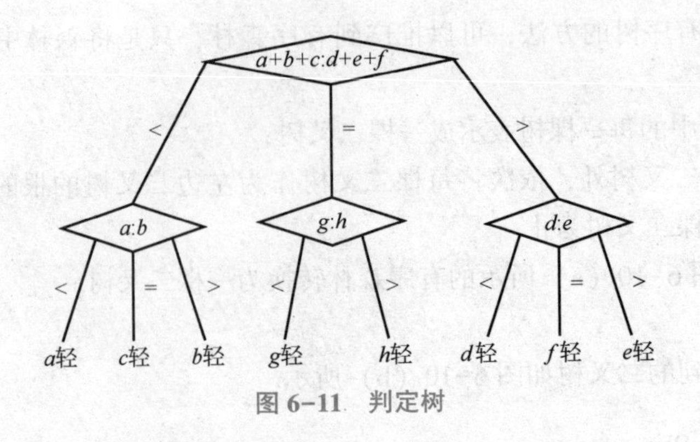

图 6-11 判定树

6.2.3 最优二叉树

【定义 6-9】设有一棵二叉树，有 t 片树叶. 使其树叶分别带权 $w_1,w_2,\cdots,w_t$ 的二叉树称为带权二叉树.

【定义 6-10】设有一棵带权 $w_1,w_2,\cdots,w_t$ 的二叉树 T，其权为 w_i 的树叶的层为$L(w_i)$.

(1) 该带权二叉树的权 $W(T)$ 定义为

$$W(T)=\sum_{i=1}^{t} w_i L(w_i)$$

(2) 在所有带权 $w_1,w_2,\cdots,w_t$ 的二叉树中，$W(T)$最小的树称为最优二叉树.

1952 年，哈夫曼（Huffman）给出了求带权 $w_1,w_2,\cdots,w_t$ 的最优二叉树的方法：

令 $S=\{w_1,w_2,\cdots,w_t\}$，$w_1\leqslant w_2\leqslant\cdots\leqslant w_t$，$w_i$ 是树叶 v_i 所带的权$(i=1,2,\cdots,t)$.

(1) 在 S 中选取两个最小的权 w_i、w_j，使它们对应的顶点 v_i、v_j 做兄弟，得一分支点 v_{ij}，令其带权为 $w_{ij}=w_i+w_j$.

(2) 从 S 中去掉 w_i、w_i，再加入 w_{ij}.

(3) 若 S 中只有一个元素，则停止，否则转（1）.

【例 6-9】求带权 1，3，4，5，6 的最优二叉树，并计算它的权 $W(T)$.

解：

为了熟悉算法，下面通过图 6-12 给出计算最优树的过程，它的权 $W(T)=1\times3+3\times3+4\times2+5\times2+6\times2=42$，需要注意的是最优二叉树不是唯一的.

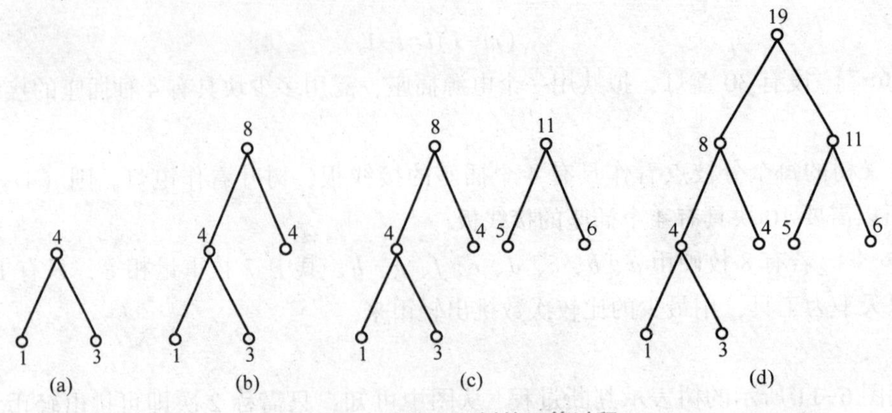

图 6-12 最优二叉树的运算过程

6.2.4　二叉树在计算机中的应用

1. 用二叉树表示算术表达式或命题公式

利用二叉树可以表示算术表达式或某些命题公式，其方法是：将表达式的运算符（在计算机中分别以“+”“-”“ * ”“/”“↑”表示加、减、乘、除、乘方运算）或命题公式中的联结词作为分枝点，将运算量（常数和变量或命题变元和命题常量等）作为叶节点画出二叉树. 如果是二元运算，则相应地分枝点有左、右两个儿子，如果是一元运算，则相应地分枝点有直接儿子.

【例 6-10】用二叉树表示算术表达式 $(a-b)/|c|$.

解：

该算术表达式的二叉树表示如图 6-13 所示.

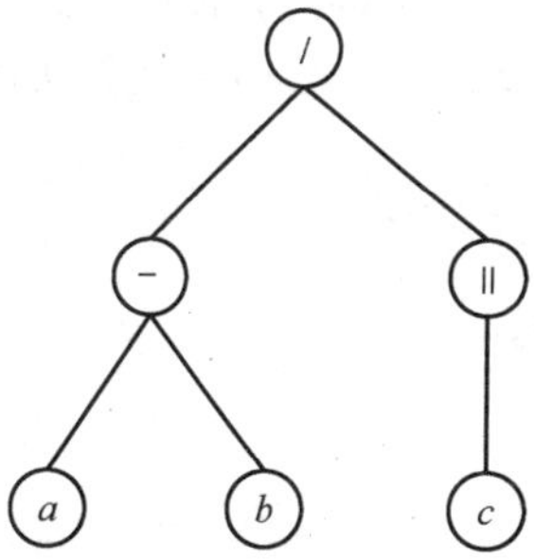

图 6-13　例 6-10 图

【例 6-11】用二叉树表示命题公式 $(P\vee(\neg P\wedge Q))\wedge((\neg P\vee Q)\wedge\neg R)$.

解：

该命题公式的二叉树表示如图 6-14 所示.

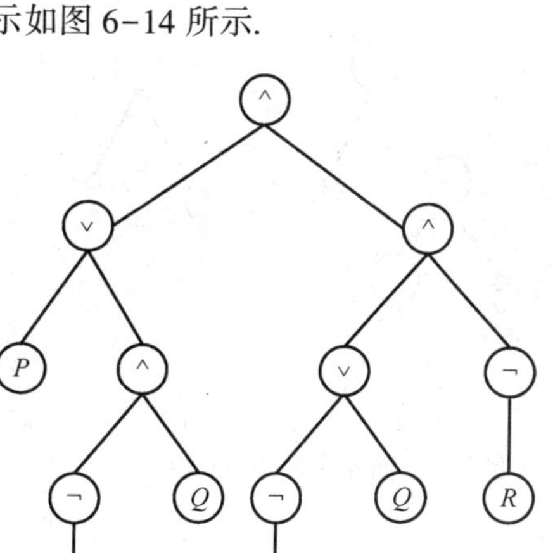

图 6-14　例 6-11 图

2. 二叉树的遍历

在使用树作数据结构时，经常需要遍访二元有序树的每一个节点，就是检查存储于树中的每一数据项. 对于一棵根树的每一个节点都访问一次且仅访问一次称为遍历或周游一棵树. 二叉树的遍历算法主要有下列 3 种.

1）前序遍历算法

前序遍历算法的访问次序为：

（1）访问根；

（2）在根的左子树上执行前序遍历；

（3）在根的右子树上执行前序遍历.

2）中序遍历算法

中序遍历算法的访问次序为：

(1) 在根的左子树上执行中序遍历算法;

(2) 访问根;

(3) 在根的右子树上执行中序遍历算法.

3) 后序遍历算法

后序遍历算法的访问次序为:

(1) 在根的左子树上执行后序遍历算法;

(2) 在根的右子树上执行后序遍历算法;

(3) 访问根.

【例 6-12】存放算式 $((a-(b*c))*d)+e)/((f*g)+h)$ 的有序树如图 6-15 所示,访问这棵树,并用 3 种方法遍历此树,写出遍历结果.

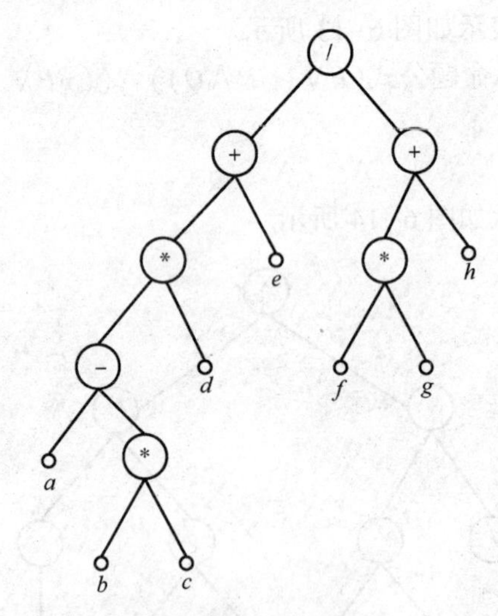

图 6-15 例 6-12 图

解:

对于图 6-15 所示的二元有序树,进行前序遍历的结果为:$/(+(*(-a(*bc))d)e)(+(*fg)h)$.

进行中序遍历的结果为:$(((a-(b*c))*d)+e)/((f*g)+h)$.

进行后序遍历的结果为:$(((a(bc*)-)d*)e+)((fg*)h+)/$.

对于中序遍历的访问结果,利用四则运算法则,可以去掉一些括号,得到:$((a-b*c)*d+e)/(f*g+h)$,正是原式,所以中序遍历法其结果是还原算式.

3. 前缀码的设计

最优树的一个直接应用就是前缀码的设计.

在远程通信中,我们常用 5 位二进制码来表示一个英文字母,因为英文有 26 个字母,而 $26<2^5$. 发送端只要发送一条 0 和 1 组成的字符串,它正好是信息中字母对应的字符序列. 在接收端,将这一长串字符分成长度为 5 的序列就得到了相应的信息,这种传输信息的方法称为等长码方法. 若在传输过程中,所有字母出现的频率大致相等,等长码方法是一种好方法. 但是字母在信息中出现的频率是不一样的,如字母 e 和 t 在单词中出现的频率要远远大于字母 q 和 z 在单词中出现的频率.

因此,人们希望能用较短的字符串表示出现较频繁的字母,这样就可缩短信息字符串的总长度，提高信息传输的效率. 对于发送端来说，发送长度不同的字符串并无困难，但在接收端，怎样才能准确无误地将收到的一长串字符分割成长度不一的序列，即接收端如何译码呢？例如，若用 00 表示 t，用 01 表示 e，用 0001 表示 y，那么当接收到字符串 0001 时，如何判断信息是 te 还是 y 呢？为了解决这个问题，我们常常使用前缀码.

【定义 6-11】设 $a_1,a_2,\cdots,a_n$ 是长度为 n 的符号串. 称其子串 $a_1;a_1,a_2;\cdots;a_1,a_2,\cdots,a_{n-1}$ 分别为该符号串的长度为 $1,2,\cdots,n-1$ 的前缀.

设 $A=\{\beta_1,\beta_2,\cdots,\beta_n\}$ 为一个符号串集合，若 A 中任意两个不同的符号串 β_i 和 β_j 互不为前缀，则称 A 为一组前缀码.

例如，$\{0,10,110,1110,1111\}$ 是前缀码，而 $\{00,001,011\}$ 不是前缀码.

【定理 6-5】任意一棵二叉树的树叶集合对应一组前缀码.

证明：

给定一棵二叉树，对每个分枝点引出的左侧的边标记 0，右侧的边标记 1. 这样，由树根到每一片树叶的通路上，有由各边的标号组成的序列，它是仅含 0 和 1 的二进制序列，把该二进制序列作为这片树叶的标记. 显然，任一树叶对应的二进制序列都不是其他树叶对应的二进制序列的前缀. 因此，任意一棵二叉树的树叶集合对应一组前缀码.

例如，图 6-16 所示的二叉树对应的前缀码是 $\{000,001,01,10,11\}$.

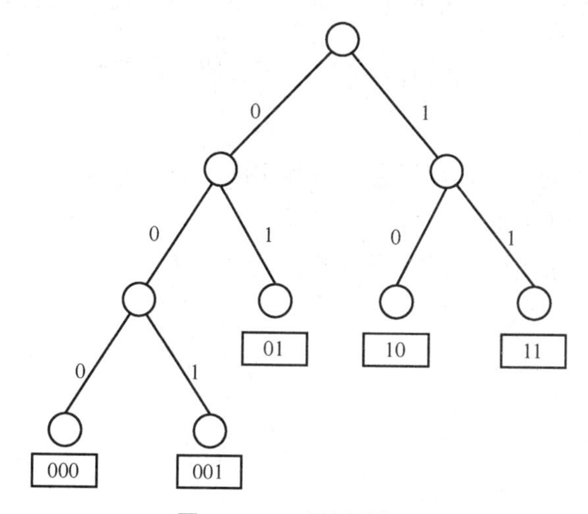

图 6-16　二叉树前缀码

【定理 6-6】任何一组前缀码都对应一棵二叉树.

证明：

设给定一组前缀码，h 表示前缀码中最长符号串的长度. 我们画出一棵高度为 h 的正则二叉树，并给每个分枝点引出的左侧的边标记 0，右侧的边标记 1，把由树根到每一节点的通路上各边的标号组成的二进制序列作为该节点的标号. 这样，每一个节点都对应一个二进制序列，同时，对于长度不超过 h 的每个二进制序列也必对应一个节点. 对应于前缀码中的每一序列的节点，给予一个标记，并将标记节点的所有后裔和射出的边全部删去，这样得到一棵二叉树，再删去其中未加标记的树叶，得到一棵新的二叉树，它的树叶的标号的集合就对应给定的前缀码.

【例 6-13】给出与前缀码 $\{00,10,11,010,011\}$ 对应的二叉树.

解：

因为该前缀码中最长序列长为 3，如图 6-17（a）所示作一个高度为 3 的二叉树. 对二叉树中对应前缀码中序列的节点用方框标记，删去标记节点的所有后代和边得到所求的二叉树，如图 6-17（b）所示.

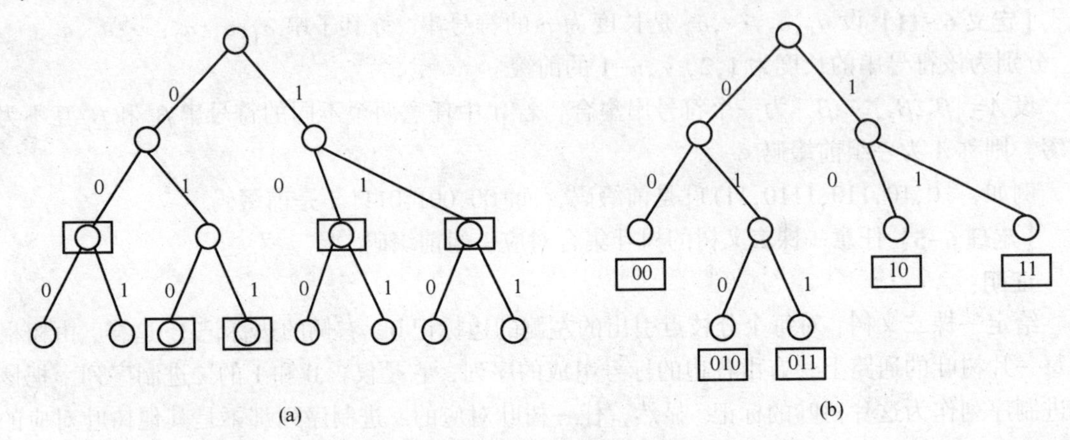

图 6-17 前缀码对应的二叉树

设 26 个英文字母出现的频率分别为 $p_1,p_2,\cdots,p_{26}$，所谓最佳编码，就是要寻求一棵有 26 片叶子，其权分别为 $p_1,p_2,\cdots,p_{26}$ 的完全二叉树，使得码的长度的数学期望值 $L=\sum\limits_{i=1}^{26}p_il_i$ 最小.

这里 l_i 是第 i 个字母的码的长度. 这个问题实际上就是给定权 $p_1,p_2,\cdots,p_{26}$，寻求一棵带权 $p_1,p_2,\cdots,p_{26}$ 的最优树问题.

【例 6-14】假设在通信中，八进制数字出现的频率为

0:30%　　1:20%
2:15%　　3:10%
4:10%　　5:5%
6:5%　　7:5%

（1）求传输它们的最佳前缀码.

（2）用最佳前缀码传输 10 000 个按上述频率出现的数字需要多少个二进制码?

（3）它比用等长的二进制码传输 10 000 个数字提高多少效率?

解：

（1）用 100 乘各频率，并由小到大排序，得 $w_1=5$，$w_2=5$，$w_3=5$，$w_4=10$，$w_5=10$，$w_6=15$，$w_7=20$，$w_8=30$ 为 8 个权，记住它们与数字的对应关系. 用哈夫曼算法求得的最优二叉树如图 6-18 所示.

图中方框中的 8 个码子组成的集合是最佳前缀码，8 个码子对应的数字如下：

01—0　　101—4
11—1　　0001—5
001—2　　00001—6
100—3　　00000—7

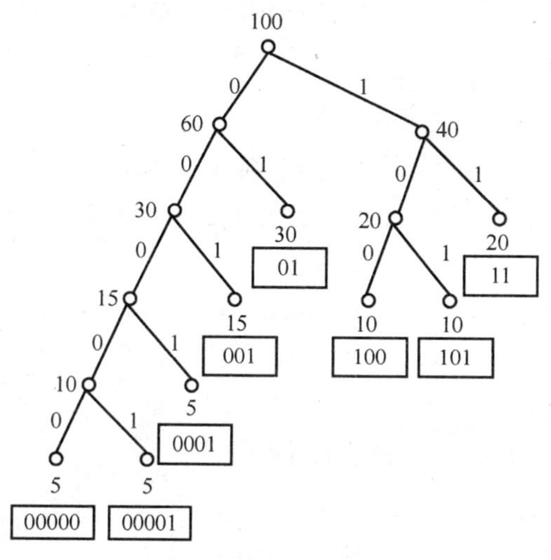

图 6-18 例 6-14 图

(2) 用完全等长的码子传输八进制数字，如 000 传 0，001 传 1，…，要传输以上比例出现的八进制数字 10 000 个，所用二进制数位为 30 000 个，这与数字出现的频率是无关的，若用最佳前缀码传输它们，所需二进制数位为

$$(3\ 000+2\ 000)\times2+(1\ 500+1\ 000+1\ 000)\times3+500\times4+(500+500)\times5=27\ 500$$

(3) 比用长为 3 的等长码子传输节省二进制数位 2 500 个，提高效率 2 500/30 000≈8.3%.

6.3 本章习题

一、选择题

1. 给定一个有 n 个节点的无向树，下列陈述正确的是（　　）.

A. 所有节点的度数大于等于 2

B. 无回路但若增加一条新边就会变成回路

C. 连通且 $e=v-1$，其中 e 是边数，v 是节点数

D. 无回路的连通图

2. 依次访问根、左子树、右子树的遍历算法称为（　　）.

A. 前序遍历法　　B. 中序遍历法

C. 后序遍历法　　D. 以上都不对

3. 已知无向树 T 中，有 1 个 3 度顶点，2 个 2 度顶点，其余顶点全是树叶. 则树叶个数为（　　）.

A. 2　　B. 3　　C. 4　　D. 5

4. 已知无向树 T 有 5 片树叶，2 度和 3 度顶点各 1 个，其余顶点度数均为 4. 则 T 的阶数为（　　）.

A. 6　　B. 7　　C. 8　　D. 9

5. 6 阶无向连通图至多有（　　）棵不同构的生成树.

A. 3　　B. 4　　C. 5　　D. 6

二、填空题

1. 完全 m 叉树，其树叶为 t，分枝点为 i，则 $(m-1)i$ ________ $t-1$.

2. 已知一棵无向树 T 中有 4 度、3 度、2 度分支点各 1 个，其余的顶点均为树叶，则 T 中树叶数为________.

3. 对图 G 的每条边 e 附加上一个实数 $\omega(e)$，称 $\omega(e)$ 为边 e 的权，G 连同附加在各边的权称为________.

4. 树的边数比顶点数少________.

5. 带权 1、3、4、5、6 最优二元树的权 $W(T)=$________.

三、判断题

1. 设 n 阶无向连通图 G 有 m 条边，则 $m \geqslant n-1$.（　　）

2. 任一棵树至少有 2 片树叶.（　　）

3. 连通图至少有 1 棵生成树.（　　）

4. 二叉树的遍历算法主要有 3 种：前序遍历算法、中序遍历算法和后序遍历算法.（　　）

5. 1 个连通图只有 1 个生成树.（　　）

四、解答题

1. 已知无向树 T 中有 1 个 3 度顶点，2 个 2 度顶点，其余顶点全是树叶，试求树叶数，并画出满足要求的非同构的无向树.

2. 已知无向树 T 有 5 片树叶，2 度与 3 度顶点各 1 个，其余顶点的度数均为 4，求 T 的阶数 n，并画出满足要求的所有非同构的无向树.

3. 无向树 T 有 n 个 i 度顶点，$i=2,3,\cdots,k$，其余顶点全是树叶，求 T 的树叶数.

4. 设 n 阶非平凡的无向树 T 中，$\Delta(T) \geqslant k$，$k \geqslant 1$. 证明 T 至少有 k 片树叶.

5. 一棵树 T 有 5 个度为 2 的节点，3 个度为 3 的节点，4 个度为 4 的节点，2 个度为 5 的节点，其余均是度为 1 的节点，问 T 有几个度为 1 的节点？

6. 画出 7 个顶点的所有非同构的无向树.

7. 用 Kruskal 算法求图 6-19 的一棵最小生成树.

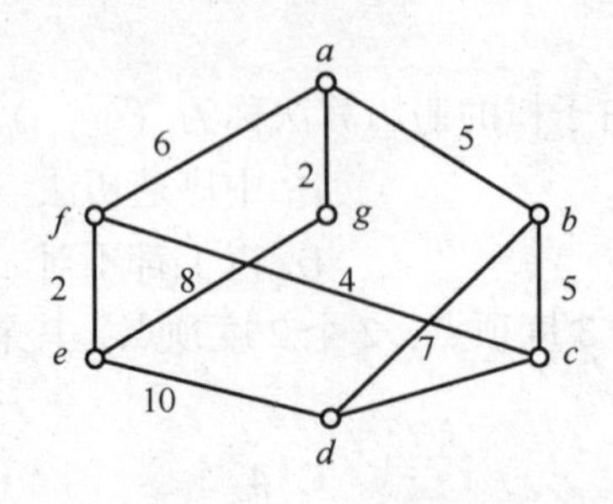

图 6-19　题 7 图

8. 今有煤气站 A，将给一居民区供应煤气，居民区各用户所在位置如图 6-20 所示，铺设各用户点的煤气管道所需的费用（单位：万元）如图边上的数字所示. 要求设计一个最经济的煤气管道路线，并求所需的总费用.

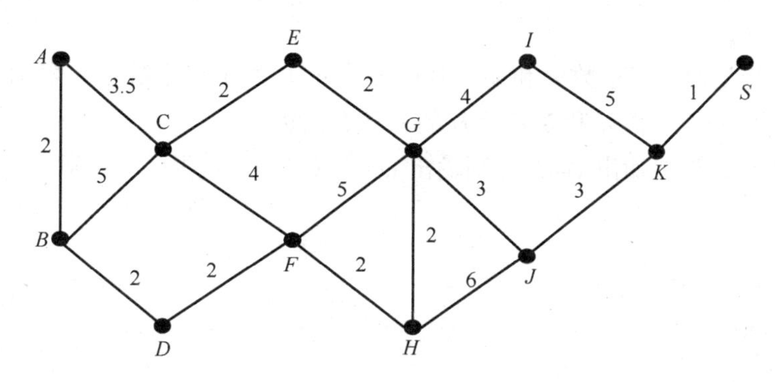

图 6-20　题 8 图

9. 设有 5 个银币 a、b、c、d、e，其中至少有 4 个是真的，最多有 1 个是假的. 真假的标准在于银币的重量，真的银币重量完全符合标准，假的或太轻或太重. 现用一天平设法对这 5 个银币的真假作出判断. 试画出判断树来描述判断的过程. 若已知银币 e 是真的，请再画出判断树.

10. 画一棵高为 4 的完全正则二叉树.

11. 求带权 7、8、9、12、16 的最优二叉树.

12. 判断字符串集合{000,00100,01,011,10,11}是否是前缀码？如果是前缀码，请画出对应的二叉树.

13. 用机器分辨一些币值为 1 分、2 分、5 分的硬币，假设各种硬币出现的概率分别为 0. 5、0. 4、0. 1. 问如何设计一个分辨硬币的算法，使所需的时间最少（假设每作一次判别所用的时间相同，以此为一个时间单位）？

14. 构造一棵带权 1、3、3、4、6、9、10 的最优二元树，并求其权 $W(T)$.

15. 设 T 是一棵二叉树，n_0 表示树叶的数目，n_2 表示出度为 2 的节点数. 证明：$n_0 = n_2+1$.

16. 要编写一个将百分制成绩转换为五级制成绩的简单程序. 如何设计其判断流程使得判断的次数最少？若成绩分布情况如下（学生总数为 10 000 人）：不及格 5%，及格 15%，中等 40%，良好 30%，优秀 10%，并计算判断的次数.

五、实验题

1. 无向树.

问题：给定一个无向简单图 $G=\langle V,E\rangle$，$V=\{1,2,3,\cdots,n\}$，G 有 n 个顶点，G 有 $n-1$ 条边，判定 G 是否为树.

输入：第一行是一个正整数 n，表示 G 的顶点个数；接下来的 $n-1$ 行，每行两个整数 a 和 b 表示 G 的一条边.

输出：如果 G 是树输出 yes，否则输出 no（每组测试数据的结果输出一行）.

2. 根数.

问题：给定一个有向简单图 $D=\langle V,E\rangle$，D 有 n 个点，m 条边，且 $V=\{1,2,3,\cdots,n\}$，判定 D 是否为根树.

输入：第一行是两个正整数 n 和 m，其中 n 表示 D 的顶点个数，m 表示 D 的边数；接下来的 m 行，每行两个整数 a 和 b 表示 D 的一条有向边.

输出：如果 D 是根树输出 yes，否则输出 no（每组测试数据的结果输出一行）.

第 6 章习题答案

第 7 章

代 数 结 构

代数结构简称代数，代数结构研究由一般元素（不仅仅是数字、符号等）组成的集合上的运算，以及运算满足一些给定性质的数学结构的性质.

代数结构在计算机科学中起着重要作用，计算机系统本身就是一种代数结构. 例如，利用布尔代数可进行逻辑电路设计的分析和优化，利用代数结构可研究抽象数据结构的性质与操作，它也是程序设计语言的理论基础.

这种数学结构对研究各种数学问题及许多实际问题都有很大用处，对计算机科学也有很大实际意义. 代数结构的种类很多，如半群、群、环、域、格和布尔代数等，本章主要介绍群这种代数结构.

群是抽象代数的重要分支，并已得到充分的发展，它们在数学、物理、通信和计算机科学等许多领域都有广泛应用，特别是在计算机科学的自动机理论、编码理论、形式语言、时序线路、开关线路计数问题以及计算机网络纠错码的纠错能力判断等方面有着非常广泛的应用.

7.1　代数运算

7.1.1　基本概念

【定义 7-1】设 X 是一非空集合，从 X^n 到 X 上的函数 f 称为集合 X 上的 n 元代数运算，简称 n 元运算，正整数 n 称为该运算的阶.

当 $n=1$ 时，函数 f：$X\to X$ 称为集合 X 上的一个一元运算；当 $n=2$ 时，函数 f:$X^2\to X$ 称为集合 X 上的二元运算. 一元运算和二元运算是我们最常遇到的代数运算.

显然，运算是一种特殊的函数. 根据运算的定义，要验证集合 X 上的一个二元运算主要考虑以下两点：

(1) X 上的任何两个元素都可以进行这种运算，且运算的结果是唯一的；

(2) X 上的任何两个元素的运算结果都属于 X，即集合 X 对该种运算是封闭的.

例如，f: $\mathbf{N}\times\mathbf{N}\to\mathbf{N}$，$f((x,y))=x+y$ 就是自然数集合 $\mathbf{N}$ 上的一个二元运算，即普通的加法运算. 普通的减法不是自然数集合 $\mathbf{N}$ 上的二元运算，因为两个自然数相减可能是负数，而负数不是自然数. 这时，也称自然数集合 $\mathbf{N}$ 对减法不封闭.

又如，除法不是实数集合 $\mathbf{R}$ 上的二元运算，因为 $0\in\mathbf{R}$，而 0 不能作除数. 但在 $\mathbf{R}^*=\mathbf{R}-\{0\}$ 上就可以定义除法运算了，因为 $\forall x, y\in\mathbf{R}^*$，都有 $x/y\in\mathbf{R}^*$.

对于中小学学的加减乘除运算是不是现在定义的运算，有如表 7-1 所示的结论.

表 7-1　实数加、减、乘、除是否为 n 元运算

实数运算	$(\mathbf{N},+)$	$(\mathbf{N},\times)$	$(\mathbf{Z},+)$	$(\mathbf{Z},\times)$	$(\mathbf{Q},+)$	$(\mathbf{Q},\times)$	$(\mathbf{R},+)$	$(\mathbf{R},\times)$
是否 n 元运算	是	是	是	是	是	是	是	是
实数运算	$(\mathbf{N},-)$	$(\mathbf{Z},-)$	$(\mathbf{Q},-)$	$(\mathbf{R},-)$	$(\mathbf{Q},\div)$	$(\mathbf{R},\div)$	$(\mathbf{Q}^*,\div)$	$(\mathbf{R}^*,\div)$
是否 n 元运算	不是	是	是	是	不是	不是	是	是

通常用“$i(\bmod m)$”表示 i 除以 m 的余数. 在 $\mathbf{Z}_m=\{0,1,2,\cdots,m-1\}$ 上定义：

$$i+_m j=(i+j)(\bmod m)\qquad i\times_m j=(i\times j)(\bmod m)$$

例如，在 $\mathbf{Z}_6=\{0,1,2,3,4,5\}$ 上有

$$2+_6 3=5\quad 4+_6 5=3\quad 3+_6 3=0$$

$$2\times_6 3=0\quad 4\times_6 5=2\quad 3\times_6 3=3$$

则 $+_m$ 和 $\times_m$，都是 $\mathbf{Z}_m$ 上的二元运算，分别称为模 m 加法和模 m 乘法.

矩阵加法和矩阵乘法都是 n 阶实矩阵集合 $\boldsymbol{M}_n(\mathbf{R})$ 上的二元运算.

设 X 为任意非空集合，对于集合的并、交、差、对称差运算是不是现在定义的运算，有如表 7-2 所示的结论.

表 7-2　集合的并、交、差、对称差是否为 n 元运算

集合运算	$(\rho(X),\cup)$	$(\rho(X),\cap)$	$(\rho(X),-)$	$(\rho(X),\oplus)$
是否 n 元运算	是	是	是	是

设 X 为任意非空集合，则关系的复合是 X 上所有关系组成的集合 $\rho(X\times X)$ 上的二元运算.

设 X 为任意非空集合，则函数的复合也是 X 上所有函数组成的集合 X^X 上的二元运算.

注意：

(1) 求一个数的相反数是 $\mathbf{Z}$、$\mathbf{Q}$ 和 $\mathbf{R}$ 上的一元运算，但不是 $\mathbf{N}$ 上的一元运算；

(2) 求一个数的倒数是 $\mathbf{Q}^*$ 和 $\mathbf{R}^*$ 上的一元运算，但不是 $\mathbf{Q}$ 和 $\mathbf{R}$ 上的一元运算；

(3) 求一个复数的共轭复数是复数集合 $\mathbf{C}$ 上的一元运算；

(4) 求一个矩阵的转置矩阵是 $\boldsymbol{M}_n(\mathbf{R})$ 上的一元运算；

(5) 求一个矩阵的逆矩阵是所有 n 阶实可逆矩阵集合 $\hat{\boldsymbol{M}}_n(\mathbf{R})$ 上的一元运算；

(6) 求集合的补是 $\rho(X)$ 上的一元运算；

(7) 求逆关系是 $\rho(X\times X)$ 上的一元运算；

(8) 求逆函数是非空集合 X 上所有双射函数集合 $\hat{Y}^X$ 上的一元运算.

7.1.2　二元运算的性质

给定非空集合 X，在 X 上可以定义许多代数运算，但只有满足其特定性质的运算才有用. 下面介绍一些二元运算的运算性质.

【定义 7-2】设 $*$ 为非空集合 X 上的二元运算.

(1) 如果对任意的 x，$y\in X$，都有

$$x*y=y*x$$

则称 $*$ 满足交换律.

(2) 如果对任意的 x，y，$z\in X$，都有

$$(x*y)*z=x*(y*z)$$

则称 $*$ 满足结合律.

【定义 7-3】设 $*$、$\cdot$ 为非空集合 X 上的二元运算. 如果对任意的 x，y，$z\in X$，都有

$$x\cdot(y*z)=(x\cdot y)*(x\cdot z)$$

$$(y*z)\cdot x=(y\cdot x)*(z\cdot x)$$

则称 $\cdot$ 对 $*$ 满足分配律. 仅第一个式子满足时，称 $\cdot$ 对 $*$ 满足左分配律；仅第二个式子满足时，称 $\cdot$ 对 $*$ 满足右分配律.

(1) 加法和乘法都是 $\mathbf{N}$ 上的二元运算. 加法满足交换律、结合律；乘法满足交换律、结合律；乘法对加法满足分配律，但加法对乘法不满足分配律.

(2) 加法、减法和乘法都是 $\mathbf{R}$ 上的二元运算. 加法满足交换律和结合律；减法不满足交换律、结合律；乘法满足交换律和结合律；乘法对加法满足分配律但加法对乘法不满足分配律，乘法对减法满足分配律，但减法对乘法不满足分配律.

(3) 模 m 加法 $+_m$ 和模 m 乘法 $\times_m$，都是 $\mathbf{Z}_m$ 上的二元运算. $+_m$ 满足交换律、结合律；$\times_m$ 满足交换律、结合律；$\times_m$ 对 $+_m$ 满足分配律，但 $+_m$ 对 $\times_m$ 不满足分配律.

(4) 矩阵加法和矩阵乘法都是 $\boldsymbol{M}_n(\mathbf{R})$ 上的二元运算，矩阵加法满足交换律和结合律；矩阵乘法满足结合律，不满足交换律；矩阵乘法对矩阵加法满足分配律，但矩阵加法对矩阵乘法不满足分配律.

(5) 并运算、交运算、差运算和对称差运算都是 $\rho(X)$ 上的二元运算. 并运算满足交换律、结合律；交运算满足交换律、结合律；差运算不满足交换律、结合律；对称差运算满足交换律和结合律；并运算和交运算是相互可分配的，交运算对差运算、交运算对对称差运算满足分配律，其他情况下不满足分配律.

(6) 复合运算是 $\rho(X\times X)$ 上的二元运算，满足结合律，不满足交换律.

(7) 复合运算是 X^X 上的二元运算，满足结合律，不满足交换律.

7.1.3　二元运算中的特殊元

【定义 7-4】设 $*$ 为非空集合 X 上的二元运算.

(1) 如果存在元素 e_l(或 e_r) $\in X$，使得对任意 $x\in X$ 都有

$$e_l * x=x(\text{或 } x * e_r=x)$$

则称 e_l(或 e_r)是 X 中关于运算 $*$ 的一个左单位元（或右单位元）. 如果 $e\in X$ 关于运算 $*$ 既是左单位元又是右单位元，则称 e 为 X 中关于运算 $*$ 的一个单位元. 单位元有时又叫作幺元.

(2) 如果存在元素 θ_l（或 θ_r） $\in X$，使得对任意 $x\in X$ 都有

$$\theta_l * x=\theta_l(\text{或 } x * \theta_r=\theta_r)$$

则称 θ_l(或 θ_r）是 X 中关于运算 $*$ 的一个左零元（或右零元）. 如果 $\theta\in X$ 关于运算 $*$ 既是左零元又是右零元，则称 θ 为 X 中关于运算 $*$ 的一个零元.

(3) 设 $e\in X$ 是 X 中关于运算 $*$ 的一个单位元. 对于 $x\in X$，如果存在元素 y_l（或 y_r）$\in X$，使得

$$y_l * x=e(\text{或 } x * y_r=e)$$

则称 y_l(或 y_r）是 x 关于运算 $*$ 的一个左逆元（或右逆元）. 如果 $y\in X$ 既是 x 关于运算 $*$ 的左逆元又是右逆元，则称 y 是 x 关于运算 $*$ 的一个逆元，并记为 x^{-1}.

显然，逆元是相互的，即如果 y 是 x 的逆元，那么 x 是 y 的逆元.

关于二元运算中的特殊元，有如下结论.

(1) 加法和乘法都是 $\mathbf{N}$ 上的二元运算. 加法的单位元是 0，零元不存在，除 0 有逆元 0 之外，其他元素没有逆元；乘法的单位元是 1，零元是 0，除 1 有逆元 1 之外，其他元素没有逆元.

(2) 加法、减法和乘法都是 $\mathbf{R}$ 上的二元运算. 加法的单位元是 0，零元不存在，每个元素都有逆元，即它的相反数；减法的单位元不存在（右单位元是 0，但左单位元不存在），零元也不存在；乘法的单位元是 1，零元是 0，除 0 没有逆元外，其他元素都有逆元，即它的倒数.

(3) 模 m 加法$+_m$ 和模 m 乘法$\times_m$，都是 Z_m 上的二元运算. $+_m$ 有单位元 0、无零元，每个元 i 都有逆元 $m-iI(\bmod m)$；$\times_m$ 有单位元 1、有零元 0，与 m 互质的元素有逆元，其他元素没有逆元.

(4) 矩阵加法和矩阵乘法都是 $M_n(\mathbf{R})$上的二元运算. 矩阵加法的单位元是 n 阶零矩阵，零元不存在，每个元素都有逆元，即它的相反矩阵；矩阵乘法的单位元是 n 阶单位矩阵，零元是 n 阶零矩阵，奇异矩阵没有逆元，而非奇异矩阵都有逆元，即它的逆矩阵.

(5) 并运算、交运算、差运算和对称差运算都是 $\rho(X)$ 上的二元运算. 并运算的单位元是空集$\varnothing$，零元是全集 X，除$\varnothing$以本身为逆元外，其他元素没有逆元；交运算的单位元是全集 X，零元是空集$\varnothing$，除 X 以本身为逆元外，其他元素没有逆元；差运算的单位元不存在（右单位元是空集$\varnothing$，但左单位元不存在），零元不存在（左零元是空集$\varnothing$，但右零元不存在）；对称差运算的单位元是空集$\varnothing$，零元不存在，每个元素都有逆元，即它本身.

(6) 复合运算是$\rho(X\times X)$上的二元运算，单位元是恒等关系，零元是空关系，每个关系都有逆关系，但并不一定有逆元，逆关系和逆元是两个不同的概念.

(7) 复合运算是 X^X 上的二元运算，单位元是恒等函数，零元不存在，双射函数有逆元，即它的逆函数，但非双射函数没有逆元.

左、右单位元可能不存在，也可能存在多个左单位元而无右单位元（或存在多个右单位元而无左单位元），但若左单位元、右单位元都存在，则必相等且唯一，它就是单位元. 对零元和逆元有类似的结果，即我们有下面的定理.

【定理7-1】 设 $*$ 为非空集合 X 上的二元运算.

（1）如果在 X 中运算 $*$ 有左单位元 e_l 和右单位元 e_r，则 $e_l=e_r$，即它们就是 X 中关于运算 $*$ 的单位元，且是唯一的.

（2）如果在 X 中运算 $*$ 有左零元 θ_l 和右零元 θ_r，则 $\theta_l=\theta_r$，即它们就是 X 中关于运算 $*$ 的零元，且是唯一的.

（3）设在 X 中运算 $*$ 有单位元 e 且满足结合律，那么对于 $x\in X$，如果 x 存在左逆元 y_l 和右逆元 y_r，则 $y_l=y_r$，即它们就是 x 关于运算 $*$ 的逆元，且是唯一的.

证明：

（1）根据左单位元和右单位元的定义，有

$$e_l=e_l*e_r=e_r$$

把 e_l 或 e_r 记为 e，显然，e 就是 X 中关于运算 $*$ 的单位元.

现假设 X 中关于运算 $*$ 有两个单位元 e、e'，则根据单位元的定义，有

$$e=e*e'=e'$$

即 X 中关于运算 $*$ 有单位元的话，单位元是唯一的.

（2）的证明类似于（1）.

（3）因 y_l 和 y_r 分别是 x 的左逆元和右逆元，所以 $y_l*x=e$，$x*y_r=e$，于是

$$y_l=y_l*e=y_l*(x*y_r)=(y_l*x)*y_r=e*y_r=y_r$$

把 y_l（或 y_r）记为 y，显然，y 就是 x 关于运算 $*$ 的逆元. 现假设 x 关于运算 $*$ 有两个逆元 y、y'，则 $y*x=e$，$x*y'=e$，于是

$$y=y*e=y*(x*y')=(y*x)*y'=e*y'=y'$$

即元素 x 关于运算 $*$ 有逆元的话，逆元是唯一的.

【定义7-5】 设 $*$ 为非空集合 X 上的二元运算. 如果对任意的 x，y，$z\in X$，$x\neq\theta$ 都满足：

$$\text{若 } x*y=x*z\text{，则 } y=z\text{；若 } y*x=z*x\text{，则 } y=z$$

则称 $*$ 满足消去律. 仅第一个式子满足时，称 $*$ 满足左消去律；仅第二个式子满足时，称 $*$ 满足右消去律. 这里，θ 是 X 上关于运算 $*$ 的零元.

（1）加法和乘法是 $\mathbf{N}$ 上的二元运算，它们都满足消去律.

（2）加法、减法和乘法是 $\mathbf{R}$ 上的二元运算，它们都满足消去律.

（3）模 m 加法 $+_m$ 和模 m 乘法 $\times_m$，是 $\mathbf{Z}_m$ 上的二元运算. 模 m 加法 $+_m$ 满足消去律；当 m 是质数时，模 m 乘法 $\times_m$ 满足消去律，当 m 不是质数时，模 m 乘法 $\times_m$ 不满足消去律.

（4）矩阵加法和矩阵乘法是 $M_n(\mathbf{R})$ 上的二元运算. 矩阵加法满足消去律，但矩阵乘法不满足消去律.

（5）并运算、交运算、差运算和对称差运算是 $\rho(X)$ 上的二元运算. 并运算、交运算和差运算不满足消去律，但对称差运算满足消去律.

（6）复合运算是 $\rho(X\times X)$ 上的二元运算，它不满足消去律.

（7）复合运算是 X^X 上的二元运算，它不满足消去律.

7.2 代数系统

【定义 7-6】非空集合 G 和 G 上的 k 个代数运算 $f_1,f_2,\cdots,f_k$（其中，f_i 是 n_i 元代数运算，n_i 为正整数，$i=1,2,\cdots,k$）组成的系统称为代数系统，简称代数，记作 $\langle G,f_1,f_2,\cdots,f_k\rangle$，而 $\langle n_1,n_2,\cdots,n_k\rangle$ 称为这个代数系统的类型.

【定义 7-7】设 $\langle G,f_1,f_2,\cdots,f_k\rangle$ 和 $\langle H,g_1,g_2,\cdots,g_k\rangle$ 是两个同类型的代数系统，ϕ 是从 G 到 H 的映射，若对 $i=1,2,\cdots,k$ 都有

$$\phi(f_i(x_1,x_2,\cdots,x_{n_i}))=g_i(\phi(x_1),\phi(x_2),\cdots,\phi(x_{n_i}))$$

则称 ϕ 是从 G 到 H 的同态映射，简称同态.

【定义 7-8】设 ϕ 是从代数系统 $\langle G,f_1,f_2,\cdots,f_k\rangle$ 到代数系统 $\langle H,g_1,g_2,\cdots,g_k\rangle$ 的同态映射.

（1）若 ϕ：$G\to H$ 是满射，则称 ϕ 为满同态.

（2）若 ϕ：$G\to H$ 是单射，则称 ϕ 为单同态.

（3）若 ϕ：$G\to H$ 是双射，则称 ϕ 为同构.

若 $G=H$，则上面定义的 ϕ 分别称为自同态、满自同态、单自同态和自同构.

下面我们来看看同态映射和同构映射的例子.

（1）设 $S=\{a+b\sqrt{2}\mid a,b\in\mathbf{Q}\}$ 则 $\langle S,+\rangle$ 是一个代数系统，如果定义

$$\phi(a+b\sqrt{2})=a-b\sqrt{2}$$

则 ϕ 是 $\langle S,+\rangle$ 的自同构.

（2）n 阶实数矩阵组成的集合在矩阵乘法下构成代数系统 $\langle \boldsymbol{M}_n(\mathbf{R}),\times\rangle$，实数集合在乘法下也构成代数系统 $\langle\mathbf{R},\times\rangle$，令

$$\phi(A)=|A|$$

即 ϕ 将一个实数矩阵映射成它的行列式的值，则 ϕ 是 $\langle \boldsymbol{M}_n(\mathbf{R}),\times\rangle$ 到 $\langle\mathbf{R},\times\rangle$ 的同态，而且是满同态.

（3）整数集合在加法和乘法下构成代数系统 $\langle\mathbf{Z},+,\times\rangle$，集合 $\{0,1\}$ 在逻辑运算异或和合取下构成同类型的代数系统 $\langle\{0,1\},\leftrightarrow,\wedge\rangle$ $(p\leftrightarrow q=(p\wedge\neg q)\vee(\neg p\wedge q))$. 令

$$\phi(x)=\begin{cases}0, & x\text{ 是偶数}\\ 1, & x\text{ 是奇数}\end{cases}$$

则 ϕ 是 $\langle\mathbf{Z},+,\times\rangle$ 到 $\langle\{0,1\},\leftrightarrow,\wedge\rangle$ 的同态，而且是满同态.

【定理 7-2】设 $\langle G,*\rangle$，$\langle H,\cdot\rangle$ 是代数系统，$*$、$\cdot$ 是二元运算，ϕ 是从 G 到 H 的同态映射，则

（1）$\cdot$ 是 $\phi(G)$ 上的运算，即 $\langle\phi(G),\cdot\rangle$ 是代数系统.

（2）如果 $*$ 在 G 上满足交换律，则 $\cdot$ 在 $\phi(G)$ 上满足交换律.

（3）如果 $*$ 在 G 上满足结合律，则 $\cdot$ 在 $\phi(G)$ 上满足结合律.

（4）如果 e 是 $\langle G,*\rangle$ 的单位元，则 $\phi(e)$ 是 $\langle\phi(G),\cdot\rangle$ 的单位元.

（5）如果 θ 是 $\langle G, *\rangle$ 的零元，则 $\phi(\theta)$ 是 $\langle\phi(G), \cdot\rangle$ 的零元.

（6）对于 $a\in G$，如果 a^{-1} 是 a 在 $\langle G, *\rangle$ 中的逆元，则 $\phi(a^{-1})$ 是 $\phi(a)$ 在 $\langle\phi(G), \cdot\rangle$ 中的逆元.

证明：这里仅证（4）和（6），其他留给读者完成.

（4）对任意的 $x\in\phi(G)$，存在 $a\in G$，使得 $\phi(a)=x$. 于是

$$\phi(e)\cdot x=\phi(e)\cdot\phi(a)=\phi(e*a)=\phi(a)=x$$

即 $\phi(e)$ 是 $\langle\phi(G), \cdot\rangle$ 的左单位元. 同理可证 $\phi(e)$ 是右单位元，所以 $\phi(e)$ 是 $\langle\phi(G), \cdot\rangle$ 的单位元.

（6）设 e 为 G 的单位元，则由（4）知 $\phi(e)$ 是 $\langle\phi(G), \cdot\rangle$ 的单位元. $\forall a\in G$，因为

$$\phi(a^{-1})\cdot\phi(a)=\phi(a^{-1}*a)=\phi(e), \phi(a)\cdot\phi(a^{-1})=\phi(a*a^{-1})=\phi(e)$$

所以 $\phi(a^{-1})$ 是 $\phi(a)$ 在 $\langle\phi(G), \cdot\rangle$ 中的逆元.

【定理 7-3】设 $\langle G, *, *'\rangle$，$\langle H, \cdot, \cdot'\rangle$ 是代数系统，$*$、$*'$、$\cdot$、$\cdot'$ 都是二元运算，ϕ 是从 G 到 H 的同态映射，那么如果在 G 上，$*$ 对 $*'$ 满足分配律，则在 $\phi(G)$ 上，$\cdot$ 对 $\cdot'$ 满足分配律.

证明：

对任意的 x，y，$z\in\phi(G)$，存在 u，v，$w\in G$，使得

$$\phi(u)=x, \phi(v)=y, \phi(w)=z$$

因为 ϕ 是同态映射，所以有

$$\begin{aligned}x\cdot(y\cdot' z)&=\phi(u)\cdot(\phi(v)\cdot'\phi(w))=\phi(u)\cdot\phi(v*'w)=\phi(u*(v*'w))\\&=\phi((u*v)*'(v*w))=\phi(v*v)\cdot'\phi(u*w)\\&=(\phi(u)\cdot\phi(v))\cdot'(\phi(u)\cdot\phi(w))=(x\cdot y)\cdot'(x\cdot z)\end{aligned}$$

所以分配律成立.

对于上面的两个定理，请注意以下两点.

（1）$\langle G, *\rangle$ 满足消去律，同态像 $\phi(G)$ 未必满足消去律. 例如，$\langle\mathbf{Z}, X\rangle$，$\langle\mathbf{Z}_6, X_6\rangle$ 是两个代数系统，映射 ϕ：$\mathbf{Z}\to\mathbf{Z}_6$，对任意的 $x\in\mathbf{Z}, \phi(x)=[x(\mathrm{mod}\ 6)]$ 是满同态映射，即 $\mathbf{Z}_6$ 是同态像. $\langle\mathbf{Z}, X\rangle$ 满足消去律，但 $\langle\mathbf{Z}_6, X_6\rangle$ 不满足消去律.

（2）若代数系统 $\langle G, *\rangle$，（$\langle G, *, *'\rangle$）具有某些特殊元或满足某些性质，则同态像 $\langle\phi(G), \cdot\rangle$（$\langle\phi(G), \cdot, \cdot'\rangle$）保持相应的特殊元和性质，但这些特殊元和性质对 $\langle H, \cdot\rangle$（$\langle H, \cdot, \cdot'\rangle$）来说未必保持，且上面两个定理的逆一般不成立. 但如果 ϕ 是两个代数系统间的同构映射，则 $\langle G, *\rangle$ 和 $\langle H, \cdot\rangle$，$\langle G, \cdot, \cdot'\rangle$ 和 $\langle H, \cdot, \cdot'\rangle$ 的性质或特殊元一一对应，即我们有下面的两个定理.

【定理 7-4】设 $\langle G, *\rangle$，$\langle H, \cdot\rangle$ 是代数系统，$*$、$\cdot$ 都是二元运算，ϕ 是从 G 到 H 的同构映射.

（1）$*$ 在 G 上满足交换律 $\Leftrightarrow$ $\cdot$ 在 H 上满足交换律.

（2）$*$ 在 G 上满足结合律 $\Leftrightarrow$ $\cdot$ 在 H 上满足结合律.

（3）$*$ 在 G 上满足消去律 $\Leftrightarrow$ $\cdot$ 在 H 上满足消去律.

（4）若 e 是 $\langle G, *\rangle$ 的单位元，则 $\phi(e)$ 是 $\langle H, \cdot\rangle$ 的单位元；反之，若 e' 是 $\langle H, \cdot\rangle$ 的单

位元，则 $\phi^{-1}(e')$ 是 $\langle G,*\rangle$ 的单位元.

(5) 若 θ 是 $\langle G,*\rangle$ 的零元，则 $\phi(\theta)$ 是 $\langle H,\cdot\rangle$ 的零元；反之，若 θ' 是 $\langle H,\cdot\rangle$ 的零元，则 $\phi^{-1}(\theta')$ 是 $\langle G,*\rangle$ 的零元.

(6) 对于 $a\in G$，如果 a^{-1} 是 a 在 $\langle G,*\rangle$ 中的逆元，则 $\phi(a^{-1})$ 是 $\phi(a)$ 在 $\langle H,\cdot\rangle$ 中的逆元；反之，对于 $b\in H$，如果 b^{-1} 是 b 在 $\langle H,\cdot\rangle$ 中的逆元，则 $\phi^{-1}(b^{-1})$ 是 $\phi^{-1}(b)$ 在 $\langle G,*\rangle$ 中的逆元.

【定理 7-5】设 $\langle G,*,*'\rangle$，$\langle H,\cdot,\cdot'\rangle$ 是代数系统，$*$、$*'$、$\cdot$、$\cdot'$ 都是二元运算，ϕ 是从 G 到 H 的同构映射，则在 G 上，$*_1$ 对 $*_2$ 满足分配律⇔在 H 上，$\cdot$ 对 $\cdot'$ 满足分配律.

鉴于同态映射和同构映射的上述性质，在数学上，通常将两个同构的系统看成一个系统(即认为没有区别)，而将同态像看成是一种系统的简化.

【例 7-1】$\langle \mathbf{Q},+\rangle$ 是有理数加法代数系统，$\langle \mathbf{Q}^*,\times\rangle$ 是非零有理数乘法代数系统. 证明不存在从 $\langle \mathbf{Q},+\rangle$ 到 $\langle \mathbf{Q}^*,\times\rangle$ 的同构映射.

证明：

假设 ϕ 是从 $\langle \mathbf{Q}^*,\times\rangle$ 到 $\langle \mathbf{Q},+\rangle$ 的同构映射，因为 1 是代数系统 $\langle \mathbf{Q}^*,\times\rangle$ 的单位元，而 0 是代数系统 $\langle \mathbf{Q},+\rangle$ 的单位元，所以

$$\phi:\mathbf{Q}^*\to\mathbf{Q},\phi(1)=0$$

于是有

$$\phi(-1)+\phi(-1)=\phi((-1)\times(-1))=\phi(1)=0$$

从而得 $\phi(-1)=0$，这与 ϕ 的单射性矛盾.

从而没有从 $\langle \mathbf{Q}^*,\times\rangle$ 到 $\langle \mathbf{Q},+\rangle$ 的同构映射，当然也就没有从 $\langle \mathbf{Q},+\rangle$ 到 $\langle \mathbf{Q}^*,\times\rangle$ 的同构映射.

7.3 群

7.3.1 基本概念

【定义 7-9】设 $\langle G,*\rangle$ 是代数系统，$*$ 是二元运算，如果在 G 上运算 $*$ 满足结合律，则称 $\langle G,*\rangle$ 为半群. 更进一步，如果 G 中关于运算 $*$ 还有单位元 e 存在，则称 $\langle G,*\rangle$ 为有幺半群.

【定义 7-10】设 $\langle G,*\rangle$ 是有幺半群，如果对 G 中任何元素 x 都有逆元 $x^{-1}\in G$，则称 $\langle G,*\rangle$ 为群. 更进一步，如果在 G 上运算 $*$ 还满足交换律，则称 $\langle G,*\rangle$ 为交换群（阿贝尔群).

(1) 普通加法是 $\mathbf{N}$、$\mathbf{Z}$、$\mathbf{Q}$ 和 $\mathbf{R}$ 上的二元运算，满足结合律，且有单位元 0，所以 $\langle \mathbf{N},+\rangle$，$\langle \mathbf{Z},+\rangle$，$\langle \mathbf{Q},+\rangle$，$\langle \mathbf{R},+\rangle$，都是有幺半群.

但在 $\langle \mathbf{N},+\rangle$ 中，除 0 之外都没有逆元，所以它仅是有幺半群而不是群. 在 $\langle \mathbf{Z},+\rangle$，$\langle \mathbf{Q},+\rangle$，$\langle \mathbf{R},+\rangle$ 中，每个元素都有逆元，即它的相反数，且运算满足交换律，所以它们都是交换群.

（2）普通乘法是N、Z、Q和R上的二元运算，满足结合律且有单位元1，所以$\langle \mathbf{N},\mathbf{X}\rangle$，$\langle \mathbf{Z},\mathbf{X}\rangle$，$\langle \mathbf{Q},\times\rangle$，$\langle \mathbf{R},\times\rangle$都是有幺半群.

在$\langle \mathbf{N},\times\rangle$和$\langle \mathbf{Z},\times\rangle$中，除了1外其他元素都没有逆元，所以$\langle \mathbf{N},\times\rangle$和$\langle \mathbf{Z},\times\rangle$都不是群；在$\langle \mathbf{Q},\times\rangle$，$\langle \mathbf{R},\times\rangle$中，0没有逆元，所以它们也仅是有幺半群，而不是群；但如果用非零有理数集合$\mathbf{Q}^*$和非零实数集合$\mathbf{R}^*$，则$\langle \mathbf{Q}^*,\times\rangle$和$\langle \mathbf{R}^*,\times\rangle$都是交换群.

（3）矩阵加法是$\boldsymbol{M}_n(\mathbf{R})$上的二元运算，满足结合律，$n$阶零矩阵为其单位元，所以$\langle \boldsymbol{M}_n(\mathbf{R}),+\rangle$是有幺半群. 同样，矩阵乘法是$\boldsymbol{M}_n(\mathbf{R})$上的二元运算，满足结合律，$n$阶单位矩阵为其单位元，所以$\langle \boldsymbol{M}_n(\mathbf{R}),\times\rangle$也是有幺半群.

在$\langle \boldsymbol{M}_n(\mathbf{R}),+\rangle$中，每个元素都有逆元，即它的相反矩阵，且运算满足交换律，所以$\langle \boldsymbol{M}_n(\mathbf{R}),+\rangle$是一个交换群；在$\langle \boldsymbol{M}_n(\mathbf{R}),\times\rangle$中，奇异矩阵没有逆元，所以$\langle \boldsymbol{M}_n(\mathbf{R}),\times\rangle$仅是一个有幺半群，而不是群；但$\langle \hat{\boldsymbol{M}}_n(\mathbf{R}),\times\rangle$是群，这里的$\hat{\boldsymbol{M}}_n(\mathbf{R})$是$n$阶实可逆矩阵组成的集合，不过它不是交换群.

（4）并运算是幂集$\rho(X)$上的二元运算，满足结合律，空集$\varnothing$为其单位元，所以$\langle \rho(X),\cup\rangle$是有幺半群. 同样，交运算是$\rho(X)$上的二元运算，满足结合律，全集$X$为其单位元，所以$\langle \rho(X),\cap\rangle$也是有幺半群.

但在$\langle \rho(X),\cup\rangle$中，除了单位元空集$\varnothing$外，其他元素都没有逆元，所以$\langle \rho(X),\cup\rangle$不是群. 同样，$\langle \rho(X),\cap\rangle$也不是群.

（5）复合运算是$\rho(X\times X)$上的二元运算，满足结合律，恒等关系为其单位元，所以$\langle \rho(X\times X),\circ\rangle$是有幺半群.

在$\langle \rho(X\times X),\circ\rangle$中，每个元素都有逆关系，但不一定有逆元，逆关系和逆元是两个不同的概念，所以$\langle \rho(X\times X),\circ\rangle$不是群.

（6）复合运算是从X到X函数集合X^{n^X}上的二元运算，满足结合律，恒等函数为其单位元，所以$\langle X^{n^X},\circ\rangle$是有幺半群.

在$\langle X^{n^X},\circ\rangle$中，非双射函数没有逆元，所以$\langle X^{n^X},\circ\rangle$仅是有幺半群，而不是群. 但$\langle \hat{X}^X,\circ\rangle$是群，这里的$\hat{X}^X$是集合$X$上的双射函数组成的集合，不过，它不是交换群.

【例7-2】设$\langle G,*\rangle$是群，$\forall a\in G$，定义$G\to G$的映射f_a如下：

$$f_a(x)=x*a,\quad \forall x\in G$$

令H表示所有这样的映射组成的集合，即$H=\{f_a \mid a\in G\}$，证明$\langle H,\circ\rangle$构成群，这里的“$\circ$”是复合运算.

证明：

因为

$$f_a\circ f_b(x)=f_b(f_a(x))=f_b(x*a)=(x*a)*b=x*(a*b)=f_{a*b}(x)$$

所以$f_a\circ f_b=f_{a*b}\in H$，即封闭性满足，所以$\langle H,\circ\rangle$构成代数系统.

又因为复合运算满足结合律，所以$\langle H,\circ\rangle$构成半群. 从上面的式子显然可以看到，f_e是$\langle H,\circ\rangle$的单位元，所以$\langle H,\circ\rangle$构成有幺半群. 从上面的式子还可以看到，H中的任何元素f_a都有逆元$f_{a^{-1}}$，所以$\langle H,\circ\rangle$构成群.

7.3.2 幂运算

由于半群中的运算满足结合律，因此可以在半群中定义元素的幂运算.

【定义 7-11】 设$\langle G, * \rangle$是半群，$x \in G$，n 为正整数，即 $n \in \mathbf{Z}_+$，则 x 的 n 次幂定义如下：

$$x^n = \begin{cases} x, & n=1 \\ x^{n-1} * x, & n \geqslant 2 \end{cases}$$

若$\langle G, * \rangle$还是有幺半群，e 为其单位元，则还可以定义零次幂，即 $x^0 = e$；若$\langle G, * \rangle$是群，则还可以定义负整数次幂，即

$$x^{-n} = (x^{-1})^n, n \in \mathbf{Z}_+$$

要注意的是，中学里学的 n 次幂是由普通乘法定义的，上面定义的 n 次幂是由运算"$*$"定义的. 由于运算"$*$"的一般性，上面定义的 n 次幂可以是各种各样的. 例如，整数集合在普通加法下构成群$\langle \mathbf{Z}, + \rangle$，它里面的 n 次幂是由整数的加法定义的，所以在$\langle \mathbf{Z}, + \rangle$中有

$$1^3 = 3,\ 2^5 = 10,\ 3^{10} = 30,\ 4^0 = 0$$

希望读者理解到这一点.

(1) 在群$\langle \mathbf{R}^*, \times \rangle$中有

$$0.5^{-1} = 2 \quad 0.5^{-2} = 4 \quad 0.5^{-3} = 8$$

但在群$\langle \mathbf{R}, + \rangle$中有

$$0.5^{-1} = -0.5 \quad 0.5^{-2} = -1 \quad 0.5^{-3} = -1.5$$

(2) $\langle \boldsymbol{M}_2(\mathbf{R}), \times \rangle$在矩阵乘法下构成有幺半群，在$\langle \boldsymbol{M}_2(\mathbf{R}), \times \rangle$中有

$$\begin{bmatrix} 3 & 0 \\ 0 & 3 \end{bmatrix}^2 = \begin{bmatrix} 9 & 0 \\ 0 & 9 \end{bmatrix}, \begin{bmatrix} 3 & 0 \\ 0 & 3 \end{bmatrix}^3 = \begin{bmatrix} 27 & 0 \\ 0 & 27 \end{bmatrix}, \begin{bmatrix} 3 & 0 \\ 0 & 3 \end{bmatrix}^0 = \begin{bmatrix} 1 & 0 \\ 0 & 1 \end{bmatrix}$$

同样，$\langle \boldsymbol{M}_2(\mathbf{R}), + \rangle$在矩阵加法下构成有幺半群，在$\langle \boldsymbol{M}_2(\mathbf{R}), + \rangle$中有

$$\begin{bmatrix} 3 & 0 \\ 0 & 3 \end{bmatrix}^2 = \begin{bmatrix} 6 & 0 \\ 0 & 6 \end{bmatrix}, \begin{bmatrix} 3 & 0 \\ 0 & 3 \end{bmatrix}^3 = \begin{bmatrix} 9 & 0 \\ 0 & 9 \end{bmatrix}, \begin{bmatrix} 3 & 0 \\ 0 & 3 \end{bmatrix}^0 = \begin{bmatrix} 0 & 0 \\ 0 & 0 \end{bmatrix}$$

(3) 在群$\langle \hat{\boldsymbol{M}}_2(\mathbf{R}), \times \rangle$中有

$$\begin{bmatrix} 0.5 & 0 \\ 0 & 0.5 \end{bmatrix}^{-1} = \begin{bmatrix} 2 & 0 \\ 0 & 2 \end{bmatrix}, \begin{bmatrix} 0.5 & 0 \\ 0 & 0.5 \end{bmatrix}^{-2} = \begin{bmatrix} 4 & 0 \\ 0 & 4 \end{bmatrix}$$

但在群$\langle \hat{\boldsymbol{M}}_2(\mathbf{R}), + \rangle$中有

$$\begin{bmatrix} 0.5 & 0 \\ 0 & 0.5 \end{bmatrix}^{-1} = \begin{bmatrix} -0.5 & 0 \\ 0 & -0.5 \end{bmatrix}, \begin{bmatrix} 0.5 & 0 \\ 0 & 0.5 \end{bmatrix}^{-2} = \begin{bmatrix} -1 & 0 \\ 0 & -1 \end{bmatrix}$$

【定理 7-6】 设$\langle G, * \rangle$是群，则有：

(1) $\forall m, n \in \mathbf{Z}, x^m * x^n = x^{m+n}, (x^m)^n = x^{m \times n}$；

(2) $\forall x, y \in G, (x * y)^{-1} = y^{-1} * x^{-1}$.

证明：

(1) 用数学归纳法即可进行证明，具体证明留给读者.

（2）因为

$$(y^{-1}*x^{-1})*(x*y)=y^{-1}*(x^{-1}*x)*y=y^{-1}*e*y=y^{-1}*y=e$$

$$(x*y)*(y^{-1}*x^{-1})=x*(y*y^{-1})*x^{-1}=x*e*x^{-1}=x*x^{-1}=e$$

所以，$x*y$ 的逆元是 $y^{-1}*x^{-1}$，即 $(x*y)^{-1}=y^{-1}*x^{-1}$.

对于半群、有幺半群，有类似定理 7-6 第一部分的结论，只不过要把 $\forall m, n\in\mathbf{Z}$ 换成 $\forall m, n\in\mathbf{N}_+$ 或 $\forall m, n\in\mathbf{N}$.

7.3.3 群的性质

【定义 7-12】设 $\langle G, *\rangle$ 是群，如果 G 是有限集，则称 $\langle G, *\rangle$ 为有限群，G 中元素的个数称为该有限群的阶数，记为 $|G|$. 阶数为 1 的群称为平凡群，它只含一个单位元. 如果 G 是无限集，则称 $\langle G, *\rangle$ 为无限群.

【定义 7-13】设 $\langle G, *\rangle$ 是群，e 为其单位元，$x\in G$，使得 $x^n=e$ 成立的最小正整数 n 称为 x 的次数，记作 $|x|=n$，这时也称 x 为 n 次元. 如果不存在这样的正整数 n，则称 x 为无限次元.

对于集合 $\mathbf{Z}_6=\{0,1,2,3,4,5\}$ 上的二元运算“模 6 加法 $+_6$”：

$$i+_6 j=(i+j)\pmod 6$$

列出其运算表，如表 7-3 所示.

表 7-3 $\langle \mathbf{Z}_6, +_6\rangle$ 的运算

$+_6$	0	1	2	3	4	5
0	0	1	2	3	4	5
1	1	2	3	4	5	0
2	2	3	4	5	0	1
3	3	4	5	0	1	2
4	4	5	0	1	2	3
5	5	0	1	2	3	4

从表中可以看出，运算满足封闭性，满足结合律和交换律，0 是单位元，每个元都有逆元，因而 $\langle \mathbf{Z}_6, +_6\rangle$ 构成交换群. 这个群的阶数是 6，元素 0、1、2、3、4、5 的次数分别为 1、6、3、2、3、6.

【定理 7-7】设 $\langle G, *\rangle$ 是半群，则 $\langle G, *\rangle$ 是群的充分必要条件是：$\forall a, b\in G$，方程 $a*x=b$ 和 $x*a=b$ 在 G 中都有唯一解（方程的唯一可解性）.

证明：

（1）必要性证明. 设 $\langle G, *\rangle$ 是群，e 为其单位元. 因为

$$a*(a^{-1}*b)=(a*a^{-1})*b=e*b=b,\ (b*a^{-1})*a=b*(a^{-1}*a)=b*e=b$$

所以 $x=a^{-1}*b$ 是方程 $a*x=b$ 的解，$x=b*a^{-1}$ 是方程 $x*a=b$ 的解. 下面证明唯一性.

因为 $a^{-1}*b$ 是方程 $a*x=b$ 的一个解，设 c 是另一解，即 $a*c=b$，则

$$a^{-1}*b=a^{-1}*(a*c)=(a^{-1}*a)*c=c$$

从而唯一性得证.

(2) 充分性证明对某个元 $c\in G$，根据条件，方程 $x*c=c$ 有解，设其解为 e，即 $e*c=c$. 又因为 $\forall a\in G$，根据条件，方程 $c*x=a$ 有解，所以有

$$e*a=e*(c*x)=(e*c)*x=c*x=a$$

这说明 e 是左单位元. 同样可证右单位元存在，从而单位元存在.

设单位元为 e，$\forall a\in G$，由方程 $x*a=e$ 解的存在性知，a 存在左逆元，同样可知存在右逆元，所以 a 的逆元存在.

因为 $\langle G,*\rangle$ 是半群，现在又证明了其存在单位元，并且每个元都有逆元，所以 $\langle G,*\rangle$ 是群.

【例 7-3】设 $\langle G,*\rangle$ 是群，且 $|G|>1$，e 为其单位元，证明 $\langle G,*\rangle$ 中没有零元.

证明：

用反证法. 设 $\langle G,*\rangle$ 中有零元 θ，则 $\theta\neq e$，否则，对任意的 $x\in G$，有

$$x=x*e=x*\theta=\theta$$

这与 $|G|>1$ 矛盾. 因为 $\theta\neq e$，所以对任意的 $x\in G$，有

$$x*\theta=\theta*x=\theta\neq e$$

这表明零元 θ 不存在逆元，与 $\langle G,*\rangle$ 是群矛盾，所以阶数大于 1 的群无零元.

【定理 7-8】设 $\langle G,*\rangle$ 是群，则运算 $*$ 在 G 中满足消去律，即 $\forall x, y, z\in G$，有

(1) $x*y=x*z\Rightarrow y=z$;　　　(2) $y*x=z*x\Rightarrow y=z$.

证明：

设 e 为单位元，则有

$$y=e*y=(x^{-1}*x)*y=x^{-1}*(x*y)=x^{-1}*(x*z)=(x^{-1}*x)*z=z$$

即第一个式子成立. 第二个式子可同样证明.

【例 7-4】设 $\langle G,*\rangle$ 是有限群，$G=\{x_1,x_2,\cdots,x_n\}$，令

$$x_iG=\{x_i*x_j\mid j=1,2,\cdots,n\}$$

证明 $x_iG=G$.

证明：

由群中运算的封闭性知，$x_iG\subseteq G$.

假设 $x_iG\subset G$，即 $|x_iG|<n$，则必有 x_j，$x_k\in G$，使得

$$x_i*x_j=x_i*x_k(j\neq k)$$

从而由消去律得 $x_j=x_k$，矛盾，所以 $x_iG=G$.

【例 7-5】设 $\langle G,*\rangle$ 是有限群，$G=\{x_1,x_2,\cdots,x_n\}$，证明：在 $\langle G,*\rangle$ 的运算表中，同一行（列）上没有相同元素.

证明：

设 x_1 是单位元，建立该群所对应的运算表，如表 7-4 所示.

表 7-4　有限群$\langle G, * \rangle$的运算表

$*$	x_1	x_2	$\cdots$	x_k	$\cdots$	x_i	$\cdots$	x_j	$\cdots$	x_n
x_1	x_1	x_2	$\cdots$	x_k	$\cdots$	x_i	$\cdots$	x_j	$\cdots$	x_n
x_2	x_2	$\ddots$	$\cdots$	$\cdots$	$\cdots$	$\cdots$	$\cdots$	$\cdots$	$\cdots$	$\cdots$
$\vdots$	$\vdots$	$\vdots$								
x_1	x_1	$\vdots$				a		b		
$\vdots$	$\vdots$	$\vdots$								
x_i	x_i	$\vdots$		c						
$\vdots$	$\vdots$	$\vdots$								
x_j	x_j	$\vdots$		d						
$\vdots$	$\vdots$	$\vdots$								
x_n	x_n	$\vdots$								

由表 7-4 可知：

若 $a=b$，则 $x_l * x_i = x_l * x_j$，由左消去律得 $x_i = x_j$，矛盾.

若 $c=d$，则 $x_i * x_k = x_j * x_k$，由右消去律得 $x_i = x_j$，矛盾.

所以，在有限群$\langle G, * \rangle$运算表中，同一行（列）上没有相同元素.

利用这个例子的结果很容易判断一个代数结构是不是群.

【定理 7-9】 设$\langle G, * \rangle$是群，e 为其单位元，$a \in G$ 的次数为 n，即 $|a|=n$，则有：

（1） $|a| = |a^{-1}|$；

（2） $a^k = e$ 的充要条件是 k 是 n 的倍数，即 $n \mid k$；

（3） a^k 的次数等于$\dfrac{\mathrm{lcm}(k,n)}{k}$，其中 $\mathrm{lcm}(k,n)$是 k 与 n 的最小公倍数.

证明：

（1） 因为 $\forall k \in \mathbf{Z}$，有$(a^{-1})^k = (a^k)^{-1}$，所以当 $a^k = e$ 时，$(a^{-1})^k = e$；当$(a^{-1})^k = e$ 时，有$(a^k)^{-1} = e$，从而 $a^k = e$.

因此 $|a| = |a^{-1}|$.

（2） 必要条件的证明：设 $k = m \times n + i$，$0 \leqslant i \leqslant n-1$，则有

$$e = a^k = a^{m \times n + i} = (a^n)^m * a^i = e * a^i = a^i$$

因为 $|a| = n$，根据群中元的次数的定义知必有 $i=0$，即 k 是 n 的因子.

充分条件的证明：设 $k = m \times n$，显然，$a^k = a^{m \times n} = (a^n)^m = e$.

（3） 记 $p = \dfrac{\mathrm{lcm}(k,n)}{k}$，根据（1）有$(a^k)^p = a^{\mathrm{lcm}(k,n)} = e$.

另一方面，对于任意的正整数 $m<p$，因 $k \times m < k \times p = \mathrm{lcm}(k,n)$，所以 $k \times m$ 不可能是 n 的倍数，因此，根据（2）有$(a^k)^m = a^{k \times m} \neq e$.

综合这两点，再根据群中元的次数的定义，知 a^k 的次数为 $p = \dfrac{\mathrm{lcm}(k,n)}{k}$.

【例 7-6】设$\langle G,*\rangle$是群，a，$b\in G$是有限次元，证明：

(1) $|b^{-1}*a*b|=|a|$；　　(2) $|a*b|=|b*a|$.

证明：

设 G 的单位元为 e.

(1) 令$|a|=r$，$|b^{-1}*a*b|=t$. 则有

$$(b^{-1}*a*b)^r=\underbrace{(b^{-1}*a*b)*(b^{-1}*a*b)*\cdots*(b^{-1}*a*b)}_{r\text{个}}$$

$$=b^{-1}*a^r*b=b^{-1}*e*b=e$$

从而根据上面定理知，t 应是 r 的因子，即 $t\mid r$.

根据这个结论，$(b^{-1})^{-1}*(b^{-1}*a*b)*b^{-1}$的次数应是 $b^{-1}*a*b$ 的次数的因子. 而

$$(b^{-1})^{-1}*(b^{-1}*a*b)*b^{-1}=b*b^{-1}*a*b*b^{-1}=a$$

所以 a 的次数应是 $b^{-1}*a*b$ 的次数的因子，即 $r\mid t$. 从而有 $r=t$.

(2) 令$|a*b|=r$，$|b*a|=t$. 则有

$$(a*b)^{t+1}=\underbrace{(a*b)*(a*b)*\cdots*(a*b)}_{t+1\text{个}}$$

$$=a*\underbrace{(b*a)*(b*a)*\cdots*(b*a)}_{t\text{个}}*b$$

$$=a*(b*a)^t*b=a*e*b=ab$$

由消去律得$(a*b)^t=e$，从而根据上面定理可知 $r\mid t$.

同理可证 $t\mid r$，所以 $r=t$.

7.4 子群与陪集

7.4.1 子群

子群是群论中的重要概念，研究子群对把握群的内在结构具有重要作用.

【定义 7-14】设$\langle G,*\rangle$是群，H 是 G 的非空子集，如果 H 对二元运算 $*$ 构成群，则称 H 是 G 的子群.

易知，对任意的群$\langle G,*\rangle$，$\{e\}$和 G 都是其子群，这两个子群通常称为 G 的平凡子群，其他的子群则称为非平凡子群.

(1) 群$\langle \mathbf{Z},+\rangle$是群$\langle \mathbf{Q},+\rangle$的子群，群$\langle \mathbf{Q},+\rangle$是群$\langle \mathbf{R},+\rangle$的子群.

(2) 群$\langle \mathbf{Z}_6,+_6\rangle$的两个非平凡子群是$\{0,2,4\}$和$\{0,3\}$，两个平凡子群是 $\mathbf{Z}_6$ 和 $\{0\}$.

下面给出子群的 3 个判定定理.

【定理 7-10】设$\langle G,*\rangle$是群，H 是 G 的非空子集，则 H 为 G 的子群的充分必要条件是：

(1) $\forall a\in H$，有 $a^{-1}\in H$；　　(2) $\forall a$，$b\in H$，有 $a*b\in H$.

证明：

必要性是显然的. 为证明充分性，只需证明 G 的单位元 $e\in H$.

因为 H 非空，所以必存在 $a\in H$，由条件 (1) 可知 $a^{-1}\in H$，再使用条件 (2) 有 $a*a^{-1}\in$

H，即 $e \in H$.

【定理 7-11】设 $\langle G, * \rangle$ 是群，H 是 G 的非空子集，则 H 为 G 的子群的充分必要条件是：$\forall a, b \in H$，有 $a * b^{-1} \in H$.

证明：

必要性证明：$\forall a, b \in H$，由于 H 为 G 的子群，必有 $b^{-1} \in H$，因此有 $a * b^{-1} \in H$.

充分性证明：因为 H 非空，所以必存在 $c \in H$. 根据给定条件知 $c * c^{-1} \in H$，即 G 的单位元 $e \in H$.

$\forall a \in H$，由 $e, a \in H$，根据给定条件知 $e * a^{-1} \in H$，即 $a^{-1} \in H$.

$\forall a, b \in H$，由刚才的证明知 $b^{-1} \in H$，再根据给定条件得 $a * (b^{-1})^{-1} \in H$，即 $a * b \in H$.

综合上面 3 条，根据子群定义知 H 为 G 的子群.

显然，将 $a * b^{-1} \in H$ 改为 $b^{-1} * a \in H$，定理 7-11 照样成立.

【定理 7-12】设 $\langle G, * \rangle$ 是群，H 是 G 的非空子集，如果 H 是有限集，则 H 为 G 的子群的充分必要条件是：$\forall a, b \in H$，有 $a * b \in H$.

证明：

必要性是显然的. 为证明充分性，只需证明 $\forall a \in H$ 必有 $a^{-1} \in H$.

$\forall a \in H$，根据条件知，a 的任何非负整数幂都属于 H. 因为 H 是有限集，所以 a 的次数必为有限正整数，设为 m，从而

$$a^{m-1} * a = a * a^{m-1} = a^m = e$$

这说明，$a^{-1} = a^{m-1} \in H$，这里 e 为 G 的单位元.

【定理 7-13】设 $\langle G, * \rangle$ 是群，$\forall a \in G$，则 $H = \langle a \rangle = \{a^k \mid k \in \mathbf{Z}\}$ 是 G 的子群，称为由 a 生成的子群.

证明：

$\forall a^m, a^l \in H$，有

$$a^m * (a^l)^{-1} = a^m * a^{-l} = a^{m-l} \in H$$

根据定理 7-11，H 是 G 的子群.

【定理 7-14】设 $\langle G, * \rangle$ 是群，令 C 是 G 中与 G 的所有元素都可交换的元素构成的集合，即

$$C = \{a \mid a \in G \land \forall x \in G(a * x = x * a)\}$$

则 C 为 G 的子群，称为 G 的中心.

证明：

首先，由 G 的单位元 e 与 G 的所有元素都可交换知 $e \in C$，从而说明 C 是 G 的非空子集.

$\forall a, b \in C$，为证明 $a * b^{-1} \in C$，只需证明 $a * b^{-1}$ 与 G 中所有元素都可交换. $\forall x \in G$，有

$$\begin{aligned}(a * b^{-1}) * x &= a * b^{-1} * (x^{-1})^{-1} = a * (x^{-1} * b)^{-1} = a * (b * x^{-1})^{-1} = a * (x * b^{-1}) \\ &= (a * x) * b^{-1} = (x * a) * b^{-1} = x * (a * b^{-1})\end{aligned}$$

由定理 7-11 知 C 为 G 的子群.

【例 7-7】设 $\langle G, * \rangle$ 是群，H 和 K 是 G 的子群，证明：

(1) $H \cap K$ 是 G 的子群；

(2) $H \cup K$ 是 G 的子群当且仅当 $H \subseteq K$ 或 $K \subseteq H$.

证明:

(1) 由 G 的单位元 $e \in H \cap K$ 知, $H \cap K$ 非空.

$\forall a, b \in H \cap K$, 则 $a, b \in H$, $a, b \in K$. 由于 $\langle H, * \rangle$ 和 $\langle K, * \rangle$ 是子群, 所以 $a * b^{-1} \in H$, $a * b^{-1} \in K$, 从而 $a * b^{-1} \in H \cap K$. 这样, 根据定理 7-11, 命题得证.

(2) 充分性是显然的, 下面只证明必要性, 用反证法.

假设 $H \not\subseteq K$ 且 $K \not\subseteq H$, 那么存在 h 和 k, 使得

$$h \in H \land h \notin K, \ k \in K \land k \notin H$$

这就推出 $h * k \notin H$. 若不然, 由 $h^{-1} \in H$ 可得

$$k = h^{-1} * (h * k) \in H$$

与假设矛盾. 同理可证 $h * k \notin K$. 从而得到 $h * k \notin H \cup K$. 这与 $H \cup K$ 是子群矛盾.

7.4.2 陪集

【定义 7-15】设 $\langle G, * \rangle$ 是群, H 为其子群. 对 $a \in G$, 称集合 $aH = \{a * h \mid h \in H\}$ 为子群 H 相应于元素 a 的左陪集, 称集合 $Ha = \{h * a \mid h \in H\}$ 为子群 H 相应于元素 a 的右陪集.

一般情况下, 左陪集与右陪集不相同, 但若是交换群, 则它子群的左、右陪集相同.

例如, (1) 交换群 $\langle \mathbf{Z}_6, +_6 \rangle$ 的非平凡子群 $\{0,2,4\}$ 的左陪集有 2 个: $\{0,2,4\}$, $\{1,3,5\}$, 右陪集也有 2 个: $\{0,2,4\}$, $\{1,3,5\}$. 左陪集与右陪集相同.

(2) 非交换群 $\langle S_3, \circ \rangle$ 的非平凡子群 $\{\sigma_1, \sigma_2\}$ 的左陪集有 3 个: $\{\sigma_1, \sigma_2\}$, $\{\sigma_3, \sigma_6\}$, $\{\sigma_4, \sigma_5\}$, 右陪集也有 3 个: $\{\sigma_1, \sigma_2\}$, $\{\sigma_3, \sigma_5\}$, $\{\sigma_4, \sigma_6\}$. 左陪集与右陪集不相同.

【定理 7-15】设 $\langle G, * \rangle$ 是群, H 为 G 的子群, 在集合 G 上定义二元关系:

$$R = \{\langle a, b \rangle \mid a \in G \land b \in G \land b^{-1} * a \in H\}$$

则 R 是 G 上的等价关系, 且其等价类与相应的左陪集相等, 即 $[a]_R = aH$.

证明:

设 e 为 G 的单位元. 下面先证明二元关系 R 是 G 上的等价关系.

$\forall a \in G$, 由

$$a^{-1} * a = e \in H \Rightarrow \langle a, a \rangle \in R$$

可知, R 在 G 上是自反的.

$\forall a, b \in G$, 由

$$\langle a, b \rangle \in R \Rightarrow b^{-1} * a \in H \Rightarrow (b^{-1} * a)^{-1} \in H \Rightarrow (a^{-1} * b) \in H \Rightarrow \langle b, a \rangle \in R$$

可知, R 在 G 上是对称的.

$\forall a, b, c \in G$, 由

$$\langle a, b \rangle \in R \land \langle b, c \rangle \in R \Rightarrow b^{-1} * a \in H \land c^{-1} * b \in H$$
$$\Rightarrow ((c^{-1} * b) * (b^{-1} * a)) \in H \Rightarrow (c^{-1} * a) \in H \Rightarrow \langle a, c \rangle \in R$$

可知, R 在 G 上是可传递的.

综上所述, R 是 G 上的等价关系. 又因为

$$x \in [a]_R \Leftrightarrow \langle x, a \rangle \in R \Leftrightarrow a^{-1} * x \in H \Leftrightarrow \exists h(h \in H \land a^{-1} * x = h)$$
$$\Leftrightarrow \exists h(h \in H \land x = a * h) \Leftrightarrow x \in aH$$

所以，$\forall a\in G$，$[a]_R=aH$.

注意，在定理7-15中，将集合 G 上二元关系 R 的定义改为

$$R=\{\langle a,b\rangle \mid a\in G\wedge b\in G\wedge a*b^{-1}\in H\}$$

则 R 仍然是 G 上的等价关系，不过，此时的等价类与相应的右陪集相等，即$[a]_R=Ha$.

推论1 设$\langle G,*\rangle$是群，H 为其子群，则 H 的所有左陪集构成 G 的一个划分，即

（1）$\forall a$，$b\in G$，有 $aH=bH$ 或 $aH\cap bH=\phi$；

（2）$\cup\{aH\mid a\in G\}=G$.

对右陪集，相应的推论也成立.

推论2 设$\langle G,*\rangle$是群，H 为其子群，则$\forall a$，$b\in G$，有

$$a\in bH\Leftrightarrow b^{-1}*a\in H\Leftrightarrow aH=bH$$

$$a\in Hb\Leftrightarrow a*b^{-1}\in H\Leftrightarrow Ha=Hb$$

证明：

这里只证明第一个式子，第二个可同样证明. $\forall a$，$b\in G$，因为

$$b^{-1}*a\in H\Leftrightarrow\langle a,b\rangle\in R\Leftrightarrow a\in[b]_R\Leftrightarrow a\in bH$$

$$b^{-1}*a\in H\Leftrightarrow\langle a,b\rangle\in R\Leftrightarrow[a]_R=[b]_R\Leftrightarrow aH=bH$$

所以第一个式子成立.

【定理7-16】设$\langle G,*\rangle$是群，H 为其子群，则$\forall a\in G$，集合 H 与左陪集 aH 和右陪集 Ha 等势，即 $H\sim aH$，$H\sim Ha$.

证明：

这里只证明 $H\sim aH$，用同样的方法可以证明 $H\sim Ha$. 为了证明两个集合等势，我们只需构造一个 $H\to aH$ 的双射函数即可. 现定义函数 g：$\forall h\in H$，$g(h)=a*h$. 显然，g 是满射函数. 如果 h_1，$h_2\in H$，且 $a*h_1=a*h_2$，则

$$h_1=(a^{-1}*a)*h_1=a^{-1}*(a*h_1)=a^{-1}*(a*h_2)=(a^{-1}*a)*h_2=h_2$$

所以 g 还是单射函数，从而 g 是双射函数，这就完成了证明.

【定理7-17】设$\langle G,*\rangle$是群，H 为其子群，则 H 的所有左陪集组成的集合 $S_l=\{aH\mid a\in G\}$ 和所有右陪集组成的集合 $S_r=\{Ha\mid a\in G\}$ 等势，即 $S_l\sim S_r$.

证明：

为了证明两个集合等势，我们来构造一个 $S_l\to S_r$ 的双射函数. 定义 g：

$$\forall aH\in S_l,g(aH)=H*a^{-1}$$

（1）g 确实是 $S_l\to S_r$ 的函数. 事实上，根据定理7-15的推论2，有

$$aH=bH\Leftrightarrow b^{-1}*a\in H\Leftrightarrow b^{-1}*(a^{-1})^{-1}\in H\Leftrightarrow Hb^{-1}=Ha^{-1}$$

所以 g 是单值的、单射的，故 g 是 $S_l\to S_r$ 的单射函数.

（2）g 是满射. $\forall Ha\in S_r$，$g(a^{-1}H)=H(a^{-1})^{-1}=Ha$.

综合上面的（1）（2）知 g 是 $S_l\to S_r$ 的双射函数，所以 $S_l\sim S_r$.

【定义7-16】群$\langle G,*\rangle$的子群 H 的左（右）陪集组成的集合的基数称为 H 在 G 中的指数，记作$[G:H]$.

对于有限群，H 在 G 中的指数$[G:H]$和群 G 的阶数$|G|$及子群 H 的阶数$|H|$有着密切

关系，这就是著名的拉格朗日定理.

【定理 7-18】设$\langle G, * \rangle$是群，H为其子群，则

$$|G| = [G:H] \times |H|$$

即子群的阶数一定是群的阶数的因子（拉格朗日定理）.

证明：

设$[G:H]=r, a_1H, a_2H, \cdots, a_rH$分别是$H$的$r$个不同的左陪集，根据定理 7-15 的推论 1 有

$$G = a_1H \cup a_2H \cup \cdots \cup a_rH$$

且这r个左陪集是两两不相交的，所以有

$$|G| = |a_1H| + |a_2H| + \cdots + |a_rH|$$

由定理 7-16 可知，$|a_iH| = |H|$，$i=1,2,\cdots,r$，所以

$$|G| = r \times |H| = [G:H] \times |H|$$

推论 1 设$\langle G, * \rangle$是n阶群，$\forall a \in G$，则$|a|$是n的因子，且有$a^n=e$.

证明：

因为$\langle G, * \rangle$是有限群，所以a只能是有限次元，设$|a|=r$，则$H=\langle a \rangle = \{e, a, a^2, \cdots, a^{r-1}\}$是$\langle G, * \rangle$的子群，从而根据拉格朗日定理，知$|a|=r$是$n$的因子. 既然$|a|$是$n$的因子，那么根据定理 7-9，就有$a^n=e$.

推论 2 设$\langle G, * \rangle$是n阶群，n为质数，则存在$a \in G$，使得$G=\langle a \rangle$.

证明：

不妨设$n \geqslant 2$，因为n是质数，所以n只有因子 1 和n. 任取不是单位元e的元素$a \in G$，根据推论 1，知a的次数是n的因子，因$a \neq e$，所以a的次数等于n. 这样，子群$\langle a \rangle = \{e, a, a^2, \cdots, a^{n-1}\}$的元素个数与$G$的元素个数一样，所以$G=\langle a \rangle$.

要注意的是，根据推论 1，有限群的元素次数一定是群的阶数的因子，但反之不一定成立. 同样地，根据拉格朗日定理，有限群子群的阶数一定是群的阶数的因子，但反之也不一定成立.

群$\langle \mathbf{Z}_6, +_6 \rangle$的阶数是$|\mathbf{Z}_6|=6$，两个非平凡子群$\{0,2,6\}$，$\{0,3\}$的阶数分别是 3 和 2，满足拉格朗日定理.

7.4.3 正规子群与商群

【定义 7-17】设$\langle G, * \rangle$是群，H是其子群，如果$\forall a \in G$，都有$aH=Ha$，则称H是G的正规子群.

下面给出有关正规子群的判定定理.

【定理 7-19】设$\langle G, * \rangle$是群，H是其子群，则有：

（1）H是正规子群当且仅当对任意的$a \in G$，$h \in H$，都有$a * h * a^{-1} \in H$；

（2）H是正规子群当且仅当对任意的$a \in G$，都有$aHa^{-1}=H$.

证明：

我们仅证（1），（2）留给读者去思考.

必要性证明. 任取$a \in G$，$h \in H$，由$aH=Ha$可知，存在$h_1 \in H$，使得$a * h = h_1 * a$，从

而有

$$a*h*a^{-1}=h_1*a*a^{-1}=h_1\in H$$

充分性证明，即证明$\forall a\in G$有$aH=Ha$.

任取$a*h\in aH$，由$a*h*a^{-1}\in H$可知，存在$h_1\in H$，使得$a*h*a^{-1}=h_1$，从而得$a*h=h_1*a\in Ha$，这就推出了$aH\subseteq Ha$.

反之，任取$h*a\in Ha$，由于$a^{-1}\in G$，所以也有$a^{-1}*h*(a^{-1})^{-1}\in H$，故存在$h_1\in H$，使得$a^{-1}*h*a=h_1$，从而得$h*a=a*h_1\in aH$，这就推出了$Ha\subseteq aH$.

综上所述，$\forall a\in G$，$aH=Ha$.

若将定理7-19中的$a*h*a^{-1}\in H$改为$a^{-1}*h*a\in H$，$aHa^{-1}=H$改为$aHa^{-1}=H$，定理照样成立.

显然，任何群$\langle G,*\rangle$的平凡子群$\{e\}$和G都是正规子群；交换群的任一子群都是正规子群.

【例7-8】设$\langle G,*\rangle$是群，H是其子群，若H在G中的指数$[G:H]=2$，则H是正规子群.

证明：

任取$a\in G$，若$a\in H$，则$H\cap aH\neq\varnothing$，$H\cap Ha\neq\varnothing$，根据陪集的性质有

$$aH=H=Ha$$

若$a\notin H$，则$Ha\neq h$，$H\neq Ha$，根据陪集的性质有

$$H\cap aH=\varnothing,\quad H\cap Ha=\varnothing$$

由$[G:H]=2$可知

$$G=H\cup aH,\quad G=H\cup Ha$$

从而，$aH=G\setminus H=Ha$.这就证明了H是群G的正规子群.

【定理7-20】设$\langle G,*\rangle$是群，H是其正规子群，令G/H是H在G中的全体左陪集（或右陪集）构成的集合，即

$$G/H=\{aH\mid a\in G\}$$

在G/H上定义$\otimes$如下：

$$\forall aH,bH\in G/H,aH\otimes bH=(a*b)H$$

则$\langle G/H,\otimes\rangle$构成群，称为$G$关于$H$的商群.

证明：

（1）必须验证$\otimes$确实是G/H上的二元运算，即证明若$aH=xH$，$bH=yH$，有$aH\otimes bH=xH\otimes yH$. 事实上，根据定理7-15的推论2，由$aH=xH$，$bH=yH$可推出$x^{-1}*a\in H$，$y^{-1}*b\in H$. 又因为$H$是$G$的正规子群，所以根据定理7-19知$y^{-1}*(x^{-1}*a)*y\in H$，从而

$$(x*y)^{-1}*(a*b)=y^{-1}*(x^{-1}*a)*b=(y^{-1}*(x^{-1}*a)*y)*(y^{-1}*b)\in H$$

再次利用定理7-15的推论2，我们有$(a*b)H=(x*y)H$，即$aH\otimes bH=xH\otimes yH$，所以$\langle G/H,\otimes\rangle$是代数系统.

（2）G/H对运算$\otimes$满足结合律. 事实上，对任意的aH，bH，$cH\in G/H$，有

$$\begin{aligned}(aH\otimes bH)\otimes cH&=(a*b)H\otimes cH=((a*b)*c)H=(a*(b*c))H\\&=aH\otimes(b*c)H=aH\otimes(bH\otimes cH)\end{aligned}$$

(3) $\langle G/H,\otimes\rangle$有单位元$H$，对任何元素$aH$有逆元$a^{-1}H$，所以$\langle G/H,\otimes\rangle$是群.

例如，(1) $H=\{[0],[3]\}$是群$\langle \mathbf{Z}_6,+\rangle$的正规子群，相应的商群为

$$\mathbf{Z}_6/H=\{\{[0],[3]\},\{[1],[4]\},\{[2],[5]\}\}$$

(2) $H=\{\sigma_1,\sigma_5,\sigma_6\}$是3元对称群$\langle S_3,\circ\rangle$的正规子群，相应的商群为

$$S_3/H=\{\{\sigma_1,\sigma_5,\sigma_6\},\{\sigma_2,\sigma_3,\sigma_4\}\}$$

7.4.4 群同态与同构

根据定理7-2，若$\langle G,*\rangle$，$\langle H,\cdot\rangle$是群，ϕ是从G到H的同态映射，则$\langle\phi(G),\cdot\rangle$是$\langle H,\cdot\rangle$的子群. 更进一步，有下面的定理.

【定理7-21】 设ϕ是群$\langle G,*\rangle$到群$\langle H,\cdot\rangle$的同态映射，N是G的子群，则有：

(1) $\phi(N)$是H的子群；

(2) 若N是G的正规子群，且ϕ是满同态，则$\phi(N)$是H的正规子群.

证明：

(1) 设e是G的单位元，则$\phi(e)\in\phi(N)$是$\phi(G)$的单位元，当然也是$\phi(G)$的单位元；另外，$\forall\phi(a)$，$\phi(b)\in\phi(N)$，有$\phi(a)\cdot\phi(b)=\phi(a*b)\in\phi(N)$，即满足封闭性；$\forall\phi(a)\in\phi(N)$，有逆元$\phi(a^{-1})\in\phi(N)$. 所以，$\phi(N)$是$H$的子群.

(2) $\forall x\in\phi(N)$，存在$a\in N$，使得$\phi(a)=x$，$\forall y\in H$，因为ϕ是满同态，所以也存在$b\in G$使得$\phi(b)=y$，所以

$$y\cdot x\cdot y^{-1}=\phi(b)\cdot\phi(a)\cdot\phi(b)^{-1}=\phi(b)\cdot\phi(a)\cdot\phi(b^{-1})=\phi(b*a*b^{-1})$$

因为N是正规子群，所以$b*a*b^{-1}\in N$，因此$y\cdot x\cdot y^{-1}\in\phi(N)$，根据正规子群的判定定理知，$\phi(N)$ 是H的正规子群.

【定义7-18】 设ϕ是从群$\langle G,*\rangle$到群$\langle H,\cdot\rangle$的同态映射，e'是H的单位元，称

$$\ker(\phi)=\{x\mid x\in G\wedge\phi(x)=e'\}$$

为同态核.

【定理7-22】 设ϕ是从群$\langle G,*\rangle$到群$\langle H,\cdot\rangle$的同态映射，e为G的单位元，则有：

(1) 同态核$\ker(\phi)$是G的正规子群；(2) ϕ是单同态当且仅当$\ker(\phi)=\{e\}$.

证明：

(1) 因为$e\in\ker(\phi)$，所以$\ker(\phi)$ 非空，$\forall a$，$b\in\ker(\phi)$，设e'为H的单位元，则

$$\phi(a*b^{-1})=\phi(a)\cdot\phi(b^{-1})=\phi(a)\cdot\phi(b)^{-1}=e'\cdot e'=e'$$

因此，$a*b^{-1}\in\ker(\phi)$，根据子群的判定定理，知$\ker(\phi)$是G的子群.

下面证明$\ker(\phi)$是正规子群. $\forall x\in\ker(\phi)$，$\forall y\in G$，则

$$\phi(y*x*y^{-1})=\phi(y)\cdot\phi(x)\cdot\phi(y^{-1})=\phi(y)\cdot e'\cdot\phi(y^{-1})=\phi(y*y^{-1})=\phi(e)=e'$$

所以$y*x*y^{-1}\in\ker(\phi)$，根据正规子群的判定定理，知$\ker(\phi)$是G的正规子群.

(2) 必要性证明：根据函数的单射定义即得.

充分性证明：$\forall a$，$b\in G$，根据$\ker(\phi)=\{e\}$，有

$$\phi(a)=\phi(b)\Rightarrow\phi(b)^{-1}\cdot\phi(a)=e'\Rightarrow\phi(b^{-1}*a)=e'\Rightarrow b^{-1}*a=e\Rightarrow a=b$$

这就表明ϕ是单同态的.

【定理7-23】 群同态基本定理：设$\langle G,*\rangle$是群.

(1) 若 N 是 G 的正规子群，则商群 $\langle G/H,\otimes\rangle$ 是 $\langle G,*\rangle$ 的同态像.

(2) 若群 $\langle H,\cdot\rangle$ 是 $\langle G,*\rangle$ 的同态像，则商群 $\langle G/\ker(\phi),\otimes\rangle$ 同构于 $\langle H,\cdot\rangle$.

证明：

(1) 定义自然映射 ϕ：$G\to G/N$ 如下：

$$\phi(a)=aN,\ \forall a\in G$$

易知它是从群 G 到商群 G/H 的同态，称为自然同态. 且 ϕ 是满同态映射，即 G/H 是 G 的同态像，

(2) 设 G 到其同态像 H 的映射为 f，$K=\ker(f)$，e' 为 H 的单位元，定义 g：$G/K\to H$ 如下：

$$g(aK)=f(a),\ \forall aK\in G/K$$

因为

$$aK=bK\Leftrightarrow b^{-1}*a\in K\Leftrightarrow f(b^{-1}*a)=e'\Leftrightarrow f(b)^{-1}\cdot f(a)=e'$$
$$\Leftrightarrow f(a)=f(b)\Leftrightarrow g(aK)=g(bK)$$

这就证明了 g 是单值的，即 g 是一个映射，同时又证明了 g 是单射.

因为 f 是从 G 到其同态像 H 的映射，所以不难证明 g 是满同态映射，加上上面证明的单射性知 g 是同构映射，即商群 $G/\ker(\phi)$ 同构于 H.

7.5 循环群、置换群

本节介绍两种特殊的群：循环群和置换群，它们是群中被研究得最彻底的两种群.

7.5.1 循环群

【定义 7-19】 设 $\langle G,*\rangle$ 是群，若 $\exists a\in G$，使得 $\forall x\in G$，都有 $x=a^k$(k 为整数)，则称 $\langle G,*\rangle$ 是循环群，a 为这个循环群的生成元，并记为 $G=\langle a\rangle$.

显然，循环群一定是交换群. 循环群 $G=\langle a\rangle$ 按生成元的次数可以分为两类：n 阶循环群和无限循环群.

若 a 是 n 次元，则 $G=\langle a\rangle$ 是 n 阶循环群，此时

$$G=\langle a\rangle=\{a^0=e,a^1,a^2,\cdots,a^{n-1}\}$$

若 a 是无限次元，则 $G=\langle a\rangle$ 是无限循环群，此时

$$G=\langle a\rangle=\{a^0=e,a^{\pm1},a^{\pm2},\cdots\}$$

【定理 7-24】 设 $G=\langle a\rangle$ 是循环群，$a^0=e$ 为单位元.

(1) 若 a 是无限次元，即 $G=\{e,a^{\pm1},a^{\pm2},\cdots\}$，则 G 中只有两个生成元，为 a 和 a^{-1}.

(2) 若 a 是 n 次元，即 $G=\{a^0=e,a^1,a^2,\cdots,a^{n-1}\}$，则 $a^k(1\leqslant k\leqslant n,a^n=e)$ 是生成元的充要条件是 k 与 n 互质. 即 G 中只有 $\phi(n)$ 个生成元，这里 $\phi(n)$ 是欧拉函数，它是小于或等于 n 且与 n 互质的正整数的个数.

证明：

(1) 因为 $G=\{a^0=e,a^{\pm1},a^{\pm2},\cdots\}$，所以 a 和 a^{-1} 显然是 G 的生成元. 下面证明 G 的生成

元只有 a 和 a^{-1}.

若 a^k 是生成元，则因为 $a\in G$，所以存在整数 r，使得 $a=(a^k)^r=a^{k\times r}$，根据 G 中的消去律，得到 $a^{k\times r-1}=e$. 又由于 a 是无限次元，所以必有 $k\times r=1$，从而证明了 $k=r=1$ 或 $k=r=-1$，即 a^k 是 a 或 a^{-1}. 所以，G 的生成元只有 a 和 a^{-1}.

(2) 用 $\langle a^k\rangle$ 表示 a^k 的所有幂组成的集合，显然，$\langle a^k\rangle\subseteq\langle a\rangle=G$，而 $|G|=n$.

根据定理 7-9，a^k 的次数为$\dfrac{\mathrm{lcm}(k,n)}{k}$，这里 $\mathrm{lcm}(k,n)$ 是 k 与 n 的最小公倍数. 当 k 与 n 互质时，a^k 的次数为 n，则 $|\langle a^k\rangle|=n$，所以 $\langle a^k\rangle=G$，即 a^k 是 G 的生成元；当 k 与 n 不互质时，a^k 的次数小于 n，则 $|\langle a^k\rangle|<n$，所以 $\langle a^k\rangle\subset G$，即 a^k 不是 G 的生成元.

例如，(1) $\langle \mathbf{Q},+\rangle$，$\langle \mathbf{R},+\rangle$ 都是交换群，但都不是循环群，$\langle \mathbf{Z},+\rangle$ 是无限循环群，1 和 -1 是其生成元.

(2) 设 $G=3\mathbf{Z}=\{3\times n\mid n\in\mathbf{Z}\}$，$G$ 上的运算是普通加法，则 G 是无限阶循环群，3 和 -3 是其生成元.

(3) $\langle \mathbf{Z}_6,+_6\rangle$ 是 6 阶循环群，令 $a=1$，则 $\mathbf{Z}_6=\langle a\rangle$，$|a|=6$. 小于等于 6 且与 6 互质的正整数是 1 和 5，根据定理 7-24，$a=1$ 和 $a^5=5$ 是其生成元.

考察 $a^5=5$，根据定理 7-9，元素 5 的次数为$\dfrac{\mathrm{lcm}(5,6)}{5}=6$，即 5 可生成 6 个不同元素：$5^0=5$，$5^1=5$，$5^2=4$，$5^3=3$，$5^4=2$，$5^5=1$，$5^6=0$，$\cdots$. 这表明元素 5 确实是生成元.

再考察 $a^3=3$，根据定理 7-9，元素 3 的次数为$\dfrac{\mathrm{lcm}(3,6)}{3}=2$，即 3 只生成 2 个不同元素：$3^0=0$，$3^1=3$，$3^2=0$，$3^3=3$，$3^4=0$，$3^5=3$，$\cdots$. 这表明元素 3 确实不是生成元.

(4) 设 $G=\{e,a,a^2,\cdots,a^{11}\}$ 是 12 阶循环群，即 $|a|=12$. 小于或等于 12 且与 12 互质的正整数是 1，5，7，11，根据定理 7-24，a，a^5，a^7，a^{11} 是 G 的生成元.

根据拉格朗日定理的推论 2，任何质数阶群都是循环群.

【例 7-9】 若 G 是 n 阶循环群，证明：对 n 的任何因子 m，都有 G 的元素 c，使得 $|c|=m$.

证明：

不妨设 $G=\langle a\rangle$，$n=m\times k$，根据定理 7-9 知，a^k 的次数等于$\dfrac{\mathrm{lcm}(k,n)}{k}=m$，即 $|a^k|=m$. 命题得证.

7.5.2 置换群

【定义 7-20】 设 $S=\{1,2,\cdots,n\}$ 为 n 个元素的集合，S 上的双射函数 $\boldsymbol{\sigma}$：$S\to S$ 称为 S 上的 n 元置换，n 元置换一般记为

$$\boldsymbol{\sigma}=\begin{bmatrix}1 & 2 & \cdots & n\\ \sigma(1) & \sigma(2) & \cdots & \sigma(n)\end{bmatrix}$$

例如，设 $S=\{1,2,3\}$，则 S 上的 3 元置换共有 $3!=6$ 个，如下所示：

$$\boldsymbol{\sigma}_1=\begin{bmatrix}1&2&3\\1&2&3\end{bmatrix},\ \boldsymbol{\sigma}_2=\begin{bmatrix}1&2&3\\2&1&3\end{bmatrix},\ \boldsymbol{\sigma}_3=\begin{bmatrix}1&2&3\\3&2&1\end{bmatrix}$$

$$\boldsymbol{\sigma}_4=\begin{bmatrix}1&2&3\\1&3&2\end{bmatrix},\ \boldsymbol{\sigma}_5=\begin{bmatrix}1&2&3\\2&3&1\end{bmatrix},\ \boldsymbol{\sigma}_6=\begin{bmatrix}1&2&3\\3&1&2\end{bmatrix}$$

根据所学内容，函数的复合满足结合律；又因为双射函数的复合仍然是双射函数，于是有如下结论.

【定义 7-21】设 $\boldsymbol{\sigma}$ 和 $\boldsymbol{\tau}$ 是 $S=\{1,2,\cdots,n\}$ 上的 n 元置换，则 $\boldsymbol{\sigma}$ 和 $\boldsymbol{\tau}$ 的复合 $\boldsymbol{\sigma}\circ\boldsymbol{\tau}$ 也是 S 上的 n 元置换，称为 $\boldsymbol{\sigma}$ 与 $\boldsymbol{\tau}$ 的乘积，记作 $\boldsymbol{\sigma}\,\boldsymbol{\tau}$. 若用 S_n 表示 S 上所有置换组成的集合，则 S_n 关于置换的乘法构成群，称为 n 元对称群.

例如，5 元置换

$$\boldsymbol{\sigma}=\begin{bmatrix}1&2&3&4&5\\5&3&2&1&4\end{bmatrix}\quad\boldsymbol{\tau}=\begin{bmatrix}1&2&3&4&5\\4&3&1&2&5\end{bmatrix}$$

的乘积

$$\boldsymbol{\sigma}\,\boldsymbol{\tau}=\begin{bmatrix}1&2&3&4&5\\5&1&3&4&2\end{bmatrix}\quad\boldsymbol{\tau}\boldsymbol{\sigma}=\begin{bmatrix}1&2&3&4&5\\1&2&5&3&4\end{bmatrix}$$

上文给出了集合 $S=\{1,2,3\}$ 上的所有置换 $\boldsymbol{\sigma}_1$、$\boldsymbol{\sigma}_2$、$\boldsymbol{\sigma}_3$、$\boldsymbol{\sigma}_4$、$\boldsymbol{\sigma}_5$、$\boldsymbol{\sigma}_6$，共$3!=6$个. 设 $S_3=\{\boldsymbol{\sigma}_1,\boldsymbol{\sigma}_2,\boldsymbol{\sigma}_3,\boldsymbol{\sigma}_4,\boldsymbol{\sigma}_5,\boldsymbol{\sigma}_6\}$，则$\langle S_3,\circ\rangle$构成群，即 3 元对称群，这个群的运算表如表 7-5 所示.

表 7-5 $\langle S_3,\circ\rangle$的运算表

$\circ$	$\boldsymbol{\sigma}_1$	$\boldsymbol{\sigma}_2$	$\boldsymbol{\sigma}_3$	$\boldsymbol{\sigma}_4$	$\boldsymbol{\sigma}_5$	$\boldsymbol{\sigma}_6$
$\boldsymbol{\sigma}_1$	$\boldsymbol{\sigma}_1$	$\boldsymbol{\sigma}_2$	$\boldsymbol{\sigma}_3$	$\boldsymbol{\sigma}_4$	$\boldsymbol{\sigma}_5$	$\boldsymbol{\sigma}_6$
$\boldsymbol{\sigma}_2$	$\boldsymbol{\sigma}_2$	$\boldsymbol{\sigma}_1$	$\boldsymbol{\sigma}_5$	$\boldsymbol{\sigma}_6$	$\boldsymbol{\sigma}_3$	$\boldsymbol{\sigma}_4$
$\boldsymbol{\sigma}_3$	$\boldsymbol{\sigma}_3$	$\boldsymbol{\sigma}_6$	$\boldsymbol{\sigma}_1$	$\boldsymbol{\sigma}_5$	$\boldsymbol{\sigma}_4$	$\boldsymbol{\sigma}_2$
$\boldsymbol{\sigma}_4$	$\boldsymbol{\sigma}_4$	$\boldsymbol{\sigma}_5$	$\boldsymbol{\sigma}_6$	$\boldsymbol{\sigma}_1$	$\boldsymbol{\sigma}_2$	$\boldsymbol{\sigma}_3$
$\boldsymbol{\sigma}_5$	$\boldsymbol{\sigma}_5$	$\boldsymbol{\sigma}_4$	$\boldsymbol{\sigma}_2$	$\boldsymbol{\sigma}_3$	$\boldsymbol{\sigma}_6$	$\boldsymbol{\sigma}_1$
$\boldsymbol{\sigma}_6$	$\boldsymbol{\sigma}_6$	$\boldsymbol{\sigma}_3$	$\boldsymbol{\sigma}_4$	$\boldsymbol{\sigma}_2$	$\boldsymbol{\sigma}_1$	$\boldsymbol{\sigma}_5$

从表中可以看出，$\boldsymbol{\sigma}_1$ 是单位元，每个元都有逆元，元素 $\boldsymbol{\sigma}_1$、$\boldsymbol{\sigma}_2$、$\boldsymbol{\sigma}_3$、$\boldsymbol{\sigma}_4$、$\boldsymbol{\sigma}_5$、$\boldsymbol{\sigma}_6$ 的逆元分别是 $\boldsymbol{\sigma}_1$、$\boldsymbol{\sigma}_2$、$\boldsymbol{\sigma}_3$、$\boldsymbol{\sigma}_4$、$\boldsymbol{\sigma}_5$、$\boldsymbol{\sigma}_6$，次数分别为 1、2、2、2、3、3.

【定义 7-22】 n 元对称群的任何子群都称为 n 元置换群.

例如，3 元对称群$\langle S_3,\circ\rangle$的 4 个非平凡子群是：$\{\boldsymbol{\sigma}_1,\boldsymbol{\sigma}_2\}$，$\{\boldsymbol{\sigma}_1,\boldsymbol{\sigma}_3\}$，$\{\boldsymbol{\sigma}_1,\boldsymbol{\sigma}_4\}$，$\{\boldsymbol{\sigma}_1,\boldsymbol{\sigma}_5,\boldsymbol{\sigma}_6\}$，2 个平凡子群是 S_3 和$\{\boldsymbol{\sigma}_1\}$，它们都是 3 元置换群.

【定理 7-25】任何有限群都同构于一个置换群.

证明：

设$\langle G,*\rangle$是一个 n 阶有限群，e 是$\langle G,*\rangle$的单位元. $\forall a\in G$，用元 a 定义一个 $G\to G$ 的函数 f_a：

$$f_a(x)=x*a,\forall x\in G$$

则 f_a 是 G 上的一个置换，即它是双射. 事实上，因为群$\langle G,*\rangle$满足可消去性，即$f_a(x_1)=$

$f_a(x_2) \Rightarrow x_1 = x_2$，所以 f_a 是单射；$\forall y \in G$，存在 $y * a^{-1} \in G$，使得 $f_a(y * a^{-1}) = y * a^{-1} * a = y$，所以 f_a 是满射.

令 $H = \{f_a \mid a \in G\}$，则它是 n 元对称群集合 S_n 的子集. 下面证明它在复合运算∘下构成群，即 $\langle H, \circ \rangle$ 是 n 阶置换群. 事实上，因为

$$f_a \circ f_b(x) = f_b(f_a(x)) = f_b(x * a) = (x * a) * b = x * (a * b) = f_{a*b}(x)$$

即 $f_a \circ f_b(x) \in H$，满足封闭性. 且 f_e 是 $\langle H, \circ \rangle$ 的单位元，H 中的任何元素 f_a 都有逆元 $f_{a^{-1}}$，所以 $\langle H, \circ \rangle$ 是 n 元对称群 $\langle S_n, \circ \rangle$ 的一个子群，即它是一个 n 元置换群.

最后，定义映射 g：$G \to H$ 如下：

$$g(a) = f_a, \forall a \in G$$

下面证明 g 是一个同构映射. 事实上，g 显然是一个映射，且因为

$$g(a * b) = f_{a*b} = f_a \circ f_b = g(a) \circ g(b)$$

所以 g 是一个同态映射. 又因为 $\langle G, * \rangle$ 满足可消去性，所以

$$g(a) = g(b) \Rightarrow f_a = f_b \Rightarrow f_a(x) = f_b(x), \forall x \in G \Rightarrow x * a = x * b, \forall x \in G \Rightarrow a = b$$

即 g 是单射，再加上 g 显然是满射，所以 g 是同构映射.

【例 7-10】 如图 7-1 所示，一个 2×2 的方格棋盘可以围绕它的中心进行旋转，也可以围绕它的对称轴进行翻转，但经过旋转或翻转后仍要与原来的方格重合（方格中的数字可以改变）. 如果把每种旋转或翻转看作是作用在 $\{1,2,3,4\}$ 上的置换，求所有这样的置换，并证明它构成一个置换群.

1	2
4	3

图 7-1 例 7-10 图

解：

所有的这样的置换如下：

$\boldsymbol{\sigma}_1 = [1]$ 恒等置换

$\boldsymbol{\sigma}_2 = [1\ 2\ 3\ 4]$ 逆时针旋转 90°

$\boldsymbol{\sigma}_3 = [1\ 3][2\ 4]$ 逆时针旋转 180°

$\boldsymbol{\sigma}_4 = [1\ 4\ 3\ 2]$ 逆时针旋转 270°

$\boldsymbol{\sigma}_5 = [1\ 2][3\ 4]$ 围绕垂直轴翻转 180°

$\boldsymbol{\sigma}_6 = [1\ 4][2\ 3]$ 围绕水平轴翻转 180°

$\boldsymbol{\sigma}_7 = [2\ 4]$ 围绕对角线轴翻转 180°

$\boldsymbol{\sigma}_8 = [1\ 3]$ 围绕另一个对角线轴翻转 180°

令 D_4 是这 8 个置换组成的集合，它的运算表（相对于置换乘法）如表 7-6 所示. 从表中可以看出，运算满足封闭性，$\boldsymbol{\sigma}_1$ 是单位元，且

$$\boldsymbol{\sigma}_1^{-1} = \boldsymbol{\sigma}_1,\ \boldsymbol{\sigma}_2^{-1} = \boldsymbol{\sigma}_4,\ \boldsymbol{\sigma}_3^{-1} = \boldsymbol{\sigma}_3,\ \boldsymbol{\sigma}_4^{-1} = \boldsymbol{\sigma}_2$$

$$\boldsymbol{\sigma}_5^{-1} = \boldsymbol{\sigma}_5,\ \boldsymbol{\sigma}_6^{-1} = \boldsymbol{\sigma}_6,\ \boldsymbol{\sigma}_7^{-1} = \boldsymbol{\sigma}_7,\ \boldsymbol{\sigma}_8^{-1} = \boldsymbol{\sigma}_8$$

表 7-6　$\langle D_4, \circ \rangle$ 的运算表

$\circ$	σ_1	σ_2	σ_3	σ_4	σ_5	σ_6	σ_7	σ_8
σ_1	σ_1	σ_2	σ_3	σ_4	σ_5	σ_6	σ_7	σ_8
σ_2	σ_2	σ_3	σ_4	σ_1	σ_7	σ_8	σ_6	σ_5
σ_3	σ_3	σ_4	σ_1	σ_2	σ_6	σ_5	σ_8	σ_7
σ_4	σ_4	σ_1	σ_2	σ_3	σ_8	σ_7	σ_5	σ_6
σ_5	σ_5	σ_8	σ_6	σ_7	σ_1	σ_3	σ_4	σ_2
σ_6	σ_6	σ_7	σ_5	σ_8	σ_3	σ_1	σ_2	σ_4
σ_7	σ_7	σ_5	σ_8	σ_6	σ_2	σ_4	σ_1	σ_3
σ_8	σ_8	σ_6	σ_7	σ_5	σ_4	σ_2	σ_3	σ_1

即每个元都有逆元. 又因为置换乘法满足结合律，所以 D_4 在置换乘法下构成群. 它显然是 4 阶对称群的子群，即 4 元置换群.

7.6　环与域

环和域是具有 2 个二元运算的代数系统，习惯上，我们用+（加法）和×（乘法）表示，但实际上这里的+和×是抽象意义下的 2 个二元运算，并不是不同意义下的加法和乘法运算.

7.6.1　环

【定义 7-23】设 $\langle R, +, \times \rangle$ 是代数系统，+和×是 R 上的二元运算. 如果满足以下 3 个条件：

（1）$\langle R, + \rangle$ 构成交换群；

（2）$\langle R, \times \rangle$ 构成半群；

（3）运算×关于运算满足分配律，

则称 $\langle R, +, \times \rangle$ 是环.

为了区别环中的两个运算，通常称运算+为环中的加法，运算×为环中的乘法.

为了今后叙述方便，将环中加法的单位元记作 0，如果乘法的单位元存在的话，则记作 1. 对任何环中的元素 x，称 x 的加法逆元为负元，记作 $-x$. 若 x 存在乘法逆元的话，则称它为逆元，记作 x^{-1}. 类似地，针对环中的加法，用 $x-y$ 表示 $x+(-y)$，nx 表示 $\underbrace{x+x+\cdots+x}_{n个x}$，即 x 的 n 次加法幂，而 n 次乘法幂仍用 x^n 表示，并且在不引起混淆的情况下用 xy 表示 $x \times y$.

（1）整数集 $\mathbf{Z}$、有理数集 $\mathbf{Q}$、实数集 $\mathbf{R}$ 和复数集 $\mathbf{C}$ 关于普通的加法和乘法构成环 $\langle \mathbf{Z}, +, \times \rangle$，$\langle \mathbf{Q}, +, \times \rangle$，$\langle \mathbf{R}, +, \times \rangle$ 和 $\langle \mathbf{C}, +, \times \rangle$，分别称为整数环、有理数环、实数环和复数环.

（2）n 阶（$n \geqslant 2$）实矩阵集合 $\boldsymbol{M}_n(\mathbf{R})$ 关于矩阵加法和乘法构成环 $\langle \boldsymbol{M}_n(\mathbf{R}), +, \times \rangle$，称为 n 阶实矩阵环.

（3）集合 A 的幂集 $p(A)$ 关于集合的对称差运算和并运算构成环 $\langle p(A),\oplus,\cup\rangle$.

（4）$\mathbf{Z}_m=\{0,1,\cdots,m-1\}$ 关于模 m 加法 $+_m$ 和模 m 乘法 $\times_m$ 构成环 $\langle\mathbf{Z}_m,+_m,\times_m\rangle$，称为模 m 的整数环.

【例 7-11】设 $\langle R,+,\times\rangle$ 是环，证明：

（1）$\forall a\in R$，$a0=0a=0$；

（2）$\forall a_1,a_2,\cdots,a_n,b_1,b_2,\cdots,b_m\in R$，有

$$\left(\sum_{i=1}^{n}a_i\right)\left(\sum_{j=1}^{m}b_j\right)=\sum_{i=1}^{n}\sum_{j=1}^{m}(a_ib_j)$$

证明：

（1）$\forall a\in R$，有

$$a0=a(0+0)=a0+a0$$

因为 $\langle R,+\rangle$ 构成群，从而满足消去律，所以有 $a0=0$. 同理可证 $0a=0$.

（2）先证 $\forall a_1,a_2,\cdots,a_n,b\in R$，有

$$\left(\sum_{i=1}^{n}a_i\right)b=\sum_{i=1}^{n}(a_ib)$$

对 n 进行归纳证明. 当 $n=1$ 时，等式显然成立.

假设 $\left(\sum_{i=1}^{n}a_i\right)b=\sum_{i=1}^{n}(a_ib)$ 成立，则有

$$\begin{aligned}\left(\sum_{i=1}^{n+1}a_i\right)b&=\left(\sum_{i=1}^{n}a_i+a_{n+1}\right)b\\&=\left(\sum_{i=1}^{n}a_i\right)b+a_{n+1}b\\&=\sum_{i=1}^{n}(a_ib)+a_{n+1}b=\sum_{i=1}^{n+1}(a_ib)\end{aligned}$$

由归纳法，命题得证.

同理可证，$\forall b_1,b_2,\cdots,b_m,a\in R$，有

$$a\left(\sum_{j=1}^{m}b_j\right)=\sum_{j=1}^{m}(ab_j)$$

于是

$$\left(\sum_{i=1}^{n}a_i\right)\left(\sum_{j=1}^{m}b_j\right)=\sum_{i=1}^{n}\left(a_i\left(\sum_{j=1}^{m}b_j\right)\right)=\sum_{i=1}^{n}\sum_{j=1}^{m}(a_ib_j)$$

【例 7-12】在环中计算 $(a+b)^3$，$(a-b)^2$.

解：

$$\begin{aligned}(a+b)^3&=(a+b)(a+b)(a+b)\\&=(a^2+ba+ab+b^2)(a+b)\\&=a^3+ba^2+aba+b^2a+a^2b+bab+ab^2+b^3\end{aligned}$$

$$\begin{aligned}(a-b)^2&=(a-b)(a-b)\\&=a^2-ba-ab+b^2\end{aligned}$$

7.6.2 整环与域

【定义 7-24】设 $\langle R,+,\times\rangle$ 是环.

(1) 若环中乘法×满足交换律，则称$\langle R,+,\times\rangle$是交换环.

(2) 若环中乘法×存在单位元，则称$\langle R,+,\times\rangle$是有幺环.

(3) 若$\forall a$，$b\in R$，$ab=0\Rightarrow a=0\vee b=0$，则称$\langle R,+,\times\rangle$是无零因子环.

(4) 若既是交换环、有幺环，又是无零因子环，则称$\langle R,+,\times\rangle$是整环.

例如，(1) 整数环$\langle \mathbf{Z},+,\times\rangle$，有理数环$\langle \mathbf{Q},+,\times\rangle$，实数环$\langle \mathbf{R},+,\times\rangle$和复数环$\langle \mathbf{C},+,\times\rangle$都是交换环、有幺环、无零因子环和整环.

(2) 令$2\mathbf{Z}=\{2z\mid z\in\mathbf{Z}\}$，则$2\mathbf{Z}$关于普通的加法和乘法构成交换环和无零因子环. 但不是有幺环和整环，因为$1\notin 2\mathbf{Z}$.

(3) $n(n\geqslant 2)$阶实矩阵环$\langle \boldsymbol{M}_n(\mathbf{R}),+,\times\rangle$是有幺环，但不是交换环和无零因子环，也不是整环.

模 6 整数环$\langle \mathbf{Z}_6,+_6,\times_6\rangle$是交换环、有幺环，但不是无零因子环和整环. 因为$2\times_6 3=0$，但 2 和 3 都不是 0. 通常称 2 为$\mathbf{Z}_6$中的左零因子，3 为$\mathbf{Z}_6$中的右零因子. 类似地，因为$3\times_6 2=0$，所以 3 也是左零因子，2 也是右零因子，因此它们都是零因子.

一般来说，对于模m的整数环$\langle \mathbf{Z}_m,+_m,\times_m\rangle$. 若$m$不是质数，则存在正整数$s$、$t(2\leqslant st\leqslant m)$，使得$m=s\times t$. 这样就得到$s\times_m t=0$，即$s$、$t$是$\mathbf{Z}_m$的零因子，从而$\mathbf{Z}_m$不是无零因子环，也不是整环.

反之，若$\langle \mathbf{Z}_m,+_m,\times_m\rangle$不是整环，因它是交换环和有幺环，所以就一定不是无零因子. 这就意味着存在a，$b\in\mathbf{Z}_m$，且$a\neq 0$，$b\neq 0$，使得$a\times_m b=0$，根据模m乘法定义得m整除$a\times b$. 这样m肯定不是质数，若不然，必有m整除a或m整除b，由于$0\leqslant a\leqslant m-1$，$0\leqslant b\leqslant m-1$，所以$a=0$或$b=0$，矛盾.

通过上面的分析可以得到这样一个结论：$\langle \mathbf{Z}_m,+_m,\times_m\rangle$是整环，当且仅当$m$是质数.

下面的定理给出了一个环是无零因子环的充分必要条件.

【定理 7-26】 设$\langle R,+,\times\rangle$是环，则它是无零因子环，当且仅当$\langle R,+,\times\rangle$中的乘法满足消去律，即$\forall a$，$b$，$c\in R$，$a\neq 0$，有

$$ab=ac\Rightarrow b=c \qquad ba=ca\Rightarrow b=c$$

证明：

充分性证明：任取$\forall a$，$b\in R$，$ab=0$，且$a\neq 0$，则由

$$ab=0=a0$$

和消去律，得$b=0$，这就证明了$\langle R,+,\cdot\rangle$无右零因子. 同理可证$\langle R,+,\cdot\rangle$无左零因子，从而$\langle R,+,\cdot\rangle$是无零因子环.

必要性证明：任取$\forall a$，b，$c\in R$，$a\neq 0$，由$ab=ac$得

$$a(b-c)=0$$

由于$\langle R,+,\times\rangle$是无零因子环且$a\neq 0$，必有$b-c=0$，即$b=c$. 这就证明了左消去律成立.
同理可证右消去律也成立.

【定义 7-25】 设$\langle R,+,\cdot\rangle$是整环，且R中至少含有两个元素. 若$\forall a\in R^*=R-\{0\}$，都有逆元$a^{-1}\in R$，则称$\langle R,+,\cdot\rangle$是域.

例如，有理数环$\langle \mathbf{Q},+,\times\rangle$、实数环$\langle \mathbf{R},+,\times\rangle$和复数环$\langle \mathbf{C},+,\times\rangle$都是域，分别称为有理数域、实数域和复数域. 但整数环$\langle \mathbf{Z},+,\times\rangle$不是域，因为并不是对于任意的非零整数$x\in\mathbf{Z}$，

都有$\frac{1}{x}\in\mathbf{Z}$，对于模 m 整数环 $\mathbf{Z}_m$，若 m 是质数，可以证明 $\mathbf{Z}_m$ 是域.

7.7 格与布尔代数

格与布尔代数是又一类代数结构，在计算机科学中有十分重要的作用，可直接应用于开关理论和逻辑电路设计、密码学和计算机理论科学等. 我们在这一节首先介绍格.

7.7.1 格

一般地，对偏序集$\langle X,\leqslant\rangle$中的任一对元素 a 和 b，下确界 $\inf(a,b)$ 和上确界 $\sup(a,b)$ 不一定存在. 本节讨论一种特殊的偏序集——格，它对 X 中的任意两个元素 a 和 b，$\inf(a,b)$ 和 $\sup(a,b)$ 都存在.

【定义 7-26】设$\langle L,\leqslant\rangle$是偏序集，如果$\forall a$，$b\in L$，集合$\{a,b\}$的上确界 $\sup(a,b)$ 和下确界 $\inf(a,b)$ 都存在，则称$\langle L,\leqslant\rangle$是格.

根据全序集的定义，全序集一定是格，因为当 a 和 b 可比时，$\sup(a,b)$ 一定存在，而且就是 a 或 b 中的一个. 反之，格不一定是全序集，因为当 a 和 b 不可比时，$\sup(a,b)$ 可以存在，只不过不是 a 或 b 中的一个而已.

例如，(1) 对于偏序集$\langle\mathbf{R},\leqslant\rangle$，$\forall a$，$b\in\mathbf{R}$，$\max(a,b)$ 和 $\min(a,b)$ 分别是$\{a,b\}$的上确界和下确界，所以$\langle\mathbf{R},\leqslant\rangle$是格.

(2) 对于偏序集$\langle\mathbf{Z}^+,|\rangle$，$\forall a$，$b\in\mathbf{Z}^+$，最大公因数 $\gcd(a,b)$ 和最小公倍数 $\mathrm{lcm}(a,b)$ 分别是$\{a,b\}$的上确界和下确界，所以$\langle\mathbf{Z}^+,|\rangle$是格.

(3) 对于偏序集$\langle\rho(S),\subseteq\rangle$，$\forall A$，$B\in\rho(S)$，$\{A,B\}$都有上确界 $A\cup B$ 和下确界 $A\cap B$，所以$\langle\rho(S),\subseteq\rangle$ 是格.

由于上确界和下确界的唯一性，可以把求$\{a,b\}$的上确界和下确界看成集合 L 上的二元运算$\otimes$和$\oplus$，即用 $a\oplus b$ 和 $a\otimes b$ 分别表示 a 和 b 在格$\langle L,\leqslant\rangle$中的上确界和下确界.

【定理 7-27】设$\langle L,\leqslant\rangle$是格，则求上确界运算$\oplus$和求下确界运算$\otimes$满足交换律、结合律、吸收律和幂等律，即

(1) $\forall a$，$b\in L$，有

$$a\oplus b=b\oplus a,\quad a\otimes b=b\otimes a$$

(2) $\forall a$，b，$c\in L$，有

$$(a\oplus b)\oplus c=a\oplus(b\oplus c),\quad (a\otimes b)\otimes c=a\otimes(b\otimes c)$$

(3) $\forall a$，$b\in L$，有

$$a\oplus(a\otimes b)=a,\quad a\otimes(a\oplus b)=a$$

(4) $\forall a\in L$，有

$$a\oplus a=a,\quad a\otimes a=a$$

根据上确界和下确界的定义即可证明此定理.

由定理 7-27 可知，格是具有 2 个二元运算的代数系统$\langle L,\oplus,\otimes\rangle$，其中运算$\oplus$和$\otimes$满

足交换律、结合律、吸收律和幂等律. 那么，能不能像群、环、域一样，通过规定运算及基本性质来给出格的定义呢？答案是肯定的.

【定理 7-28】设$\langle L,\oplus,\otimes\rangle$是具有 2 个二元运算的代数系统，且运算$\oplus$和$\otimes$满足交换律、结合律、吸收律，则可以适当定义 L 中的偏序$\leqslant$，使得$\langle L,\leqslant\rangle$构成格，且$\forall a$，$b\in L$ 有 $a\oplus b=\sup(a,b)$，$a\otimes b=\inf(a,b)$.

此证明比较复杂，这里从略.

根据定理 7-28，可以给出格的另一个等价定义.

【定义 7-27】设$\langle L,\oplus,\otimes\rangle$是具有 2 个二元运算的代数系统，如果运算$\oplus$和$\otimes$满足交律、结合律、吸收律，则称$\langle L,\oplus,\otimes\rangle$是格.

7.7.2　几种特殊的格

【定义 7-28】设$\langle L,\leqslant\rangle$是格，如果 L 中存在 2 个元素，分别记为“0”和“1”，使得$\forall a\in L$，都有 $0\leqslant a$ 和 $a\leqslant 1$，则称 0 是格 L 的下界，1 是格 L 的上界，L 是有界格，并记为$\langle L,\leqslant,0,1\rangle$.

注意，这里的“0”和“1”是抽象的符号，表示格的下界和上界，并不是自然数中的 0 和 1.

例如，(1) 格$\langle\rho(S),\subseteq\rangle$是有界格，其上界是全集 S，下界是空集$\varnothing$.

(2) 设$\langle L,\oplus,\otimes\rangle$是有限格，则它一定是有界格. 事实上，如果设 $L=\{a_1,a_2,\cdots,a_n\}$，则 $a_1\oplus a_2\oplus\cdots\oplus a_n$ 和 $a_1\otimes a_2\otimes\cdots\otimes a_n$ 就是格的上、下界.

【定义 7-29】设$\langle L,\oplus,\otimes,0,1\rangle$是有界格，对于 $a\in L$，如果存在元素 $b\in L$，使得

$$a\oplus b=1,\qquad a\otimes b=0$$

则称元素 b 是元素 a 的补元，并记为 $a^c=b$.

从补元的定义知，若 b 是元素 a 的补元，则 a 是元素 b 的补元，即 a 与 b 互为补元. 特别地，0 的补元是 1，1 的补元是 0，且 0 和 1 的补元是唯一确定的.

需要注意的是，这里的“补元”与群中的“逆元”不是一回事.“逆元”是根据单位元定义的，而“补元”是根据格的上界和下界定义的，或者说是根据零元定义的（补元定义，注意，“1”是运算$\oplus$的零元，“0”是运算$\otimes$的零元）.

【例 7-13】考查图 7-2 的 3 个有界格各元素的补元情况.

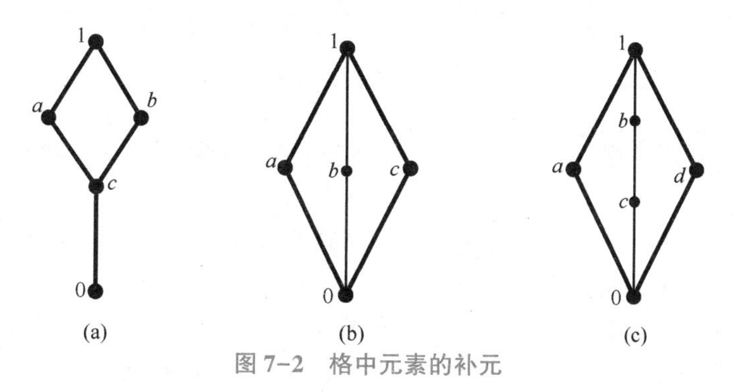

图 7-2　格中元素的补元

解：

(1) 在图 7-2 (a) 所表示的有界格中，0 和 1 互为补元；a、b、c 均无补元.

（2）在图 7-2（b）所表示的有界格中，0 和 1 互为补元；a 的补元是 b 和 c；b 的补元是 a 和 c；c 的补元是 a 和 b.

（3）在图 7-2（c）所表示的有界格中，0 和 1 互为补元；a 有 3 个补元 b、c、d；d 有 3 个补元 a、b、c；b 和 c 均以 a 和 d 为补元.

【定义 7-30】设$\langle L,\leqslant,0,1\rangle$是有界格，如果 L 中的每个元素都至少有一个补元，则称 L 为有补格.

【例 7-14】（1）格$\langle \rho(S),\subseteq\rangle$是一个有补格，其上界是全集 S，下界是空集$\varnothing$，对任意的 $A\in\rho(S)$，$S-A$ 是 A 的补元.

（2）由有补格的定义，知图 7-2（b）和图 7-2（c）表示的有界格是有补格，而图 7-2（a）表示的有界格不是有补格.

【定义 7-31】设$\langle L,\oplus,\otimes\rangle$是格，如果在 L 中分配律成立，即$\forall a$，b，$c\in L$，有

$$a\oplus(b\otimes c)=(a\oplus b)\otimes(a\oplus c),\quad a\otimes(b\oplus c)=(a\otimes b)\oplus(a\otimes c)$$

则称 L 是分配格.

【例 7-15】说明图 7-3 中的格是否为分配格，并给出理由.

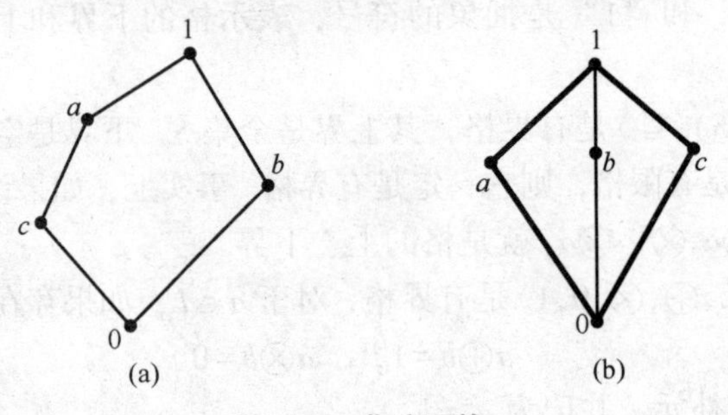

图 7-3　非分配格

解：

图 7-3（a）是一个非分配格，因为

$$a\otimes(b\otimes c)=a\otimes 1=a,\text{但}(a\otimes b)\oplus(a\otimes c)=0\oplus c=c$$

同样，图 7-3（b）是一个非分配格，因为

$$a\oplus(b\otimes c)=a\oplus 0=a,\text{但}(a\oplus b)\otimes(a\oplus c)=1\otimes 1=1$$

【定理 7-29】设$\langle L,\oplus,\otimes\rangle$是分配格，则$\forall a$，$b$，$c\in L$，有

$$a\oplus c=b\oplus c,\quad a\otimes c=b\otimes c\Rightarrow a=b$$

证明：

L 是分配格，利用运算$\oplus$和$\otimes$的吸收律、交换律和分配律以及已知条件得 $a\oplus c=b\oplus c$，$a\otimes c=b\otimes c$，则

$$\begin{aligned}a&=a\otimes(a\oplus c)=a\otimes(b\oplus c)=(a\otimes b)\oplus(a\otimes c)=(a\otimes b)\oplus(b\otimes c)\\&=b\otimes(a\oplus c)=b\otimes(b\oplus c)=b\end{aligned}$$

上面定理表明在分配格中消去律成立，而在一般的格中，消去律并不成立.

【定理 7-30】设$\langle L,\oplus,\otimes\rangle$是有界分配格，若 $a\in L$ 时有补元 b，则 b 是 a 的唯一补元.

证明：

设 c 也是 a 的补元，则根据补元的定义有

$$a\otimes b=a\otimes c=0,\quad a\oplus b=a\oplus c=1$$

由此根据定理7-29，知 $c=b$，即 a 有唯一补元.

推论 有补分配格的每一个元都有唯一的补元.

7.7.3　布尔代数

【定义7-32】 如果一个格是有补分配格，则称它为布尔格或布尔代数.

根据定理7-30的推论，在布尔代数中，每个元素都存在唯一的补元，这样可以把求补元看作布尔代数中的一元运算. 从而可以把布尔代数标记为 $\langle B,\oplus,\otimes,^c,0,1\rangle$，其中，"$c$"为求补运算：$\forall a\in B$，$a^c$ 为 a 的补元. $\oplus$，$\otimes$，c 称为布尔运算，且运算 $\oplus$ 和 $\otimes$ 通常称为布尔和与布尔积.

设 $B^n=B\times B\times\cdots\times B$（$n$ 个），$B=\{0,1\}$. 为方便起见，我们把 B^n 的元素写成没有逗号的长度为 n 的位串形式，如 $x=110011$ 和 $y=111000$ 都是 B^6 中的元素. B^n 中的运算 $\wedge$、$\wedge$ 和 $\neg$，用其各个字位上的相应运算定义. 例如，对于前面 B^6 中的 x 和 y，有

$$x\vee y=111011,\ x\wedge y=110000,\ \neg x=001100$$

这样 $\langle B^n,\vee,\wedge,\neg,000\cdots0,111\cdots1\rangle$ 构成布尔代数，通常称为逻辑代数或开关代数.

【定理7-31】 设 $\langle B,\oplus,\otimes\rangle$ 是代数系统，$\oplus$，$\otimes$ 是2个二元运算，若运算 $\oplus$，$\otimes$ 满足：

（1）交换律，即 $\forall a$，$b\in B$，有

$$a\oplus b=b\oplus a,\ a\otimes b=b\otimes a$$

（2）分配律，即 $\forall a$，b，$c\in B$，有

$$a\oplus(b\otimes c)=(a\oplus b)\otimes(a\oplus c),a\otimes(b\oplus c)=(a\otimes b)\oplus(a\otimes c)$$

（3）单位律，即存在元素0，$1\in B$，使得 $\forall a\in B$，有

$$a\oplus 0=a,\ a\otimes 1=a$$

（4）补元律，即 $\forall a\in B$，存在 $a^c\in B$，使得

$$a\oplus a^c=1,\ a\otimes a^c=0$$

则 B 是布尔代数.

此证明比较复杂，这里从略.

根据定理7-31，可以给出布尔代数的另一个等价定义.

【定义7-33】 设 $\langle B,\oplus,\otimes\rangle$ 是具有2个二元运算的代数系统，如果运算 $\oplus$ 和 $\otimes$ 满足交换律、分配律、单位律和补元律，则称 B 是布尔代数.

7.8　本章习题

一、选择题

1. 设 $G=\langle A,*\rangle$ 是群，则下列陈述不正确的是（　　）.

A. $(a^{-1})^{-1}=a$　　B. $a^n a^m=a^{n+m}$

C. $(ab)^{-1}=a^{-1}b^{-1}$　　D. $(a^{-1}ba)^n=a^{-1}b^n a$

2. 在整数集合 **Z** 上，下列定义的运算满足结合律的是（　　）.

A. $a*b=b+1$　　B. $a*b=a-1$　　C. $a*b=ab-1$　　D. $a*b=a+b+1$

3. $A=\{1,2,L,10\}$，下列定义的运算关于集合 A 是不封闭的是（　　）.

A. $x*y=\max\{x, y\}$，即 x，y 的较大数

B. $x*y=\min\{x, y\}$，即 x，y 的较小数

C. $x*y=\gcd\{x, y\}$，即 x，y 的最大公约数

D. $x*y=\text{lcm}\{x, y\}$，即 x，y 的最小公倍数

4. 设 $X=\{1,2,3\}$，$Y=\{a,b,c,d\}$，$f=\{\langle 1,a\rangle,\langle 2,b\rangle,\langle 3,c\rangle\}$，则 f 是（　　）.

A. 从 X 到 Y 的双射

B. 从 X 到 Y 的满射，但不是单射

C. 从 X 到 Y 的单射，但不是满射

D. 从 X 到 Y 的二元关系，但不是 X 到 Y 的映射

5. 在实数集 $\mathbf{R}$ 上，下列定义的运算中不可结合的是（　　）.

A. $a*b=a+b+2ab$　　B. $a*b=a+b$

C. $a*b=a+b+ab$　　D. $a*b=a-b$

二、填空题

1. 格 L 是分配格的充要条件是 L 不含与________和________同构的子格.

2. 设复合函数 $g\circ f$ 是从 A 到 C 的函数，如果 $g\circ f$ 是满射，那么________必是满射.

3. 设 $\langle A,\leqslant\rangle$ 是格，其中 $A=\{1, 3, 5, 9, 45\}$，$\leqslant$ 为整除关系，则 1 的补元是________.

4. 设 $A=\{2, 4, 6\}$，A 上的二元运算 $*$ 定义为：$a*b=\max\{a,b\}$，则在独异点 $\langle A, *\rangle$ 中，单位元是________，零元是________.

5. $\langle \mathbf{Z}_n,\oplus\rangle$ 是一个群，其中 $\mathbf{Z}_n=\{0,1,2,\cdots,n-1\}$，$x\oplus y=(x+y) \bmod n$，则当 $n=6$ 时，在 $\langle \mathbf{Z}_6,\oplus\rangle$ 中，2 的阶数为________，3 的阶数为________.

三、判断题

1. 设 $\mathbf{R}$ 为实数集，函数 f：$\mathbf{R}\to\mathbf{R}$，$f(x)=-x^2+2x+5$，则 f 是满射而非单射.（　　）

2. 设 $-$ 和 $/$ 分别是普通的减法和除法，则代数系统 $\langle \mathbf{Z}_+,-\rangle$ 是半群，$\langle \mathbf{R},/\rangle$ 不是半群.（　　）

3. 设复合函数 $f\circ g$ 是从 X 到 Y 的函数，如果 $f\circ g$ 是单射，那么 g 必是单射.（　　）

4. 正整数集合上的两个数的普通除法是代数运算.（　　）

5. 设 F_2 是实数域上的二阶非奇异方阵组成的集合，$\circ$ 是矩阵的普通乘法，则 $\circ$ 是 F_2 上的二元运算.（　　）

四、解答题

1. 设集合 $A=\{1,2,3,\cdots,10\}$，问下面定义的二元运算 $*$ 关于集合 A 是否封闭？

（1）$x*y=\max\{x, y\}$.

（2）$x*y=\min\{x, y\}$.

（3）$x*y=xy \bmod 11$.

（4）$x*y=$ 质数 p 的个数，使得 $x\leqslant p\leqslant y$.

2. 给定代数系统 $\langle R, *\rangle$，其中二元运算 $*$ 的定义如下：

（1）$a*b=|a+b|$；

（2）$a*b=\dfrac{a+b}{2}$；

（3）$a*b=a|b|$；

(4) $a*b=a+2b$.

对每种情况，试确定二元运算 $*$ 是否满足交换律和结合律，是否有幺元、零元，若有幺元，每个元素是否都有逆元，并求出逆元.

3. 给定可结合的代数系统 $\langle X,*\rangle$，且对 X 中任意元素 x_i 和 x_j，只要 $x_i*x_j=x_j*x_i$，必有 $x_i=x_j$. 试证明代数系统 $\langle X,*\rangle$ 中的 $*$ 满足幂等律.

4. 设代数系统 $\langle A,*\rangle$，其中 $A=\{a,b,c\}$，$*$ 是 A 上的一个二元运算. 对于由表7-7所确定的运算，试分别讨论它们的交换性、幂等性以及在 A 中关于 $*$ 是否有幺元. 如果有幺元，那么 A 中的每个元素是否有逆元.

表7-7 题4表

*	a	b	c
a	a	b	c
b	b	c	a
c	c	a	b

(a)

*	a	b	c
a	a	b	c
b	b	a	c
c	c	c	c

(b)

*	a	b	c
a	a	b	c
b	a	b	c
c	a	b	c

(c)

*	a	b	c
a	a	b	c
b	b	b	c
c	c	c	b

(d)

5. 设 $S=\mathbf{Q}\times\mathbf{Q}$，其中 $\mathbf{Q}$ 是有理数集合，在 S 上定义二元运算 $*$，$\forall\langle x,y\rangle$，$\langle w,z\rangle\in S$，有

$$\langle x,y\rangle*\langle w,z\rangle=\langle xw,xz+y\rangle$$

求 $\langle S,*\rangle$ 的幺元及逆元.

6. 对于实数集 $\mathbf{R}$ 上的下列二元运算：

(1) $\forall r_1,\ r_2\in\mathbf{R}$，$r_1*r_2=r_1+r_2-r_1r_2$；(2) $\forall r_1,\ r_2\in\mathbf{R}$，$r_1\circ r_2=\frac{1}{2}(r_1+r_2)$，

运算 $*$，$\circ$ 是否有单位元和幂等元？若有单位元的话，哪些元素有逆元？

7. 代数系统 $A=\langle\{a,b,c\},*\rangle$ 由表7-8定义，试找出幺元、零元，如果有幺元，指出每个元素的逆元.

表7-8 题7表

*	a	b	c
a	a	b	c
b	b	b	c
c	c	c	b

8. 设 $\langle S,*\rangle$ 是一个半群，$a\in S$，在 S 上定义 $\circ$ 运算如下：$x\circ y=x*a*y$，$\forall x,y\in S$. 证明 $\langle S,\circ\rangle$ 也是一个半群.

9. 设半群$\langle S, \circ \rangle$中消去律成立，则$\langle S, \circ \rangle$是可交换半群当且仅当$\forall a, b \in S$，$(a \circ b)^2 = a^2 \circ b^2$.

10. 证明：设a是群$\langle G, \circ \rangle$的幂等元，则a一定是单位元.

11. 如果$\langle S, * \rangle$是一个半群，且$*$是可交换的，称$\langle S, * \rangle$为可交换半群. 证明：如果S中有元素a，b，使得$a * a = a$和$b * b = b$，则$(a * b) * (a * b) = a * b$.

12. 在整数集$\mathbf{Z}$上定义：$a \cdot b = a + b - 2$，$\forall a, b \in \mathbf{Z}$，证明$\langle \mathbf{Z}, \cdot \rangle$是一个群.

13. 证明有限群中阶大于2的元素的个数必定是偶数个.

14. 设$\langle G, * \rangle$是一个群，对任一$a \in G$，令$H = \{y \mid y * a = a * y, y \in G\}$，证明：$\langle H, * \rangle$是$\langle G, * \rangle$的子群.

15. 设集合$B = \{1,2,3,4,5\}$，令$A = \{1,4,5\} \in P(B)$，求证由A生成的子群$\langle A', \oplus \rangle$是$\langle P(B), \oplus \rangle$的子群，其中$A' = \{A, \varnothing\}$，并求解方程$A \oplus X = \{2,3,4\}$.

16. 设G是一个群，$\sim$是G的元素之间的等价关系，并且$\forall x, y, a \in H$，有$ax \sim ay \Rightarrow x \sim y$，证明$H = \{x \mid x \in G, x \sim e\}$是$G$的子群，其中$e$是$G$的单位元.

17. 设$G = \{1, -1, \mathrm{i}, -\mathrm{i}\}$，其中i是虚数单位，证明$\langle G, \cdot \rangle$是循环群.

18. 设$\langle G, \circ \rangle$是群，a，$b \in G$，满足$(a \circ b)^2 = a^2 \circ b^2$，则$\langle G, \circ \rangle$是交换群.

19. 设$\langle H, * \rangle$是独异点，且H中任意x，满足$x * x = e$，其中e为单位元，试证明：$\langle H, * \rangle$是交换群.

20. 设$\mathbf{Q}(\sqrt{2}) = \{a + b\sqrt{2} \mid a, b \in \mathbf{Q}\}$，其中$\mathbf{Q}$是有理数集，证明$\langle \mathbf{Q}(\sqrt{2}), +, \times \rangle$是域，+和×分别是数的加法和乘法.

21. 证明$\langle \mathbf{Z}, \otimes, \ominus \rangle$是环，其中$\mathbf{Z}$是整数集，运算$\otimes$、$\ominus$定义如下：

$$a \ominus b = a + b - 1, \quad a \otimes b = a + b - ab$$

22. 设f、g都是$\langle S, * \rangle$到$\langle S', *' \rangle$的同态，并且$*'$运算满足交换律和结合律，证明：函数$h: S \to S': h(x) = f(x) *' g(x)$是$\langle S, * \rangle$到$\langle S', *' \rangle$的同态.

23. 设H是G的子群，试证明H在G中的所有陪集中有且只有一个子群.

24. 令$\langle S, +, \cdot \rangle$是一个环，1是单位元. 在$S$上定义运算$\oplus$和$\odot$：

$$a \oplus b = a + b + 1, \quad a \odot b = a + b + a \cdot b$$

（1）证明$\langle S, \oplus, \odot \rangle$是一个环；（2）给出$\langle S, \oplus, \odot \rangle$加法单位元、乘法单位元.

25. 如图7-4所示的哈斯图中，哪些是格或不是格？为什么？

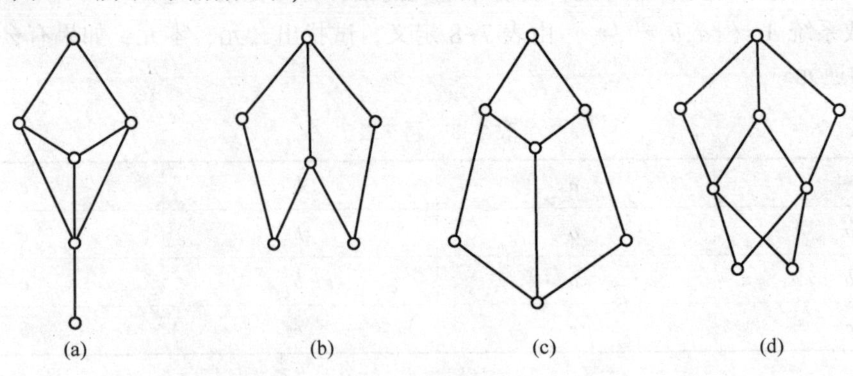

图7-4 题25图

26. 试判断$\langle \mathbf{Z},\leqslant\rangle$是否为格？其中，$\leqslant$是数的小于或等于关系.

27. 针对图 7-5 中的格L_1、L_2和L_3，求出它们的所有子格.

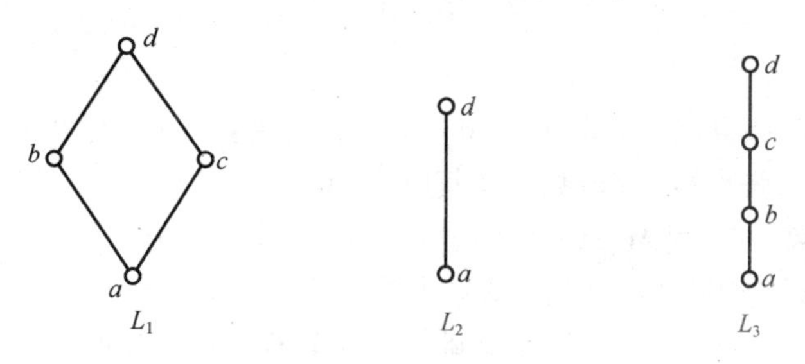

图 7-5　题 27 图

28. $\langle B,\cdot,+,-,0,1\rangle$是布尔代数，$\forall a$，$b$，$c\in B$，化简 $abc+ab\bar{c}+bc+\bar{a}bc+\bar{a}b\bar{c}$.

29. 在图 7-6 给出的L_1、L_2、L_3、L_4 4 个格中，确定各个格中元素的补元，并说明哪些是有补格，哪些不是有补格.

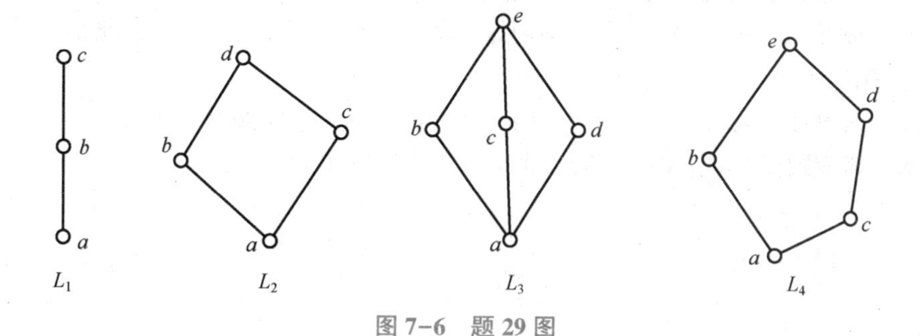

图 7-6　题 29 图

30. 设$\langle S,\vee,\wedge,-,0,1\rangle$是一布尔代数，则 $R=\{\langle a,b\rangle \mid a\vee b=b\}$ 是 S 上的偏序关系.

五、实验题

1. 矩阵的布尔积.

问题：给定两个矩阵 A 和 B，求矩阵的布尔积 $A\cdot B$.

输入：第一行是两个整数 m 和 l，接下来是第一个矩阵的数据，共 m 行，每行 l 个整数；再接下来是第二个矩阵的数据，共 l 行，每行 n 个整数.

输出：对每个测试数据输出矩阵的布尔积 $A\cdot B$，即共 m 行，每行 n 个整数，每行的数与数之间有空格.

2. 有效编码.

问题：一个计算机系统把一个十进制字串作为一个编码字，如果它包含有偶数个 0，就是有效的，请给出 n 位的有效编码总共有多少个.

输入：测试数据每行包括一个整数 n.

输出：每组测试数据在单独一行输出问题的解.

第 7 章习题答案

参考文献

[1] 屈婉玲, 耿素云, 张立昂. 离散数学[M]. 3版. 北京: 清华大学出版社, 2019.

[2] 杨振启, 杨云雪, 张克军. 离散数学及其应用[M]. 北京: 清华大学出版社, 2019.

[3] 陈莉, 刘晓霞. 离散数学[M]. 北京: 高等教育出版社, 2019.

[4] 刘铎. 离散数学及应用[M]. 北京: 清华大学出版社, 2019.

[5] 谢胜利, 虞铭财, 王振宏. 离散数学基础及实验教程[M]. 北京: 清华大学出版社, 2019.

[6] 贲可荣, 袁景凌, 谢茜. 离散数学[M]. 3版. 北京: 清华大学出版社, 2021.

[7] 邓辉文. 离散数学[M]. 4版. 北京: 清华大学出版社, 2021.

[8] 周晓聪, 乔海燕. 离散数学基础[M]. 北京: 清华大学出版社, 2021.

[9] 朱保平, 陆建峰, 金忠, 等. 离散数学[M]. 北京: 清华大学出版社, 2021.

[10] 屈婉玲, 耿素云, 张立昂. 离散数学及其应用[M]. 2版. 北京: 高等教育出版社, 2019.

[11] 屈婉玲, 耿素云, 张立昂. 离散数学习题解答与学习指导[M]. 3版. 北京: 清华大学出版社, 2018.

[12] 邓辉文. 离散数学习题解答[M]. 3版. 北京: 清华大学出版社, 2019.

[13] 徐洁磐. 离散数学导论[M]. 5版. 北京: 高等教育出版社, 2016.